极端干旱对黏土斜墙坝的
致灾机理及对策研究

马福恒 叶 伟 胡 江 著

南京水利科学研究院出版基金资助

科学出版社

北京

内 容 简 介

全球气候变化导致极端事件频发,给大坝的安全运行和管理带来新的挑战。本书针对极端干旱对黏土斜墙坝的致灾作用机理进行系统研究,通过理论分析、数值模拟、物模试验等方法,探究黏土体干缩裂缝受旱扩展模式以及裂缝出现后的防渗体渗流变化情况,并结合实际工程提出应对措施,对土石坝应对极端干旱气候的应急决策具有重要的参考价值。

本书可供设计单位、水库大坝管理单位和从事大坝安全评估的技术人员学习、使用,也可作为高等学校水利类专业的教材或参考书。

图书在版编目(CIP)数据

极端干旱对黏土斜墙坝的致灾机理及对策研究/马福恒,叶伟,胡江著. —北京:科学出版社,2021.9
ISBN 978-7-03-069854-4

Ⅰ. ①极… Ⅱ. ①马… ②叶… ③胡… Ⅲ. ①干旱—影响—黏土—土坝—灾害—研究 Ⅳ. ①TV641.2

中国版本图书馆 CIP 数据核字(2021)第 190704 号

责任编辑:惠 雪 曾佳佳 石宏杰/责任校对:杨聪敏
责任印制:张 伟/封面设计:许 瑞

科学出版社 出版
北京东黄城根北街 16 号
邮政编码:100717
http://www.sciencep.com
北京建宏印刷有限公司 印刷
科学出版社发行 各地新华书店经销

*

2021 年 9 月第 一 版　开本:720×1000 1/16
2021 年 9 月第一次印刷　印张:17 3/4
字数:357 000

定价:139.00 元
(如有印装质量问题,我社负责调换)

前　言

气候变化已成为全球性问题，受到国际社会的普遍关注。自 1950 年以来，气候系统观测到许多变化是史无前例的。受全球气候变化的影响，在接下来的几十年中，全球干旱呈严重加剧趋势，持续时间长、影响范围广和强度高的极端干旱气候发生频率显著增加，某些地区的干旱会持续恶化，局部地区甚至可能遭遇百年一遇甚至几百年一遇的打破历史纪录的特大旱情。可预见，干旱气候带来的灾害问题将越来越严重，给大坝安全运行和管理带来新的挑战。

在众多的水库大坝建设中，土石坝是最普遍采用的一种坝型。目前，我国已建成各类水库大坝 98 822 座，其中土石坝约占 95%。土石坝主要由散粒体材料堆填而成，作为挡水建筑物通常需要设置防渗体如斜墙土石坝、心墙土石坝，或坝前水平铺盖接斜墙土石坝、接心墙土石坝等。黏质土体由于其较低的渗透性以及易于施工等优点常常用作土石坝的防渗结构，对保障大坝渗流安全至关重要。根据水利部大坝安全管理中心统计，1954～2017 年，我国共有 3539 座水库大坝发生溃决，其中土石坝占 95%以上。渗漏、管涌等因素是造成水库垮坝的主要原因之一，而且裂隙、滑动及滑坡等破坏也大多与渗流有比较密切的关系，因此最近几十年世界各国对渗透破坏问题的研究一直比较重视。对于坝前水平黏土铺盖，其厚度往往较薄，很容易形成贯穿性裂缝而丧失防渗性能，即使未形成贯穿裂缝，遭遇旱涝急转工况时往往来不及治理，在洪水水位快速上升时难以及时愈合发挥防渗作用；对于黏土坝坡，其表面常常有护坡措施，表面裂缝发育过程与铺盖会有差异，但对于斜墙一类的防渗体，厚度同样不大，干缩裂缝一旦出现也会削弱其防渗性能。因此有必要明确极端干旱中产生的干缩裂缝发展程度对渗流的影响，以裂缝为研究对象分析大坝渗流安全。研究极端干旱后黏土防渗体裂缝发展对大坝渗流安全的影响能为旱后水库大坝修复以及安全预警提供技术支持，对提高我国大坝安全管理水平、降低运行风险，具有重大现实意义。

本书从极端干旱中黏土体裂缝发育机理、极端干旱后黏土斜墙坝渗流性态变化以及极端干旱中黏土斜墙坝安全运行对策等几个方面，对黏土斜墙坝遭遇极端干旱出现的灾变过程进行了深入系统研究，解决的主要技术问题及取得的主要成果如下。

（1）提出了黏土体干缩裂缝深度与宽度计算模型，明晰了裂缝参数与土体参数之间的相关性；构建了干缩裂缝准三维形态扩展模型，揭示了受旱过程中防渗体干缩裂缝深度、宽度扩展规律。

（2）探明了水位上升过程中受裂缝参数影响的入渗过程，推导了水流进入裂缝的流量表达式以及渗入土体基质的运动方程；探究了不同裂缝形态以及土体参数对裂缝愈合以及水力劈裂的影响，揭示了渗流过程中干缩裂缝演变机理。

（3）基于大比尺模型试验、离心模型试验分析斜墙坝防渗体在旱涝急转下的渗流变化过程，探究了裂缝出现前后土体内孔隙水压力变化，揭示了极端干旱后的黏土斜墙坝灾变机理。

（4）计算分析了极端干旱中黏土体的脆弱性，研究了渗流过程裂缝愈合对大坝渗流的影响，制定了土石坝应对极端干旱的工程和非工程防灾减灾措施，提出了极端低水位下水库运行的应急决策措施。

（5）挖掘出土体水分蒸发过程中基质吸力沿高程分布以及裂缝扩展过程中宽度和深度变化与基质吸力的关系，提出了通过裂缝宽度反演裂缝深度的计算模型，确定了极端干旱后土石坝干缩裂缝渗流安全预警指标。

全书共分 8 章，第 1 章由马福恒、叶伟、胡江撰写，第 2 章由叶伟、胡江、霍吉祥、李涵曼撰写，第 3 章由叶伟、马福恒、李子阳、霍吉祥撰写，第 4 章由叶伟、胡江、霍吉祥、邱莉婷撰写，第 5 章由马福恒、胡江、李子阳、叶伟撰写，第 6 章由马福恒、叶伟、霍吉祥、李涵曼撰写，第 7 章由胡江、叶伟、王长生、徐章耀、杜玉娟、刘芳芳、王俊丹、俞扬峰撰写，第 8 章由马福恒、叶伟、胡江撰写。全书由马福恒、叶伟、胡江统稿及修订。项目组及河南省白龟山水库、昭平台水库管理局等单位相关人员为本书的撰写做了大量的资料收集与整理工作，在此一并向他们表示衷心感谢。

本书在国家自然科学基金面上项目"土石坝巡检信息智能感知与安全动态诊断方法"（51779155）研究成果基础上编写，并得到国家重点研发计划"土石堤坝渗漏探测巡查及抢险技术装备研发"（2019YFC1510802）、南京水利科学研究院中央级公益性科研院所基本科研业务费专项资金及出版基金的支持和资助，特表示感谢。

作者希望本书的出版可以促进极端气候变化中土石坝安全评估及水库安全运行管理的交流。由于时间仓促及水平所限，书中难免存在不当之处，恳请读者批评指正。

作 者

2021 年 3 月于南京

目 录

前言
第1章 绪论 ··· 1
  1.1 气候变化与极端干旱事件 ·· 1
    1.1.1 气候变化 ·· 1
    1.1.2 极端干旱 ·· 3
  1.2 极端干旱对大坝安全的影响 ··· 7
    1.2.1 极端干旱的影响 ·· 7
    1.2.2 旱涝急转的影响 ·· 10
  1.3 干缩裂缝影响下的黏土体渗流演化研究进展 ·································· 11
    1.3.1 裂缝影响土体渗透性 ·· 11
    1.3.2 裂缝影响土体渗流过程 ··· 12
  1.4 土石坝渗透破坏研究进展 ·· 14
    1.4.1 土石坝渗透破坏 ·· 14
    1.4.2 土石坝渗透破坏的试验研究 ··· 17
    1.4.3 土石坝渗透破坏的数值模拟 ··· 19
  参考文献 ·· 20
第2章 受旱过程黏土体干缩裂缝扩展机理 ··· 28
  2.1 受旱过程中黏土体裂缝扩展理论 ··· 28
    2.1.1 微观层面颗粒间作用力 ··· 28
    2.1.2 宏观层面体积收缩 ··· 33
  2.2 土体干缩裂缝深度扩展模型 ··· 41
    2.2.1 土中基质吸力垂直分布 ··· 41
    2.2.2 干缩裂缝发展深度计算模型 ··· 44
    2.2.3 干缩裂缝发展宽度计算模型 ··· 47
    2.2.4 复杂裂缝网络形态表征体系 ··· 51
  2.3 受旱过程中黏土体裂缝扩展试验 ··· 54
    2.3.1 试验过程 ·· 54
    2.3.2 裂缝度量指标确定 ·· 56
  2.4 受旱过程中黏土体裂缝扩展数值模拟 ··· 66

  2.4.1 裂缝出现时刻含水率 66
  2.4.2 裂缝深度 67
  2.4.3 裂缝宽度 68
  2.4.4 裂缝随机分布模拟 79
 参考文献 80

第3章 极端干旱后黏土斜墙坝渗流性态模型试验 82
 3.1 干湿循环模型试验 82
  3.1.1 试验系统 82
  3.1.2 试验过程 87
  3.1.3 试验结果 88
 3.2 水槽模型试验 91
  3.2.1 相似性分析 91
  3.2.2 试验系统 93
  3.2.3 试验过程 98
  3.2.4 试验结果分析 103
 3.3 离心模型试验 110
  3.3.1 相似性分析 110
  3.3.2 试验系统 112
  3.3.3 试验过程 114
  3.3.4 试验结果分析 116
 参考文献 124

第4章 极端干旱后黏土斜墙坝渗流性态数值模拟 125
 4.1 降雨条件下斜墙坝入渗过程 125
  4.1.1 降雨入渗理论 125
  4.1.2 积水入渗理论 128
 4.2 水位上升条件下斜墙坝渗流过程 130
  4.2.1 初始阶段水流进入裂缝 131
  4.2.2 后续阶段水流进入土体 133
  4.2.3 水力劈裂 136
 4.3 不同条件下黏土斜墙坝渗流性态的数值模拟分析 138
  4.3.1 旱前稳定饱和渗流分析 139
  4.3.2 旱涝急转渗流分析 140
  4.3.3 裂缝存在时渗流分析 146
  4.3.4 计算成果与试验对比分析 148
 参考文献 149

第5章 极端干旱下黏土斜墙坝脆弱性与恢复力 … 151
5.1 大坝脆弱性与恢复力 … 151
5.1.1 大坝脆弱性 … 151
5.1.2 大坝恢复力 … 153
5.2 极端干旱中黏土斜墙坝脆弱性 … 156
5.2.1 受旱过程中黏土体脆弱性 … 156
5.2.2 旱涝急转工况下黏土斜墙坝脆弱性 … 164
5.2.3 旱后正常运行期黏土斜墙坝脆弱性 … 184
5.3 极端干旱后黏土斜墙坝恢复力 … 188
5.3.1 裂缝愈合分析 … 188
5.3.2 裂缝愈合后渗流计算 … 209
参考文献 … 210

第6章 极端低水位下水库运行安全综合处置措施 … 212
6.1 干缩裂缝检测与探测 … 212
6.1.1 土体开裂部分检测 … 212
6.1.2 裂缝深度探测 … 217
6.2 综合决策方法 … 218
6.3 渗流安全预警指标 … 218
6.3.1 常规渗流安全预警指标 … 218
6.3.2 裂缝渗流安全预警指标 … 220
6.3.3 裂缝深度确定 … 222
6.4 综合处置措施 … 224
6.4.1 运行管理措施 … 224
6.4.2 工程施工措施 … 225
参考文献 … 226

第7章 工程应用 … 227
7.1 昭平台水库极端低水位下运行综合决策 … 227
7.1.1 工程概况 … 227
7.1.2 动用死库容的必要性 … 228
7.1.3 库容曲线估算 … 228
7.1.4 监测资料分析 … 230
7.1.5 渗流安全复核 … 235
7.1.6 结构安全分析 … 242
7.1.7 综合决策 … 243
7.2 白龟山水库极端低水位下应对措施 … 244

7.2.1 工程概况 ……………………………………………………………… 244
  7.2.2 运行管理措施 …………………………………………………………… 246
  7.2.3 工程施工措施 …………………………………………………………… 248
  7.2.4 渗流安全预警指标 ……………………………………………………… 250
 参考文献 ………………………………………………………………………………… 259
第 8 章 极端干旱下黏土斜墙坝安全运行经验与总结 ……………………………… 260
 8.1 极端干旱中黏土体裂缝发育机理 ………………………………………………… 260
 8.2 极端干旱后黏土斜墙坝渗流性态变化 …………………………………………… 260
 8.3 极端干旱中黏土斜墙坝安全运行对策 …………………………………………… 261
附录 裂缝分布模拟程序 ……………………………………………………………… 263

第1章 绪 论

1.1 气候变化与极端干旱事件

1.1.1 气候变化

气候变化已成为全球性问题，并受到国际社会的普遍关注。迄今为止，联合国政府间气候变化专门委员会（Intergovernmental Panel on Climate Change，IPCC）已经发布五次评估报告对全球气候变化状况及未来可能的发展趋势做了研究和判断。IPCC 第一工作组第五次评估报告 Climate Change 2013: The Physical Science Basis 从观测、归因分析、未来预测 3 个不同角度，表明地球系统正在经历一次以全球变暖为主要特征的显著变化[1]。自 1950 年以来，气候系统观测到的许多变化是过去几十年甚至近千年以来史无前例的。全球几乎所有地区都经历了升温过程，变暖体现在地球表面气温和海洋温度的上升、海平面的上升、格陵兰和南极冰盖消融和冰川退缩、极端气候事件频率的增加等方面。全球地表持续升温，1880~2012 年全球平均温度已升高 0.85℃；过去 30 年，每 10 年地表温度的增暖幅度高于 1850 年以来的任何时期[2, 3]。

气候变化是指能够识别的气候状态的变化，即平均值变化和/或各种特性的变率，并持续较长的时间，一般达几十年或更长时期。气候变化或许是自然气候变率或人为气候变化所致。不断变化的气候可导致极端天气和气候事件在频率、强度、空间范围、持续时间和发生时间上的变化，并能够导致前所未见的极端天气和气候事件。极端天气和气候事件中天气和气候的状态严重偏离其平均态，在统计意义上属于小概率事件，虽然极端事件的发生频率比较低，但是往往会给自然环境和人类社会带来较大的影响[4]。在过去的几十年，全球变暖导致的极端天气气候事件不断增加以及人和经济资产（承灾体的）暴露度和脆弱性的增加，导致与天气和气候有关的灾害经济损失不断增加（主要反映了货币化的资产直接损害）。自 1980 年以来，年损失估计值区间从几十亿美元到 2000 亿美元（按 2010 年美元价值计），2005 年值最高[5]。损失估计值是各估计值的最低值，因为许多其他影响诸如人的生命、文化遗产和生态系统的损失难以估量和货币化，因而在损失估计值中无法体现。在发达国家，与天气、气候和地球物理事件相关的灾害经济损失（包括保险覆盖的损失）更高。在发展中国家，死亡率更高，经济损失占国内生产总值（GDP）的比重更大。在 1970~2008 年，95% 以上由自然灾害造成的死亡发生在发展中国家。拥有迅速扩大的资产基数的中等收入国家所承担的负担最大。在 2001~2006 年，根据有限的证据，对于中等收入的国家，损失约占 GDP 的 1%，而对于低收入国家这一比例约占 GDP 的 0.3%，对于高收入国家则不足 GDP 的 0.1%[6]。

在气候变化的大背景下，中国近百年的气候也发生了明显变化[7-9]，统计分析 1901~2014 年中国地表温度距平变化曲线（图 1.1）可见，平均地表气温上升了 0.9~1.5℃，近 60 年陆地表面温度上升了 1.38℃，每 10 年升高 0.23℃，高于全球平均水平。由 1956~2014 年中国平均降水量变化曲线可知，年降水呈现出明显的年际振荡规律[10, 11]。

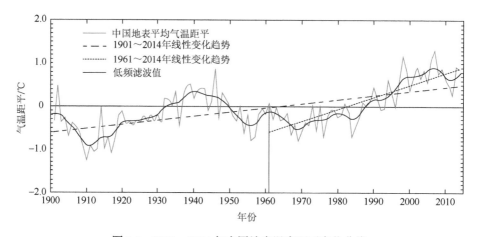

图 1.1 1901~2014 年中国地表温度距平变化曲线

降水模式的变化、地表温度上升、洪水和干旱的频率与强度增加、冰川大面积融化以及降雪量的减少，这些都是全球气候变化带来的水文变化。气候变化引起暴雨、洪水、干旱等水文极值变化，必将影响水库大坝设计洪水的大小，继而影响水利工程的设计。1954~2017 年全国各类水库发生溃坝事件 3539 起，其中 1/3 以上是由于遭遇特大洪水、设计洪水偏低和泄洪设备失灵，从而引起洪水漫顶而失事。在气候变化背景下，水利工程的设计和运行管理中需要考虑以下一些问题：①气候变化引起流域降雨和径流的变化，将影响流域的设计暴雨和设计洪水，需要适当地提高水利工程防洪的设计标准；②气候变化将可能加剧干旱发生的频率、范围和程度，进而影响水利工程的供水保证率；③暴雨强度和暴雨次数的增加，可能会引发地质灾害和加大泥沙冲淤对水利工程安全和寿命的影响；④气候变化和变异将可能加大极端水文气候事件发生的频次和强度，对已建工程的运行规则和规程需要做相应的必要调整，以保障水利工程的安全和洪水资源化；⑤由于极端气象灾害发生的频率和强度有进一步增强的趋势,在运行管理中要重视水情信息的监测和预报,加强防洪抗旱应急预案的编制和执行。

1.1.2 极端干旱

1. 极端气候变化

极端天气气候事件有多种定义方法,如 Easterling 等[12]指出极端事件可以从三个方面进行定义:①基于简单的气候统计来定义,如极端温度和极端降水量等;②从天气气候事件的发生与否来定义,如干旱和飓风等;③从天气气候事件对社会所造成影响的大小来判定。Bengtsson 等[13]归纳了定义极端事件的三个标准:①发生频率较低;②具有较大或较小的强度;③造成了严重的社会经济损失。极端事件的变化可能与平均值、变率或概率分布形态的变化或所有这些变化有关联。

《气候变化国家评估报告》中定义了 27 种与极端天气气候事件相关的指数,其中 16 种与气温有关,11 种与降水有关[9]。IPCC 第四次评估报告指出:近年,全球范围的冷日、冷夜和霜冻的发生频率减小,而暖日、暖夜和热浪的发生频率增加。其中特别是高温热浪发生频率增多,强度增强,并且分布范围较广。预计今后这种极端事件的发生将更加频繁[14]。全球部分地区(如东南亚、南美洲、非洲、英国和加拿大等地区)的极端温度事件也出现了类似的现象。气候异常变化改变了全球水文循环的现状。全球地表温度的升高会使地表蒸发加剧,大气保持水分的能力也会增强,这表示大气中的水分可能增加。地面的蒸发能力增强,将会更易发生干旱,同时为了蒸发相平衡,降水也将增加,从而易发生洪涝灾害。图 1.2 统计了 1900~2016 年全球自然灾害事件,可见极端水文、气象类灾害事件发生的频率、频次有明显增强趋势,如台风及超强台风个数和强度均明显增加[15]。

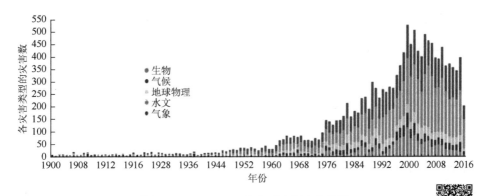

图 1.2　1900~2016 年全球自然灾害统计

我国东部位于东亚季风区，西部地处西亚内陆区，天气和气候系统复杂，既受亚洲季风系统的影响，又有青藏高原大地形的作用，是世界上受气象灾害影响极为严重的国家之一。近年来，我国发生的极端事件越来越频繁，破坏性越来越大，并且表现出极为明显的群发性特征。2006年夏，我国四川、重庆等地发生了百年一遇的干旱，与之相伴的是历史罕见的高温热浪，高温日数、持续时间和极端高温强度（44.5℃）均创下了当地有气象观测以来的历史同期最高[16]。2007年夏天，重庆发生了有气象观测记录以来最强的强降水，从而引发洪涝，造成25个区县共300余万人受灾，同时淮河流域遭遇了1954年以来的最大降水量，导致发生流域性大洪水，而东北地区入夏以来则持续严重干旱，局部地区高温少雨，均创造有记录以来第一位。2008年1月至2月初，我国南方地区经历了历史罕见的大范围低温雨雪和冰冻灾害，持续时间之长、影响程度之严重均为历史罕见，给南方的国民经济和人民生命财产造成了巨大损失，特别是对交通、能源供应、电力传输、通信设施、农业生产、生态系统和人民生活造成了严重影响，造成的直接经济损失达上千亿元[17]。此外，全国其他地区大大小小的极端气象灾害造成人员和财产损失不可估量[18]。2009年以来云南省连续4年大旱，其中2010年遭遇百年一遇的全省性特大干旱，多条河道干涸，大片农田龟裂，数百万人口受灾，损失之严重历史少有[19]。2014年河南省遭遇大旱，为保障城乡居民生活供水，多座水库启用了死库容[20]。2000～2010年，我国（未包括香港、澳门、台湾）发生的洪涝灾害年平均受灾人口12 831.5万人，农业年平均受灾面积1057.9万 hm^2，年平均直接损失为989.15亿元[21]。2011年6月，我国南方地区连续遭受两次强降雨袭击，部分地区发生严重的洪涝灾害，两次灾害造成105人死亡，63人失踪，直接经济损失达50亿元人民币。2012年7月，我国大部分地区遭遇暴雨，其中，北京及其周边地区遭遇61年以来最强暴雨及洪涝灾害，不仅导致城市交通混乱，而且还有66人遇难，直接经济损失高达150亿元[22]。2013年全国洪涝灾害受灾人口多达1.2亿人，因灾死亡774人、失踪374人[23]。2000年以来的洪涝灾害引起的死亡人数是洪涝、地质、地震、海洋灾害及森林火灾五类自然灾害中排名第一的，约占六成；所造成的经济损失，也占到八成以上，可见我国受洪涝灾害影响程度之深。洪涝灾害已经成为我国社会经济可持续发展的重要制约因素之一[24]。事实已经说明，我国伴有群发性的极端气候事件正在不断加剧。

2. 极端干旱事件

由于干旱是一种复杂的气象现象，干旱的出现及持续与下垫面的状况关系非常密切，目前不同的研究领域对干旱的定义和强度并没有一个统一的标准。据世界气象组织（WMO）1980年的统计，实际应用中的干旱指数多达55种。定义一个客观的干旱指数并能较好地反映干旱程度是干旱研究的一个基本问题[25]。常用的干旱指数可以分为3类：①单因素指数。主要有降水距平、降水距平百分率、历史干旱分级描述指标、土壤湿度干旱指数等，这类指数的特点是以单个要素的值或其距平值的大小作为干旱的衡量标准。虽然简单易行，但把干旱这种复杂的综合现象，简单归结为一个要素的影响，是不够全面和完善的。②简单多因素综合指数。主要有降水量-蒸发量、蒸发量/降水量、降水量-作物需水量、作物需水量/降水量、水分供求差（比）、土壤水分亏缺量等，这类指数一般考虑了两个或更多的要素，而且以它们之间的差值、比值、百分值及组合值作为衡量标准，计算简单，涉及的要素值易于查找，但是这类干旱指数往往有明显的针对性和适用范围，因而同样缺乏普适性。③复杂综合指数。这类指数又可细分为两类，一类从因子上说是单因子指数，它由降水的特点和变化特征，经过复杂计算定义出指数，如降水异常指数（RAI）[26]、Bhalme 和 Mooley 干旱指数（BMDI）[26]、标准化降水指数（SPI）[27]等；另一类在资料处理和计算程序上较前一类复杂，一般都包含两个以上的要素，并且考虑了水分平衡过程或热量平衡过程，如帕尔默干旱指数（PDSI）[28]、表层水供应指数（SWSI）[29]、复垦干旱指数（RDI）[30]、地表湿润指数（H）[31]等。Byun 和 Wilhith[32]曾列表比较了这些干旱指数的特点。对于不同的领域，干旱的定义各不相同而且种类较多，可以参考这些干旱的定义，综合考虑土壤水分、供水、人类需水指标（考虑对社会经济的影响和损失）、人类活动等，提出一套适用的干旱指标体系，再采用评分的办法，最后依据研究的区域划分出干旱的等级和程度（如轻微、中等、严重、极端干旱），进而可以判断和定义出极端干旱。

美国国家大气研究中心（NCAR）的研究成果表明，受全球气候变化的影响，在接下来的几十年中，全球干旱呈严重加剧趋势，持续时间长、影响范围广和强度高的极端干旱气候发生频率显著增加，某些地区的干旱会持续恶化，局部地区甚至可能遭遇百年一遇甚至几百年一遇的打破历史纪录的特大旱情。可以预见，干旱气候带来的灾害问题将越来越严重，必须引起人们的高度重视，并开展深入而系统的防灾减灾对策研究。

受气候变化影响，近年来，我国局部性、区域性的干旱灾害连年发生，重特大干旱灾害也呈现频发的态势[33]。在我国发生的所有自然灾害中，干旱灾害发生频率最高，对工农业生产、生态环境和社会经济的影响也最为深远，年均经济损失超千亿元。我国历史上平均每2～3年即发生一次较大影响的旱灾。20世纪的100年间我国发生严重旱灾18次，而进入21世纪以来的前20年就已发生10次较严重的旱灾。2006～2007年，我国川渝地区发生严重干旱；2009年底至2010年6月，西南5省（区、市）发生特大干旱灾害；2011年1～5月，长江中下游地区湖北、湖南、江西、安徽、江苏5省及西南部分省份发生了特大干旱[34]。目前国内特大干旱及其灾害的最新研究大多聚焦于西南地区的特大干旱（其中大部分重点探讨 2009~2010 年西南大旱）[35-40]，其他多见于对湖南、安徽、陕西、新疆、河南等局地历史特大干旱的场次分析[41-45]。近几十年，我国重特大干旱灾害频发的原因如下：主要原因是全球气候变化所导致的极端气候事件增加；重要原因是人口数量、用水需求激增和用水结构变化等导致社会经济干旱灾害脆弱性增强；客观原因是水利基础设施建设滞后于社会经济发展导致应对极端干旱事件能力偏弱。上述因素的交织与叠加，将进一步加重未来应对特大干旱的压力。

越来越多的证据表明，气候变化加剧了与水有关的极端事件，其中就包括极端干旱的频发，这将进一步影响水资源的时空分布和可用性。在全球范围内，预计特大干旱的影响面积将显著扩张[46,47]。由于气候变化与干旱灾害对生态环境和社会经济方面的影响，许多国家将面临日益严重的水资源短缺压力。在可以预见的未来，气候变化引起的干旱及其他灾害对人类社会的影响将更加广泛而深入，包括对水资源、生态环境、人类健康、粮食和农业、能源和工业等诸多方面可能造成的威胁与灾难性破坏[48]。

通常极端干旱的发生伴随着高温热浪的出现，干旱是一种较长时间尺度的气候灾害，而高温热浪是一种较短时间尺度的天气灾害；二者既有差异与区别，但又有紧密的内在联系。持续干旱通常是高温热浪发生的背景，而频繁的高温天气又会加快地表水分流失的速度，进一步加重干旱程度[49]。干旱和高温热浪大都伴随着降水量的显著偏少。在我国大部分地区，尤其夏季月平均气温与降水量呈负相关关系，温度高往往就意味着降水少。高温天气日数增多，促使平均气温上升，导致地表蒸发量增加，夏季高温酷暑天气很可能发生干旱的情形，或使干旱持续维持[50,51]。地表变干和降水量减少与气温升高相关，地表变湿和降水量增多与气温降低有关[52]。同时，土壤湿度与降水量呈正相关，与平均气温呈负相关，尤其与夏季的气温呈显著负相关[53]。随着气温升高，尤其夏季气温升高，促使上层土壤干旱化，深层土壤水分散失速度加快，土壤干旱程度加重[54]。因此，气温对于分析和评估干旱程度而言举足轻重[55]。例如，我国北方夏季干旱范围及严重程度基本上与暖季极端气温变化相一致，若极端最高气温偏高、高温热浪频繁发生，则干旱趋势逐步加重，干旱影响范围也逐步扩大[56]。

在全球气候变暖、极端干旱事件有所增加的背景下，旱灾所影响的深度和广度将可能进一步增加，旱灾的突发性将有可能增强。鲍艳等[57]为了检验区域气候模式 RegCM3 在西北地区的模拟能力，对 2001 年夏季西北地区极端干旱事件进行了模拟，结果表明模式能很好地再现西北地区主要的环流特征和温度及降水的变化情况。Ma 等[58]利用中国 1951~2000 年的月降水和月平均气温构造了一个适合研究中国北方地区地表干湿状况的地表湿润指数，以此为基础对中国北方地区极端干旱的分布特征进行深入的研究。结果指出：在东北和华北地区，近十年极端干旱频率显著增加,是近百年少有的大范围高强度的极端干旱频发期,而这些地区极端湿润发生的频率相对减少。与温度变化趋势比较发现,极端干旱的频发区往往对应增温明显的地区。杨杰等[59]对中国 614 个常规观测站 1960~2007 年资料进行统计分析,揭示了 48 年来中国干旱破纪录事件的强度特征。根据破纪录事件的相关概率理论,提出了适用于任意分布下的计算破纪录事件发生强度和时间的方法,并推导了在高斯分布情况下的破纪录事件发生强度和时间的理论值计算公式,并对中国未来可能发生的干旱破纪录事件进行了预测评估,给出了未来各地区再次发生干旱破纪录事件发生强度和时间的期望值。

1.2 极端干旱对大坝安全的影响

1.2.1 极端干旱的影响

1. 干旱对混凝土坝结构的影响

对于混凝土坝,持续高温的干旱气候加快了混凝土内部水分散失,使得混凝土体积干燥收缩,当混凝土干燥收缩受到某种约束时,将导致混凝土表面开裂,裂缝的存在和扩展会导致坝体渗漏、混凝土碳化、持久性降低等[60]。同时,混凝土材料的抗压强度、弹性模量、徐变变形、收缩变形等材料性能在高温干旱情况下均会发生改变,影响不容忽视。1978 年夏季,安徽省局地出现百年不遇的长期高温干旱气候,使得该区丰乐混凝土拱坝长期在自重、空库、温升等荷载组合下运行,最终导致坝体左、右岸下游坝面分别出现 9 条和 3 条严重裂缝。里石门拱坝 1977 年 11 月混凝土浇筑到顶,1978 年春天横缝灌浆结束,形成整体拱坝,3 月开始蓄水,当年该地区长期晴热无雨,大坝处于半库以下低水位运行状态,11 月在下游坝面出现几条水平向裂缝。高温对拱坝性态的影响,一方面是拱坝整体温升时拱轴膨胀伸展,因受到两岸拱座和坝基的约束,拱坝向上游方向产生位移,同时,因库水温度变化滞后于气温,坝体下游侧温升超过上游侧,坝顶也向上游方向产生位移,两者都使坝体梁向下游一侧呈受拉状态;另一方面,在表面局部温度升高的作用下,坝体梁向下游表面呈受拉状态,这两种因素与低水位以及自重的效应叠加后,若下游坝面不产生拉应力,或拉应力在混凝土的允许范围内,高温时段将不会产生裂缝。埋设在里石门拱坝拱冠坝段坝趾区的内部仪器,1978 年高温时段显示为压应力,但由于该坝高温时向上游的位移量较大,运行水位又维持在低水位状态,因而在寒潮来临时,坝顶不能立即恢复至坝轴线位置,梁下游侧呈受拉状态,导致水平裂缝的出现[61]。长期干旱高温气候对一些薄壁水利工程的影响更为突出,如淮河入海水道滨海枢纽工程闸墩检查结果表明,近年来干旱使得该工程出现较多干缩裂缝，在 25～30m 的分段内裂缝平均出现 3～5 条，最多达 10 多条，裂缝宽度一般为 0.2～0.4mm，直接导致钢筋的锈蚀和影响工程的耐久性。

温度和库水位的突然变化对土坝的渗透变形和抗滑稳定影响也较大。据统计，目前 11%的大坝失事的原因是大坝老化、建筑材料劣化（如侵蚀、风化等）使材料强度降低，而约 20%的大坝失事的原因是地下渗漏引起扬压力过高和渗漏量增大，或渗透坡降过大引起坝基渗透变形。

2. 干旱对土石坝结构的影响

相对于混凝土坝，高温干旱对土石坝安全运行的影响更大。高温促使大坝土体水分蒸发，导致干缩裂缝的出现，其后再遇强降雨，极易加剧水库大坝运行风险[62,63]。研究极端干旱中土石坝面临的风险，首先需分析土体的受旱表现。无论是降雨还是干旱，直接改变的都是土体的含水率，而土体的工程性质对含水率变化非常敏感。相对于降雨，干旱气候具有影响范围广和持续时间长的特点，干旱对土体含水率的改变是一种潜移默化的过程，其对土体工程性质的影响具有缓慢性的特点，常常被忽视。此外，土体在干燥过程中表观上呈现逐步硬化的趋势，这看似对工程有利，实则不然。唐朝生等[64]通过开展大量研究，发现土体尤其是黏性土在脱水过程中，水分场会重新分布，导致土体的非饱和过程与非饱和带的扩张，极大地改变了土体的物化、水理和力学性质，其是许多区域性工程地质和环境地质问题的诱因。

干旱对土石坝中土体的影响从水分蒸发过程开始。由于土体是一种具有典型各向异性的多孔介质，其蒸发过程比纯水复杂得多，它涉及液、气两相流体在非均质多孔介质中的迁移问题，且受气象因素（温度、辐射、湿度和风速等）和土性因素（含水率、吸力、体变、矿物成分、粒度成分、孔隙分布和密实度等）的共同作用，因此土体蒸发具有非常复杂的发生发展过程[63]。欧阳斌强等[64]对初始为饱和状态的黏性土开展了一系列精细化蒸发试验，获得了黏性土的蒸发特征曲线，发现其蒸发过程呈典型的三阶段特征，即常速率阶段Ⅰ、减速率阶段Ⅱ和残余阶段Ⅲ。在常速率阶段Ⅰ，土体通常处于饱和状态，土中有足够的水分供给蒸发面，因此阶段Ⅰ蒸发速率的大小主要取决于使水分汽化所需的外部能量，受气象因素的控制，主要是孔隙中的自由水发生蒸发。土体蒸发逐渐进入减速率阶段Ⅱ、残余阶段Ⅲ，蒸发速率不断减小。在蒸发过程中伴随有土体的收缩，土体收缩变形是干旱气候作用的典型结果之一，也是导致地表基础设施和各种工程结构物发生失稳破坏的重要诱因。土体各处的收缩不均便会导致土体开裂、出现干缩裂缝，土体开裂是干旱气候作用的典型结果之一，是一种很常见的自然现象，龟裂会极大弱化土体的力学性质，呈数量级增加土体的渗透性，是导致边坡和堤坝失稳、工程屏障系统失效、基础设施开裂破坏、坡面水土流失加剧、土地退化等一系列工程地质问题和环境地质问题的直接诱因[65-67]。2007 年重庆地区遭遇的特大旱情使 1200 座水库大坝的黏土斜墙或坝前水平铺盖严重收缩开裂，直接面临暴雨威胁，影响蓄水安全；2014 年，河南遭遇 63 年来最严重的"夏旱"，中西北部地区遭遇严重旱情，导致白龟山、昭平台等多座水库水位接近死水位或处于死水位以下。水库在低水位运行期因水位突升突降，大坝最易出现的险情是滑坡、裂缝、跌窝等。当库水位在死水位以下继续下降时，土坝上游无护坡坡面上的干缩裂缝控制不当，影响坝坡防渗功能，严重时会危害大坝安全；同时，在干旱气候作用下，土体会发生显著的收缩变形，引起地面沉降，对地表的基础设施和工程结构的稳定性产生极大负面影响，一直处于低水位的大坝无护坡可能会出现塌坑和跌窝。水库极端低水位和干涸引起土石坝黏土斜墙和水平铺盖等防渗系统大范围产生裂缝，破坏了防渗体系的连续性和完整性，任其发展将危及大坝渗流安全。干旱期间地表含水量偏低，多余能量产生的地表加热作用直接导致气温升高，干旱和热浪若同时发生，可能对生态系统和人类社会造成较大压力。研究认为，蒸汽压力不足和相对湿度的变化共同作用，加大了升温效应，改变了地表与大气之间的相互作用，预测气温的显著变化会造成未来更多极端天气同时发生，其后果将比高温和干旱单独发生更严重。

3. 干旱对水库运行的影响

极端干旱除了对工程结构性的影响之外，对工程效益的发挥也产生重大影响。首先，极端干旱中降雨及上游补水量极大地减少，同时水库蒸发量增大，导致库水位不断地降低。当江河湖库水位持续偏低，流量持续偏少，影响城乡生活、工农业生产、生态环境等用水安全时，应采取抗旱措施的水位为旱限水位，旱限水位是一种警示水位，水库水位落到旱限水位时，应考虑抗旱措施，旱限水位以下的库容要有限制地使用。旱限水位的确定应依据下游用水类型及方式，选择水库所承担的供水任务作为主要指标，结合设计来水情况进行综合分析，以逐月滑动计算的水库应供水量与死库容之和最大值所对应的水库水位作为依据，并考虑库内取水设施高程等因素，综合分析确定。2014 年河南大旱，造成白龟山水库水位急速降低，给平顶山市工农业生产和居民生活用水造成了一定影响，通过对白龟山水库入库水量、城市生活工业用水、农业灌溉用水、环境生态用水、取水口高程等进行统计分析，采用两个月滑动计算的水库应供水量与死库容之和最大值所对应的库水位为依据，确定了白龟山水库旱限水位，实践证明是合理的，但由于枯水期持续时间长，因此不可能整个枯水期采用一个固定水位予以控制，需结合水库的实际情况及详细的用水计划等进行完善。

1.2.2 旱涝急转的影响

在全球变暖的大背景下，强降雨等极端天气的频次和强度有增加的趋势。Trenberth 和 Josey[68]指出，地面温度的升高会使地表蒸发加剧，大气保持水分的能力增强，这就意味着大气中水分可能增加。地表蒸发能力增强，在易发生干旱的同时，为了与蒸发相平衡，降水也将增加，从而易发生暴雨与洪涝灾害。全球变暖将会导致低层空气明显变暖，相应的高温热浪及其引发的干旱事件频次会增加、范围会扩大。2006 年饱受百年不遇干旱高温煎熬的重庆市，在 2007 年又逢百年不遇的特大暴雨。当前期遭遇极端干旱后随即迎来极端降雨，会形成旱涝急转极端工况。旱涝急转通常指某一地区或某一流域在较长时间干旱后又出现洪涝，干旱和洪涝交替出现的情况。针对中国旱涝急转的研究开始于 2006 年，旱涝急转是指某一地区或流域前期持续偏旱，突遇集中强降雨，导致河水陡涨、农田涝渍，短时间内干旱和洪涝事件交替出现的一种极端水文事件[69]。不同于干湿交替，旱涝急转对干旱和洪涝程度均有阈值要求，且二者之间转换迅速。旱涝急转的发生受很多因素影响，如全球气候变化、大气环流、地区排涝水平等孕灾要素以及作物种类和生育期等成灾要素[70, 71]。

2011 年长江中下游地区经历"旱涝急转"，前期干旱维持时间长、旱涝转折迅速剧烈、转折后降水量大，其剧烈变化历史罕见[72-74]。2013 年 3 月 1 日~4 月 27 日，青海省平均降水量为 9.2mm，稍多于 1962 年，偏小幅度排历史第 2 位，2013 年 4 月 28 日~5 月 20 日，青海省平均降水量为 40.7mm，比极端的 1967 年偏小，列历史第 2 位，缓解了前期的干旱，但同时出现了大范围、不同程度的渍涝，旱涝急转的台站达 21 个[75]。2018 年肯尼亚发生了严重的旱涝急转，导致近 200 人遇难，超过 21 000 英亩①的农田遭到破坏。

旱涝急转工况的特殊性在于干旱与强降雨转变的突发性，对于大坝黏土防渗体，受旱过程形成的裂缝尚未得到治理便迎来库水位快速上升，此时大坝渗流场出现剧烈变化，导致出现渗流安全隐患。长时间干旱导致土体失水收缩产生裂缝，不仅增加了土体渗透性，还大大降低了土体强度和稳定性[76-78]。对于水利工程，黏土体干缩裂缝的出现使得挡水建筑物直接面临严重的渗流问题。美国 Stockton 坝和 Wister 坝因土体干缩龟裂诱发管涌导致最终垮塌[79]；1989~1993 年匈牙利境内几百公里长的防洪大堤因干旱开裂，极大增加了险情发生概率[80]；20 世纪 90 年代，山东峡山水库经历久旱低水位运行后，库区土体出现大范围干缩裂缝，由于在蓄水之前未及时对裂缝进行处理，蓄水过程中裂缝也无法快速愈合，库区涌现出大

---

① 1 英亩≈0.4hm^2。

量气泡,坝后出现严重渗漏险情[81];2016年河北黄壁庄水库因库区土体裂缝,在库水位上升之后发生较大面积水面"冒泡翻滚"现象。对于坝前水平黏土铺盖,其厚度往往较薄,很容易形成贯穿性裂缝而丧失防渗性能,即使未形成贯穿性裂缝,遭遇旱涝急转工况时往往来不及治理,在洪水水位快速上升时难以及时愈合发挥防渗作用;对于黏土坝坡,其表面常常有护坡措施,表面裂缝发育过程与铺盖会有差异,但对于斜墙一类的防渗体,厚度同样不大,干缩裂缝一旦出现也会削弱其防渗性能。

1.3 干缩裂缝影响下的黏土体渗流演化研究进展

1.3.1 裂缝影响土体渗透性

干缩裂缝的出现改变了土体渗透性,裂缝成为水流入渗的优先通道,针对这个问题,Oostindie 和 Bronswijk[82]提出了一种计算方法能够快速且相对容易地评估黏土区土壤表面和浅层含水层之间水停留时间的空间分布,反映出水在裂缝中的优先流动。该方法的研究重点在于土壤浅层区域,对于裂缝深入土体内部水流状态并未做分析。Chertkov 和 Ravina[83]根据土体收缩与膨胀过程中毛细裂缝网络的几何特征,建立了一个用于预测裂缝网分布对土壤持水率和导水率函数影响的模型,认为裂缝土体导水率由沿着水平截面的网络弯曲度和特定裂纹长度来解释,而保水曲线由总裂纹体积和充水裂纹体积决定,相关试验结果也证实该模型的可行性,但在土体中裂缝分为随外部环境不断变化的季节性裂缝以及内部准静态裂缝,模型分析的是内部准静态裂缝中的渗流情况,不考虑土体表面水体下渗过程。在岩体裂缝渗流中存在立方定律,以及有学者提出的超立方定律与次立方定律[84],但裂缝土体与裂缝岩体渗流形式存在较大的差异,岩体中水流基本只沿着裂缝流动,而在土体中除了裂缝,土体基质本身也能容许水流通过,但对于受旱后的土体,土体基质渗透系数很小,渗流初期裂缝起到主要导水作用,此时立方定律是否适用有待研究。对于水流从外部流入裂缝土体后的渗流过程,Greve 等[85]发现在模拟裂缝土中大孔隙流动和深层排水时,大孔隙流向土基质的侧向入渗十分明显,而且即使在地表闭合后土体裂缝仍能保持优先流动的路径。后来,为了分析水流从裂缝中的优先流转变为渗入土体的基质流过程,Greve 等[86]使用稳定同位素并结合电阻率测量,洞察水流在土体中的流动,发现直到观测到土壤表面积水,基质主导的流动才出现,并且基质流从剖面顶部开始,向下发展。对于经受多次干湿循环的土体,其防渗性能将会被严重削弱[87],当土体内部存在加筋时,多次干湿循环导致的裂缝发育受到制约,土体产生裂缝后的防渗性能得到加强[88, 89]。分析土体的防渗性能，最直接的方法是分析其渗透系数，根据以往的研究，非饱和土体的渗透系数可以从土水特征曲线以及土体保水曲线中获得[90-93]，对于裂缝土体，这种方法获取的渗透系数方程只能适用于未产生裂缝区域，即被裂缝划分的土体块体。一般研究中，非饱和渗透系数由饱和渗透系数 k_{ws} 与相对渗透系数 k_{rw} 相乘得到，饱和渗透系数 k_{ws} 与变形的关系已有不少研究[94]，而对于相对渗透系数 k_{rw} 的变化常通过一些经验模型进行预测。经验模型一般根据试验数据点的总体趋势，提出相应的拟合方程，为了对拟合参数进行优化，需要较多的试验数据[95-98]。

在非稳定渗流过程中，土体内部渗流场与应力场在耦合变化，土体干缩裂缝的存在一方面直接对土体渗透性产生影响，另一方面对土体强度也会产生一定影响，使得应力场出现变化，从而在耦合过程中影响土体渗透性。裂缝面或层理结构面的强度较土体强度低，土体的滑动面通过较多裂缝面或层理结构面时，强度大大降低。目前有很多研究在于分析干旱对土体自身力学性能的影响[99-102]，包括干燥过程中抗剪强度、黏聚力、土体收缩性等。Trabelsi 等[103]分析非饱和黏土的抗拉强度，发现抗拉强度是描述大孔网络的状态变量的函数，水分交换和吸力的增加与拉伸响应的演化密切相关，而裂缝的出现与抗拉强度有密切的关系。张芳枝和陈晓平[104]、Wang 等[105]均研究过干湿循环对土体力学性质的影响，发现非饱和土经过反复干湿循环的应力路径后，其力学特性将产生不可逆转的变化。由于裂缝土体主要由裂缝及土体基质组成，土体基质区域是否存留着原土体的力学性质尚待研究。对于裂缝的出现，石北啸等[106]发现膨胀土边坡破坏的主要原因是干燥产生的裂缝，裂缝本身破坏土体原有结构，把原来整体的边坡分割成小块，湿化过程中又成为雨水入渗的通道，增大土体渗透性。

土体产生干缩裂缝的关键在于含水率的降低，当裂缝土体浸没于水中时土体含水率会逐渐增大，此时裂缝会出现愈合现象，这种愈合虽不能完全消除裂缝，但能在一定程度上降低裂缝土体的渗透性[107]。Wang 等[108]对一座土石坝进行分析，发现影响裂缝愈合的主要因素有裂缝深度、基础土颗粒大小和滤层土颗粒大小，促使愈合的方式包括管涌、沟道侵蚀、沟道堵塞、过滤器内再沉积和可膨胀矿物颗粒膨胀。郭爱国和侍克斌[109]通过试验分析了新疆某水库黏土心墙在反滤保护下的裂缝自愈能力，结果表明：在经过低水头的水流渗透持续作用后裂缝仍会愈合，抗渗比降也会同时得到提高。陈洁等[110]通过试验研究膨润土裂缝愈合过程，试验中通过裂缝缝隙面法向应力变化趋势、土样含水率及渗透系数等反映裂缝愈合的过程。

1.3.2 裂缝影响土体渗流过程

宏观模型假定土体中水流在一束互不影响的具有不同尺寸的毛细管中流动，

被水充满的毛细管分布可以通过引入土水特征曲线得到[111-113]。统计模型则假定土体结构由半径不同但相互连通的二维毛细管网来表征，水体只在被水充满的毛细管中流动[114]。确定了相对渗透系数 k_{rw} 后可考虑水-力耦合过程，早期的研究基于广义 Biot 理论，忽略气体影响，开展了考虑非饱和渗流与变形耦合的数值模拟工作[115]。杨代泉[116]研制了考虑非饱和土孔隙水、孔隙气运动，固相骨架非线性弹性变形及其耦合效应的二维数值模型。Shao 等[117]和 Khalili[118]分别采用扩展有限元法和无网格法对流变耦合开展了研究。随着研究的不断深入，不断有新方法涌现[119, 120]，且研究范围也逐渐扩展到固液气三相耦合[121-123]。

对于裂缝土体，常用于渗流计算的模型有 4 种，即离散介质模型、连续介质模型、双重介质模型和逾渗网络模型[124]。离散介质模型通常假定裂缝各个形貌参数服从某一概率分布，以此描述裂缝体系，通过对实际观测数据进行统计分析，确定裂缝各个形貌参数的概率分布参数，再于数值模型中生成随机裂缝网络进行计算[125, 126]。连续介质模型是以渗透率张量为基础，采用连续介质方法来描述孔隙材料渗流问题的数学理论模型[127-131]。双重介质模型假定开裂孔隙材料是由孔隙介质和裂缝介质相互叠加组成的连续介质，即存在孔隙-裂缝二重性，如此形成两个各自独立而又相互联系的水动力体系[132, 133]。逾渗网络是一种以逾渗理论和网络模型为研究基础的微观模拟技术，孔隙或裂缝利用网络模型描述，材料孔隙或裂缝的渗流规律使用逾渗理论和逾渗模型加以刻画[134]。

渗流过程中土骨架变形导致的土体渗透性改变，变形相对较小，不会引起土体断裂，然而当土体已存在裂缝时，土体将产生较大变形。旧裂缝的尖端扩大会使土体渗透性产生较大的改变，根据丁金粟和杨斌[135]的研究，土体发生水平面或径向垂直面水力劈裂是由于土体内壁处垂直应力或切向应力因渗透力作用不断减载，当水压力增大时，该处的有效应力变为拉应力且等于土体的抗拉强度，导致水力劈裂破坏，因此土的抗拉强度是控制土体水力劈裂的重要力学参数。对于水力劈裂的试验研究目前有很多，大部分的研究方法均是将导管等插入土体中，增大管中水压力使其土体劈裂，也有研究是在土体表面预设裂缝，再增大水压力使土体沿原有裂缝劈裂[136-138]。除了室内试验，也有学者进行现场试验研究水力劈裂，Bjerrum 等[139]在以色列死海边上，对一蓄水池围堤的天然黏土心墙进行了水力劈裂试验，试验结果显示，当水压力超过上覆土有效自重计算值的 0.4~0.5 倍时，渗透系数突然增大，即发生了水力劈裂现象。Bertram[140]在加拿大西南部 Battle 湖附近的冰碛土层中，利用水平和垂直钻孔进行了渗透试验和水力劈裂试验，试验表明水力劈裂压力不仅与产生水力劈裂裂缝位置的上覆土压力有关，而且还与土体的强度、固有的裂缝或缺陷有关。除了试验分析，在理论及数值研究方面，有学者基于试验结果得出经验公式，分析水力劈裂压力与土体应力之间的关系，以及通过有限元法、无单元法及数值流形方法等模拟劈裂过程及激励研究[141, 142]。

这些研究的重点在于土体内部应力的分析，关注于劈裂面的扩展，忽略了未产生劈裂部分土体的变形，也不曾涉及土体整体渗透性的改变。对于受旱出现干缩裂缝的土体，渗流过程即为饱水过程，在饱水过程中裂缝会愈合，但愈合是一个持续性的过程，在旱涝急转工况中，由于水头的快速增大，最初阶段裂缝受到较大的水压作用，土体较难呈现出愈合现象，但随着裂缝周边土体的充分湿化，土体崩解，土颗粒填充裂缝，出现水力劈裂与裂缝愈合同时进行的过程。对于此时土体的渗透性研究尚少有涉及。

1.4　土石坝渗透破坏研究进展

1.4.1　土石坝渗透破坏

在众多的水库大坝建设中，土石坝是最普遍采用的一种坝型，截至 2018 年，我国已建成各类水库大坝 98 822 座（大型水库 736 座、中型水库 3954 座），其中土石坝约占 95%。美国大坝委员会进行的两次大规模大坝事故调查结果发现，土石坝溃决数量占调查总数的 76.7%[143, 144]。根据水利部大坝安全管理中心统计[145]，1954~2017 年，我国共有 3539 座水库大坝发生溃决，其中土石坝占 95%以上。早在 20 世纪 30 年代，Justin[146]在其著作 *Earth Dam Projects* 中，专列了"土坝破坏"一章，开始对土石坝的事故做专门的分析。也正是从那个时候开始的对土石坝事故的统计和讨论，促进了土石坝的设计和施工技术不断地改进和发展。前任国际大坝会议主席 P. 隆德[147]在"土坝失事的教训"一文中把土石坝破坏原因分为三大类型：①滑动破坏；②漫顶破坏；③渗透破坏。需要指出的是，其中滑动破坏一般都与渗流问题密切相关。

我国把造成土石坝事故的原因分为以下几种：渗透破坏，裂缝，滑坡、坍坑、护坡破坏，冲刷、气蚀，闸门失灵，以及其他。根据我国水利部进行的土石坝事故调查统计资料，全国多座大型水库先后发生的事故破坏中，渗透破坏造成的事故约占事故总数的 31.7%，其次是坝体和铺盖的裂缝，以及滑坡、坍坑、护坡破坏等。我国大型水库工程事故破坏分析见表 1.1，国内外垮坝原因调查分析见表 1.2[148]。

表 1.1　我国大型水库工程事故破坏分析

事故类型	所占比例/%
渗透破坏	31.7
裂缝	25.3
滑坡、坍坑、护坡破坏	17.4

续表

事故类型	所占比例/%
冲刷、气蚀	14.2
闸门失灵	4.8
其他	6.6

表 1.2 国内外垮坝原因调查分析

来源	失事类型所占比例/%			
	漫顶	渗漏管涌	滑坡裂缝	其他
中国对垮坝事故分析（1981）	51	29	3	17
Hinderlider 对 159 座大坝失事原因分析（1933）	33	26	4	37
Reinus 对 119 座土坝失事原因分析（1948）	30	40	10	20
Babb 和 Mermel 对大坝失事原因分析（1968，美国垦务局）	36	30	15	19
Vogel 调查分析 309 座大坝失事原因（1982，维也纳大坝失事数据站）	36	34	12	18
Middlebrooks 调查美国 206 座土坝失事原因（1953）	27	39	18	16
美国大坝委员会对大坝失事调查分析（1975）	38	44	9	9
Takase 对日本土坝失事调查分析（1967）	28	44	10	18
Gruner 对瑞士大坝调查分析（1963）	23	40	2	35
Sherard 对美国 214 座土石坝破坏原因分析（1693）	28	41	11	20

小型水库缺少水文资料演算而导致漫顶冲垮者最多，占总数的 51.5%，其次就是渗漏导致垮坝，占总数的 29.1%。根据水利部大坝安全管理中心统计的我国 1954~2017 年已溃大坝的溃决原因及占比[145]，漫顶溃坝案例占 47.9%，管涌溃坝案例占 29.1%，坝下埋管溃坝案例占 5.5%，坝体滑坡溃坝案例占 3.5%，质量问题溃坝案例占 3.0%，管理不当溃坝案例占 4.7%，原因不明溃坝案例占 6.3%，由此可见，漫顶、管涌等因素是水库垮坝的主要原因之一，而且裂隙、滑动及滑坡等破坏也大多与渗流有比较密切的关系，因此最近几十年世界各国对渗透破坏问题的研究一直比较重视。

坝体内渗透破坏的主要形式为流土、管涌、接触冲刷和接触流土，这类破坏需要通过预埋在坝体内的渗流观测设施进行安全监测。如若监测不力未能及时发现问题，容易导致工程出现一定程度的损伤，这种损伤的补救难度一般较大。由于土石坝本身是透水的，且多数建在透水地基上，所以渗流问题的研究就显得更加重要和紧迫。如果对渗流不加控制，轻则会造成工程效益的降低，重则会引起水库不能有效地蓄水乃至溃坝。有的漏水还可以造成下游建筑物的失稳和土地的沼泽化、盐渍化，这些都会给国民的生命财产造成巨大的损失和非常严重的灾难。1976年6月，美国建成仅一年的97m高的Teton坝，渗透水流对齿墙土体产生劈裂而通向齿槽下游岩石裂隙，造成土体管涌或直接对槽底松土产生管涌，该渗透破坏进而诱发了坝体垮塌失事，造成了震惊世界的惨重损失[147]。英国的Balderhead心墙坝由于反滤料过粗，心墙产生了水平裂缝，进而造成心墙由于水力劈裂后的渗流冲刷而遭到渗透破坏，影响水库正常发电18个月，经济损失严重。相当数量的中小型水库由于严重的渗透破坏无法修复而不得不重建。

由于坝基和坝体本身的缺陷或穿坝建筑物的影响，渗透破坏是土石坝常见的一种破坏形式。当地下水在土层中运动时，土层中的土颗粒或者粒团在这种渗流作用下会受到浮力和渗流力的作用，在特定的情况下（包含不同的地质状况，不同的土体级配，不同的水力学条件和环境因素），土颗粒会表现出不同的受力特点和运动方式，根据土体发生渗透破坏时的现象、机理及边界条件的不同，通常可以将渗透破坏分为以下两种情况[149, 150]。

（1）流土：在向上渗透水流的作用下，当渗流力大于土体颗粒或者颗粒群的有效重力时，表层局部范围内的土体或者颗粒群就会同时发生悬浮和移动的现象。在黏性土中，渗流逸出点的一定范围内往往会由于渗流力的作用出现土体表面的隆起，而在砂层等渗透系数较大的土层中，逸出点会出现砂沸等现象。在两种土层的交界面带，当垂直的渗透水流把某一土层中的颗粒带入相邻的另一土层时称为接触流土；在两种土层或土层与结构物的交界面带，渗透水流把土层中的细小颗粒沿着交界面方向带走的现象称为接触冲刷。

（2）管涌：在某种渗透速度或者渗透梯度的作用下，土体骨架间的细小颗粒被水流带走，土体孔隙越来越大，逐渐形成穿越土体的多道渗流细小通道，最终掏空土体。该渗透破坏形式也可称为潜蚀。管涌大多发生在非黏性土中，其与颗粒的级配关系较为密切。

不论是管涌或流土破坏，如未能及时发现并采取有效措施，最终都将在坝体或坝基内形成渗透通道，随着渗透通道的增大，其上部坝体厚度逐渐减小，当渗透通道上部坝体的重力超过坝体材料的抗剪强度后，通道以上坝体楔块将坍塌，坝顶高程逐渐降低，大坝发生漫顶破坏而溃决。

早在1856年，Darcy[151]通过渗透试验，得到了著名的线性渗透定律，即达西定律，该定律的提出拉开了近代渗透理论研究的大幕。从20世纪初开始，各国学者对渗透破坏的机理展开了深入研究，在不同的发展时期，研究针对的内容也不尽相同。根据研究侧重点的不同，可以将其分为以下阶段：研究初期，基本将注意力集中在水头与水力坡降上，通过一系列的实际案例来归纳总结出渗透破坏的控制坡降，进而指导工程实际，这一阶段对渗透破坏形式的区分并不细致；随着研究的深入，人们逐渐认识到渗透破坏不仅与地下水的水力坡降相关，还与土体本身的结构、性质和级配等因素有关，因此在研究土体渗透破坏时，引入了土体级配的衡量因素。Bligh[152]在 1910 年根据对印度的一些不同地基上所修建的水工建筑物的运用经验，提出了水工建筑物的渗流控制法则——布莱法则。该法则是首个渗流控制的数学模型，描述了在渗流控制中水头差、渗径长度和土体的渗透稳定特性三者之间的关系，该法则对以后渗流控制理论的发展起到了深远的影响。在该法则提出后的一段时间内，土体渗透破坏的研究都集中在以防渗为主的方面，在工程应用中也往往是想方设法增加渗径长度，以此来降低水力坡降，达到土体稳定的目的。1886 年，Forchheimer[153]提出了用流网法计算坝体的渗流场。随后，面对不同的破坏形式，众多的研究确定了土体发生流土与管涌的临界坡降[154]。

1.4.2 土石坝渗透破坏的试验研究

目前，对渗流过程的试验研究方法有很多，主要包含现场试验与模型试验，其中现场试验方法有同位素示踪法、温度示踪法、钻孔试验法、实时监测等[155]。李端有等[156]对分布式光纤测温技术在长江堤防渗流监测中应用的可行性进行了研究。时拓青[157]采用钻孔试验的方法对黑石山水库坝址构造破碎带进行了渗透变形试验，取得了临界水力坡降、集中渗流通道位置以及渗透变形情况等资料。邹声杰等[158]提出了用流场拟合法进行堤防渗漏入水口监测的方法，通过物理模拟实验以及实际应用表明流场拟合法可以有效地用于堤防渗漏入水口的实时监测。

由于模型试验中众多变化参数可以人为控制，模型试验方法广泛用于基础机理研究或比较特殊的重要问题。毛昶熙等[159]在 2004 年研究了渗透变形模型试验的比尺效应；次年采用 1∶20 与 1∶40 两种几何比尺进行室内模型试验，论证了双层堤基产生影响堤坝安全的集中渗流通道的临界水平水力坡降为 0.1 左右[160]；他们还于 2005 年通过室内砂槽模型试验研究了悬挂式防渗墙对强透水堤基渗透变形的影响，通过不同贯入度的悬挂式防渗墙对渗透变形效果的影响，来论证悬挂式防渗墙在管涌发生时的功效[161]。罗玉龙等[162]在 2012 年利用自制的渗透仪对处于不同应力状态下的管涌型砂砾石地基进行了渗流-应力耦合的试验研究，探讨了应力与渗流稳定临界坡降之间的关系，并给出了经验公式。刘昌军等[163]在 2012 年利用砂槽模型试验研究了一元堤基中管涌的发展过程，并在此基础上建立了概化的数学模型，采用数值方法对其进行了模拟，结合试验和数值模拟结果得到了关于临界坡降随水平渗径增加而增加等结论。陈建生等[164]在 2013 年利用室内砂槽试验，以刚性盖板模拟刚性坝体，研究了双层堤基管涌发生后对黏土覆盖层的影响，阐述了集中渗流通道的发展与黏土覆盖层变形之间的关系。

模型试验除了能实现对干扰因素进行控制外,还能直观反映由渗流问题导致的大坝溃决过程。对于小尺度土石坝管涌破坏模型试验,较为经典的是欧盟 IMPACT 项目开展的 5 组溃坝模型试验[165]。通过模型试验,将土石坝管涌溃坝过程分为三个阶段:①薄弱部位出现漏水通道;②在渗透水流的作用下管涌通道不断扩展;③坝顶坍塌导致库水位漫顶溢流。为了研究土石坝管涌溃坝的全过程,欧盟 IMPACT 项目开展了坝高 6.0m 的冰碛土心墙堆石坝与坝高 4.5m 的均质土坝管涌溃坝试验(图 1.3),结果显示:土石坝发生管涌溃坝时,在水流持续冲蚀下,管涌通道逐渐扩大,直至管涌通道上部土体强度不足以支撑其重量而发生坍塌后发生漫顶溃决,管涌通道的形状由矩形底部加拱形顶部构成[166]。

(a) 初始管涌通道

(b) 水流冲蚀管涌通道

(c) 通道持续扩展

(d) 通道坍塌水流漫顶

图 1.3 IMPACT 项目大尺度均质土坝管涌溃坝试验

渗透破坏试验从早期的以研究实用经验公式为目标的较为粗糙的试验,逐渐转向以研究渗透破坏微观机理,探索影响渗透破坏发展的各种因素为重点以及反映工程实际变化情况的更精密的试验。试验手段不断创新,试验成果也日益丰富。但由于渗透变形模型试验影响因素众多,每一组试验往往仅能反映某种特定条件下的渗透变形发展规律,因此众研究人员得出的理论或经验公式往往各不相同。

1.4.3 土石坝渗透破坏的数值模拟

在近现代，随着渗流计算理论的成熟与完善，各种数学方法不断涌现，计算水平逐渐增强，很多新的数学理论都被应用到了渗透破坏研究领域。曹敦侣[167]在1985年，通过对渗流通道尖点发展随机性的研究，发现渗透破坏不仅像过去认为的那样，与相对渗径相关，而且与绝对渗径也相关。林志[168]在2001年，以极限平衡原理为基础，根据承压不完整井的理论，给出了较薄不透水覆盖层发生流土的解析解。滕凯和康百赢[169]于2003年利用地下水井流理论，提出了管涌突破口形成后的涌水量、临界面及孔口尺寸的计算方法。毛昶熙等[170]在渗流理论基础上，用镜像映射原理，推导出了集中渗流通道出口附近的涌砂范围及继续向上游冲蚀发展距离的计算公式，所提出的冲蚀向上游发展的计算方法，可用来鉴别渗透变形的危害程度。周晓杰[171]在2006年采用管流的方法来分析集中渗流通道的砂砾稳定性，并将其与渗流耦合，采用无单元法对渗透变形过程进行模拟。介玉新等[172]在2011年通过管流-渗流耦合的方法，利用土样的粒径级配曲线，研究了管涌发展的速度，得到了管涌发展状态与时间之间的关系。周红星和曹洪[173]在2011年利用土体单元应力强度和颗粒在水中滚动力矩极限平衡作为渗流集中通道尖端稳定的判定条件对通道的发展进行了分析。吴梦喜等[174]在2012年采用渗流集中通道边壁颗粒受力平衡原理和管道输砂模型来模拟通道扩展。

受益于计算技术的发展和计算机的应用，土石坝渗流计算开辟了新的路径。根据一定的数学模型可以在数字计算机上用数值模拟土石坝渗流状态，以及各种复杂情况下的土坝渗流。目前常使用的数值法是有限差分法和有限元法。其中，有限元法是数值方法中应用最广的一种，其最早应用于流体力学领域是1965年Zienkiewic和Cheung的求解拟调和微分方程的论文[175]。该法在稳定渗流领域内得到广泛应用。到20世纪70年代，有限元法已扩展到求解随时间变化的非稳定渗流问题以及非达西流。1972年，南京水利科学研究所渗流组与黄河水利科学研究所、上海市计算技术研究所合作研究了黄河小浪底水库心墙坝的稳定渗流问题，计算结果与电阻网模拟试验结果极为一致。随后又扩展到求解非饱和渗流问题，岩体裂隙渗流问题；渗流场与热力场、应力场相耦合的问题。

由于土石坝的材料为土石料，是一种多孔介质结构，具有一定的透水性和可变形性。渗流过程中所产生的渗流力（渗透力）对土颗粒有直接的作用，土体在渗流力作用下发生变形，孔隙率等材料参数也随着土体变形而改变；反过来，孔隙率等材料参数所发生的变化又将影响土体的渗透性。因此，坝体内渗流场与应力场是相互耦合的，一方面，水流作用形成了渗流场，渗流场的改变，直接影响到渗流力和渗透压力的分布及变化，坝体的荷载也受到影响，从而导致坝体应力场重新分布；另一方面，应力场的改变直接影响坝体体积应变，而体积应变的改变又将使坝体内的孔隙率发生变化，渗透系数随着孔隙率的变化而变化，进而坝体内渗流场随着渗透系数的变化也重新分布。1941 年，Biot[176]在一些假定及太沙基一维固结原理的基础上建立了比较完善的三维固结理论，为孔隙介质及流固耦合作用奠定了理论基础；1943 年，Terzaghi[177]在研究土力学地基沉降时提出了有效应力原理，该原理将可变形、饱和的多孔介质中流体的流动作为流动-变形的耦合问题来看待，并建立一维固结模型；1991 年，Noorishad[178]基于三维固结理论将多孔弹性介质本构方程扩展为有变形性质的裂隙介质非线性本构关系，并提出了裂隙渗流与应力的耦合模型；1997 年，柴军瑞和仵彦卿[179]通过分析均质土坝渗流场-应力场相互作用的力学机理，将两场分别作用下的数学模型进行联立，从而提出并讨论了均质土坝和碾压混凝土坝两场耦合分析的连续介质数学模型；2009 年，李宗坤等[180]基于多孔介质渗流特性，探讨了两场耦合机制，建立了耦合的数学模型及有限元格式。2013 年，代凌辉等[181]采用有限元流固耦合方法对土石坝非饱和渗流进行分析计算，对建立的模型设定合理的边界条件，得出了坝体的渗漏量、孔隙水压力分布。

目前，模拟渗透变形的有限元方法中，大多是采用增加"集中渗流通道"渗透系数的方法来模拟渗透变形发展过程。李守德等[182]通过改变渗透系数的方法模拟集中渗流通道，采用有限元迭代搜索的方法对基坑开挖过程中渗透变形发生、发展过程做了渗流有限元模拟。李守德等[183]提出以一维通道嵌入三维块体的方法实现对堤基渗透变形发展过程的模拟，拓展了堤坝渗透变形问题的研究思路。陈生水等[184]提出一个能正确反映土石坝渗透破坏溃决机理，合理描述土石坝从渗透通道发展到坝体坍塌和漫顶溃决全过程的数值模拟方法。

土石坝渗透变形影响因素众多，过程十分复杂，且随着各类研究的不断深入，以及新环境的出现，土石坝渗透破坏面临着众多不断出现的新问题。

参 考 文 献

[1] IPCC. Summary for Policymakers of the Synthesis Report of the IPCC Fifth Assessment Report[M]. Cambridge: Cambrige University Press，2013.

[2] IPCC. Climate Change 2013：The Physical Science Basis[M]//Contribution of Working Group I to the Fifth Assessment Report of the Intergovernmental Panel on Climate Change. Cambridge：Cambridge University Press，2013：89.

[3] 沈永平，王国亚. IPCC 第一工作组第五次评估报告对全球气候变化认知的最新科学要点[J]. 冰川冻土，2013，35（5）：10-18.

[4] 杨萍. 近四十年中国极端温度和极端降水事件的群发性研究[D]. 兰州：兰州大学，2006.

[5] 吴燕娟. 气候变化背景下我国极端降水的时空分布特征及未来预估[D]. 上海：上海师范大学，2016.

[6] 周波涛，於琍. 管理气候灾害风险推进气候变化适应[J]. 中国减灾，2012，（2）：18-19.

[7] 唐国利，任国玉. 近百年来我国地表气温变化的再分析[J]. 气候与环境研究，2005，10：91-98.

[8] Hu Z Z, Yang S, Wu R. Long-term climate variations in China and global warming signals[J]. Journal of Geophysical Research, 2003, 108 (19): 4614.

[9] 《气候变化国家评估报告》编写委员会. 气候变化国家评估报告[M]. 北京：科学技术出版社，2007.

[10] 潘晓华. 近50年中国极端温度和降水事件变化规律的研究[D]. 北京：中国气象科学研究院，2002.

[11] 杜予罡. 影响中国极端天气气候事件变化的初探[D]. 南京：南京大学，2013.

[12] Easterling D R, Evans J L, Groisman P Y, et al. Observed variability and trends in extreme climate events: A brief review[J]. Bulletin of the American Meteorological Society, 2000, 81 (3): 417-425.

[13] Bengtsson L, Hodges K I, Esch M, et al. How may tropical cyclones change in a warmer climate? [J]. Tellus Series A-dynamic Meteorology and Oceanography, 2010, 59 (4): 539-561.

[14] Field C B, Barros V, Stocker T F, et al. Managing the Risks of Extreme Events and Disasters to Advance Climate Change Adaptation [M]. Cambridge: Cambridge University Press, 2012.

[15] 张建云，向衍. 气候变化对水利工程安全影响分析[J]. 中国科学：技术科学，2018，48（10）：5-13.

[16] 胡宜昌，董文杰，何勇. 21世纪初极端天气气候事件研究进展[J]. 地球科学进展，2007，22（10）：1066-1075.

[17] 丁一汇，王遵娅，宋亚芳，等. 中国南方2008年1月罕见低温雨雪冰冻灾害发生的原因及其与气候变暖的关系[J]. 气象学报，2008，66（5）：158-175.

[18] 柳艳香，王小玲，毛卫星. 2006年北半球大气环流及对中国气候异常的影响[J]. 气象，2007，33（4）：102-107.

[19] 叶伟，马福恒，胡江，等. 旱涝急转下斜墙坝渗流特性试验研究[J]. 岩土工程学报，2018，40（10）：1923-1929.

[20] 叶伟. 黏土防渗体干缩裂缝发展机理及其渗流安全预警指标研究[D]. 南京：南京水利科学研究院，2020.

[21] 张辉，许新宜，张磊，等. 2000~2010年我国洪涝灾害损失综合评估及其成因分析[J]. 水利经济，2011，29（5）：5-9.

[22] 胡环，胡伟. 浅谈气候变化对洪涝灾害形成的影响[J]. 内蒙古水利，2015，(3)：139-140.

[23] 仝鹏. 洪涝灾害经济影响与防灾减灾能力评估[J]. 人民论坛，2014，(7)：90-92.

[24] 李超超，田军仓，申若竹. 洪涝灾害风险评估研究进展[J]. 灾害学，2020，35（3）：131-136.

[25] Van Rooy M P. A rainfall anomaly index independent of time and space[J]. Nntos, 1965, (14): 43-48.

[26] Bhalme H N, Mooley D A. Large-scale drought/floods and monsoon circulation[J]. Monthly Weather Review, 1980, 108 (8): 1197-1211.

[27] Guttman N B. Comparing the Palmer drought index and the standardized precipitation index[J]. Journal of the American Water Resources Association, 1998, 34 (1): 113-121.

[28] Palmer W C. Meterorological Drought[D]. Maryland: U.S. Weather Bureau, 1965.

[29] Shafer B A, Dezman L E. Development of a surface water supply index（SWSI）to assess the severity of drought conditions in snow pack runoff areas[C]. Proceedings of the Western Snow Conference, Fort Collins, 1982: 164-175.

[30] Weghorst K M. The reclamation drought index: Guidelines and practical applications[C]. North American Water and Environment Congress & Destructive Water. ASCE, Anaheim, California, 1996: 637-642.

[31] Ma Z C, Fu C B. Interannual characteristics of the surface hydrological variables over the arid and semiarid areas of northern China[J]. Globe Planet Change, 2003, 37 (3-4): 189-200.

[32] Byun H R, Wilhith D A. Objective quanification of drought severity and duration[J]. Journal of Climate, 1999, 12 (9): 2747-2755.

[33] 任国玉,封国林,严中伟. 中国极端气候变化观测研究回顾与展望[J]. 气候与环境研究,2010,15(4):337-353.

[34] 吴玉成. 我国重特大干旱灾害频发原因探析[J]. 中国防汛抗旱，2012，22（5）：10-11.

[35] 郑建萌, 张万诚, 陈艳, 等. 2009～2010 年云南特大干旱的气候特征及成因[J]. 气象科学, 2015, 35 (4): 488-496.

[36] 费玲玲, 陆桂华, 吴志勇, 等. 西南地区特大干旱大气环流特征分析[J]. 中国农村水利水电, 2014, (8): 26-29.

[37] 梅传贵, 陆桂华, 吴志勇, 等. 西南地区特大干旱前期天气系统异常特征分析[J]. 水电能源科学, 2013, 31 (10): 1-5.

[38] 黄新会, 李小英, 穆兴民, 等. 2010 年中国西南特大干旱灾害: 从生态学视角的审视[J]. 水土保持研究, 2013, 20 (4): 282-287.

[39] 刘建刚, 谭徐明, 万金红, 等. 2010 年西南特大干旱及典型场次旱灾对比分析[J]. 中国水利, 2011, (9): 17-19.

[40] 马建华. 西南地区近年特大干旱灾害的启示与对策[J]. 人民长江, 2010, 41 (24): 7-12.

[41] 黎祖贤, 周盛, 樊志超, 等. 湖南特大干旱时空变化特征分析[J]. 干旱气象, 2018, 36 (4): 578-582.

[42] 郭姝姝, 辛景峰. 安徽省 1978 年特大干旱研究[J]. 中国水利水电科学研究院学报, 2014, 12 (1): 8-14.

[43] 张玉芳, 邢大韦, 刘明云, 等. 关中地区历史特大干旱探讨[J]. 西北水资源与水工程, 2002, 13 (3): 15-18.

[44] 白云岗, 木沙·如孜, 雷晓云, 等. 新疆干旱灾害的特征及其影响因素分析[J]. 人民黄河, 2012, 34 (7): 61-63.

[45] 董安祥, 王劲松, 李忆平. 1920 年中国北方 7 省 (市) 大旱的灾情及其成因[J]. 干旱气象, 2013, 31 (4): 750-755.

[46] Gosling S N, Warren R, Arnell N W, et al. A review of recent developments in climate change science. Part Ⅱ: The global-scale impacts of climate change[J]. Progress in Physical Geography: Earth and Environment, 2011, 35 (4): 443-464.

[47] Wilhite D, Pulwarty R S. Drought and Water Crises: Integrating Science, Management, and Policy[M]. Boca Raton: CRC Press, 2017.

[48] Doblas-miranda E, Alonso R, Arnan X, et al. A review of the combination among global change factors in forests, shrublands and pastures of the Mediterranean Region: beyond drought effects[J]. Global and Planetary Change, 2017, 148 (1): 42-54.

[49] 马明卫, 韩宇平, 严登华, 等. 特大干旱事件灾害孕育机理及影响研究进展[J]. 水资源保护, 2020, 36 (5): 11-21.

[50] 邓振镛, 文小航, 黄涛, 等. 干旱与高温热浪的区别与联系[J]. 高原气象, 2009, 28 (3): 702-709.

[51] 徐金芳, 邓振镛, 陈敏. 中国高温热浪危害特征的研究综述[J]. 干旱气象, 2009, 27 (2): 163-167.

[52] 马柱国, 符淙斌. 中国北方干旱区地表湿润状况的趋势分析[J]. 气象学报, 2001, (6): 737-746.

[53] 谢安. 孙永罡, 白人海. 中国东北近 50 年干旱发展及对全球气候变暖的响应[J]. 地理学报, 2003, 58 (Z1): 75-82.

[54] 蒲金涌, 姚小英, 邓振镛, 等. 气候变化对甘肃黄土高原土壤贮水量的影响[J]. 土壤通报, 2006, 37 (6): 1086-1090.

[55] 卫捷, 马柱国. Palmer 干旱指数、地表湿润指数与降水距平的比较[J]. 地理学报, 2003, 58 (S1): 117-124.

[56] 王志伟, 翟盘茂. 中国北方近 50 年干旱变化特征[J]. 地理学报, 2003, 58 (Z1): 61-68.

[57] 鲍艳, 吕世华, 陆登荣, 等. RegCM3 模式在西北地区的应用研究 I: 对极端干旱事件的模拟[J]. 冰川冻土, 2006, 28 (2): 164-165.

[58] Ma Z G, Dan L, Hu Y W. The extreme dry/wet events in northern China during recent 100 years[J]. Journal of Geographical Sciences, 2004, 14 (3): 275-281.

[59] 杨杰, 侯威, 封国林. 干旱破纪录事件预估理论研究[J]. 物理学报, 2010, 59 (1): 664-675.

[60] 张建云, 陆采荣, 王国庆, 等. 气候变化对水工程的影响及应对措施[J]. 气候变化研究进展, 2015, 11 (5): 301-307.

[61] 王同生. 薄壁水工混凝土的温度干缩裂缝和预防[J]. 江苏水利, 2002, (1): 29-30.

[62] Ye W, Ma F, Hu J, et al. Seepage behavior of an inclined wall earth dam under fluctuating drought and flood conditions[J]. Geofluids, 2018, 2018: 1-11.

[63] 唐朝生. 极端气候工程地质: 干旱灾害及对策研究进展[J]. 科学通报, 2020, 65 (27): 3009-3027, 3008.

[64] 欧阳斌强, 唐朝生, 王德银, 等. 土体水分蒸发研究进展[J]. 岩土力学, 2016, 37 (3): 21-32, 50.

[65] Morris P H, Graham J, Williams D J. Cracking in drying soils[J]. Canadian Geotechnical Journal, 1992, 29 (2): 263-277.

[66] Rodríguez R, Sánchez M J, Ledesma A, et al. Experimental and numerical analysis of desiccation of a mining waste[J]. Canadian Geotechnical Journal, 2007, 44 (6): 644-658.

[67] Péron H, Herchel T, Laloui L, et al. Fundamentals of desiccation cracking of fine-grained soils: Experimental characterization and mechanisms[J]. Canadian Geotechnical Journal, 2009, 46: 1177-1201.

[68] Trenberth K E, Josey S A. Observations: surface and atmospheric climate change[M]. Cambridge: Cambridge University Press, 2007.

[69] 孙鹏, 刘春玲, 张强. 东江流域汛期旱涝急转的时空演变特征[J]. 人民珠江, 2012, 33 (5): 29-34.

[70] 张天宇, 唐红玉, 雷婷, 等. 重庆夏季旱涝急转与大气环流异常的联系[J]. 云南大学学报(自然科学版), 2014, 36 (1): 79-87.

[71] 何慧, 廖雪萍, 陆虹, 等. 华南地区 1961~2014 年夏季长周期旱涝急转特征[J]. 地理学报, 2016, 71 (1): 130-141.

[72] 封国林, 杨涵洧, 张世轩, 等. 2011 年春末夏初长江中下游地区旱涝急转成因初探[J]. 大气科学, 2012, 36 (5): 1009-1026.

[73] 沈柏竹, 张世轩, 杨涵洧, 等. 2011 年春夏季长江中下游地区旱涝急转特征分析[J]. 物理学报, 2012, 61 (10): 530-540.

[74] 王文, 段莹. 2011 年长江中下游冬春连旱期土壤的湿度变化[J]. 干旱气象, 2012, 30 (3): 305-314.

[75] 时兴合, 郭卫东, 李万志, 等. 2013 年青海北部春季旱涝急转的特征及其成因分析[J]. 冰川冻土, 2015, 37 (2): 376-386.

[76] 朱梦. 干缩条件下贵州红黏土渗透性试验研究[D]. 贵阳: 贵州大学, 2016.

[77] 姚海林, 郑少河, 陈守义. 考虑裂缝及雨水入渗影响的膨胀土边坡稳定性分析[J]. 岩土工程学报, 2001, 23 (5): 606-609.

[78] 孔令伟, 陈建斌, 郭爱国, 等. 大气作用下膨胀土边坡的现场响应试验研究[J]. 岩土工程学报, 2007, 29 (7): 1065-1073.

[79] Sherard J L. Embankment dam cracking// Hirschfeld R C, Poulos S J. Embankment-dam Engineering (Casagrande Volume) [M]. New York: John Wiley and Sons, 1973.

[80] Lazanye L, Horvath G, Farkas J. Volume change induced cracking of flood protection dikes built of clay[C]. Proceeding of the 2nd International Conference on Unsaturated Soils, Beijing, 1998: 213-218.

[81] 杨正华, 刘嘉炘. 峡山水库大坝渗流安全评价[J]. 水利水电科技进展, 2007, 27 (2): 40-44.

[82] Oostindie K, Bronswijk J J B. Consequences of preferential flow in cracking clay soils for contamination-risk of shallow aquifers[J]. Journal of Environmental Management, 1995, 43 (4): 359-373.

[83] Chertkov V Y, Ravina I. Shrinking-swelling phenomenon of clay soils attributed to capillary-crack network[J]. Theoretical and Applied Fracture Mechanics, 2000, 34 (1): 61-71.

[84] 许光祥, 张永兴, 哈秋舲. 粗糙裂缝渗流的超立方和次立方定律及其试验研究[J]. 水利学报, 2003, 34 (3):

74-79.

[85] Greve A K, Andersen M S, Acworth R I. Investigations of soil cracking and preferential flow in a weighing lysimeter filled with cracking clay soil[J]. Journal of Hydrology (Amsterdam), 2010, 393 (1-2): 105-113.

[86] Greve A K, Andersen M S, Acworth R I. Monitoring the transition from preferential to matrix flow in cracking clay soil through changes in electrical anisotropy[J]. Geoderma, 2012, 179-180: 46-52.

[87] Qiang X, Liu H J, Zhen Z L, et al. Cracking, water permeability and deformation of compacted clay liners improved by straw fiber[J]. Engineering Geology, 2014, 178: 82-90.

[88] Li J H, Li L, Chen R, et al. Cracking and vertical preferential flow through landfill clay liners[J]. Engineering Geology, 2016, 206: 33-41.

[89] Wang C, Zhang Z Y, Fan S M, et al. Effects of straw incorporation on desiccation cracking patterns and horizontal flow in cracked clay loam[J]. Soil and Tillage Research, 2018, 182: 130-143.

[90] Assouline S. A model for soil relative hydraulic conductivity based on the water retention characteristic curve[J]. Water Resources Research, 2001, 37 (2): 265-271.

[91] Su W, Cui Y J, Qin P J, et al. Application of instantaneous profile method to determine the hydraulic conductivity of unsaturated natural stiff clay[J]. Engineering Geology, 2018, 243 (4): 111-117.

[92] Zeng L L, Hong Z S, Cai Y Q, et al. Change of hydraulic conductivity during compression of undisturbed and remolded clays[J]. Applied Clay Science, 2011, 51 (1-2): 86-93.

[93] Zhai Q, Rahardjo H, Satyanaga A. Variability in unsaturated hydraulic properties of residual soil in Singapore[J]. Engineering Geology, 2016, 209: 21-29.

[94] Chapuis, Robert P. Predicting the saturated hydraulic conductivity of soils: A review[J]. Bulletin of Engineering Geology and the Environment, 2012, 71 (3): 401-434.

[95] 杨德欢, 韦昌富, 颜荣涛, 等. 细粒迁移及组构变化对黏土渗透性影响的试验研究[J]. 岩土工程学报, 2019, 41 (11): 2009-2017.

[96] 王耀明, 王柳江, 刘斯宏, 等. 非饱和黏土的一维电渗排水解析理论[J]. 岩石力学与工程学报, 2019, 38 (S2): 3767-3774.

[97] 胡天杨. 地表浅层非饱和土中的改进 G-A 渗透模型[C]. 中国地质学会.第二十届全国探矿工程(岩土钻掘工程)学术交流年会论文集. 北京: 地质出版社, 2019: 492-499.

[98] 邵龙潭, 温天德, 郭晓霞. 非饱和土渗透系数的一种测量方法和预测公式[J]. 岩土工程学报, 2019, 41 (5): 806-812.

[99] 韩华强, 陈生水, 郑澄锋. 非饱和膨胀土强度及变形特性试验研究[J]. 岩土工程学报, 2008, 30 (12): 1872-1876.

[100] 陈生水, 郑澄锋, 王国利, 等. 膨胀土边坡长期强度变形特性和稳定性研究[J]. 岩土工程学报, 2007, 29 (6): 795-799.

[101] Zhang F, Cui Y, Zeng L, et al. Effect of degree of saturation on the unconfined compressive strength of natural stiff clays with consideration of air entry value[J]. Engineering Geology, 2018: S0013795217314783.

[102] Lee S J, Kawashima S, Kim K J, et al. Shrinkage characteristics and strength recovery of nanomaterials–cement composites[J]. Composite Structures, 2018: S026382231830802X.

[103] Trabelsi H, Romero E, Jamei M. Tensile strength during drying of remoulded and compacted clay: The role of fabric and water retention[J]. Applied Clay Science, 2018, 162: 57-68.

[104] 张芳枝, 陈晓平. 反复干湿循环对非饱和土的力学特性影响研究[J]. 岩土工程学报, 2010, 32 (1): 41-46.

[105] Wang D Y, Tang C S, Cui Y J, et al. Effects of wetting–drying cycles on soil strength profile of a silty clay in

[106] 石北啸, 陈生水, 韩华强, 等. 考虑吸力变化的膨胀土边坡破坏规律分析[J]. 水利学报, 2014, 45 (12): 1499-1506.

[107] He J, Wang Y, Li Y, et al. Effects of leachate infiltration and desiccation cracks on hydraulic conductivity of compacted clay[J]. Water Science and Engineering, 2015, 8 (2): 151-157.

[108] Wang J J, Zhang H P, Zhang L, et al. Experimental study on self-healing of crack in clay seepage barrier[J]. Engineering Geology, 2013, 159: 31-35.

[109] 郭爱国, 侍克斌. 一种分散性黏土裂缝自愈与反滤保护试验[J]. 岩石力学与工程学报, 2002, 21 (12): 1886-1890.

[110] 陈洁, 张永浩, 韩小元, 等. 渗流条件下含裂缝压实膨润土应力及渗透性能试验研究[J]. 岩土力学, 2017, 38 (2): 487-492.

[111] Irmay S. On the hydraulic conductivity of unsaturated soils[J]. Transactions, American Geophysical Union, 1954, 35 (3): 155-164.

[112] Mualem Y. Hydraulic conductivity of unsaturated porous media: Generalized macroscopic approach[J]. Water Resources Research, 1978, 14 (2): 325-334.

[113] Huang S Y. Evaluation and laboratory measurement of the coefficient of permeability in dcformable[D]. Canada: University of Saskatchewan, 1994.

[114] Lebeau M, Konrad J M. A new capillary and thin film flow model for predicting the hydraulic conductivity of unsaturated porous media[J]. Water Resources Research, 2010, 46 (12): W12554.

[115] Zienkiewicz O C. Basic formulation of static and dynamic behavior of soil and other porous media[J]. Applied Mathematics and Mechanics, 1982, 3 (4): 457-468.

[116] 杨代泉. 非饱和土二维广义固结非线性数值模型[J]. 岩土工程学报, 1992, 14 (S): 2-12.

[117] Shao Q, Bouhala L, Younes A, et al. Thermo-hydro-mechanical modeling of crack propagation in porous media using conbined nonconforming finite element method, discontinuous galerkin, multi-point flux approximation and extended finite element methods[C]. International Conference on Science & Technology of Heterogeneous Materials & Structures, Wuhan, 2013.

[118] Khalili A K. A meshfree method for fully coupled analysis of flow and deformation in unsaturated porous media[J]. International Journal for Numerical & Analytical Methods in Geomechanics, 2013, 37 (7): 716-743.

[119] 廖红建, 姬建. 深基坑开挖中饱和-非饱和土体渗流-沉降的耦合分析[J]. 应用力学学报, 2008, 25 (4): 637-640.

[120] 张玉军. 亥废料处置概念库近场热-水-应力耦合模型及数值分析[J]. 岩土力学, 2007, 28 (1): 17-22.

[121] 孙冬梅, 冯平, 张明进. 考虑气相作用的降雨入渗对非饱和土坡稳定性的影响[J]. 天津大学学报（自然科学与工程技术版）, 2009, 42 (9): 777-783.

[122] 杨戒. 基于随机场的非饱和土固-液-气三相耦合分析[D]. 成都: 成都理工大学, 2019.

[123] Borja R I, White J A, Liu X, et al. Factor of safety in a partially saturated slope inferred from hydro-mechanical continuum modeling[J]. International Journal for Numerical and Analytical Methods in Geomechanics, 2012, 36 (2): 236-248.

[124] 李乐. 含随机裂纹网络孔隙材料的渗透性研究[D]. 北京: 清华大学, 2015.

[125] 宋晓晨, 徐卫亚. 裂缝岩体渗流模拟的三维离散裂缝网络数值模型（Ⅰ）: 裂缝网络的随机生成[J]. 岩石力学与工程学报, 2004, 23 (12): 2015.

[126] 宋晓晨, 徐卫亚. 裂缝岩体渗流模拟的三维离散裂缝网络数值模型（Ⅱ）: 稳定渗流计算[J]. 岩石力学与工

程学报，2004，23（12）：2021-2021.

[127] 罗璨璨，宋俊，尚高增，等.一种裂隙-连续介质的耦合渗流计算方法[J].水利与建筑工程学报，2018，16（6）：82-86，98.

[128] 刘荷蕾，马宁.裂隙网络非连续介质渗流场与温度场耦合分析研究[J].黑龙江水利科技，2018，46（7）：27-29.

[129] 高瑜，叶咸，夏强.基于等效连续介质模型的单裂隙渗流数值模拟研究[J].地下水，2016，38（5）：40-43.

[130] 高笑.考虑裂缝发展的渗流与应力耦合数值分析方法研究[D].杨凌：西北农林科技大学，2014.

[131] Zheng Q S，Du D X. An explicit and universal applicable estimate for the effective properties of multiphase composites which accounts for inclusion distribution[J]. Journal of the Mechanics and Physics of Solids，2001，49（11）：2765-2788.

[132] 刘瑞雪，张荣堂，汪为巍.裂隙膨胀土渗流研究进展[J].土工基础，2019，33（5）：587-590.

[133] 郭金喜，易远.裂隙土渗流模型研究进展综述[J].土工基础，2017，31（6）：721-724.

[134] 乔能林.三维孔隙网络模型渗流机理算法及软件研制[D].北京：中国地质大学，2008.

[135] 丁金粟，杨斌.击实黏性土水力劈裂性能研究[J].岩土工程学报，1987，9（3）：1-15.

[136] Alfaro M C，Wong R C. Laboratory studies on fracturing of low-permeability soils[J]. Canadian Geotechnical Journal，2001，38（2）：303-315.

[137] 曾开华，殷宗泽.土质心墙坝水力劈裂影响因素的研究[J].河海大学学报（自然科学版），2000，28（3）：1-6.

[138] 张辉.堆石坝心墙水力劈裂试验与数值模拟研究[D].南京：河海大学，2005.

[139] Bjerrum L，Kennard R M，Gibson R E，et al. Hydraulic fracturing in field permeability testing[J]. Geotechnique，1992，22（2）：319-332.

[140] Bertram G E. Experience with seepage control measures in earth and rockfill dams [C]. Proceedings of 9th International Congress on Large Dams，Istanbul，1967，3：91-109.

[141] Kulhawy F H. Load transfer and hydraulic fracturing in zoned dams[J]. Journal of the Geotechnical Engineering Division，1976，102（4）：505-506.

[142] 王俊杰.基于断裂力学的土石坝心墙水力劈裂研究[D].南京：河海大学，2005.

[143] USCOLD. Lessons from dam incidents[R]. New York：ASCE，1975.

[144] USCOLD. Lessons from dam incidents[R]. New York：ASCE，1988.

[145] 水利部大坝安全管理中心.全国水库垮坝登记册[R].南京：水利部大坝安全管理中心，2018.

[146] Justin J D. Earth Dam Projects[M]. New York：John Wiley & Sone.Inc. 1931.

[147] P. 隆德，王文修.土坝失事的教训[J].华水科技情报，1985，（1）：51-59.

[148] 毛昶熙.渗流计算分析与控制[M].北京：中国水利水电出版社，1990.

[149] 曹敦履.砂砾地基上土坝的渗流控制[J].水利学报，1963，（2）：71-74.

[150] 蒋国澄，刘宏梅.砂砾地基上土坝的渗流控制[J].水利学报，1962，（1）：33-43.

[151] Darcy H P G. Les fountaines publiques de la Ville de Dijon[M]. Paris：Victon Dalmont，1856.

[152] Bligh W G. Dams，barrages and weirs on porous foundations[J]. Engineering News，1910，64（26）：708-710.

[153] Forchheimer P. Üeber die ergiebigkeit von brunnen-anlagen und sickerschlitzen[J]. Zeitschrift des Architektenund Ingenieurs Vereins zu Hannover，1886，32：539-563.

[154] 贾恺.双层堤基渗透破坏发展机理研究[D].广州：华南理工大学，2014.

[155] 陈建生，杨松堂，刘建刚，等.环境同位素和水化学在堤坝渗漏研究中的应用[J].岩石力学与工程学报，2004，23（12）：2091-2095.

[156] 李端有，陈鹏霄，王志旺.温度示踪法渗流监测技术在长江堤防渗流监测中的应用初探[J].长江科学院院报，2000，12（Z）：48-51.

[157] 时拓青. 在钻孔内作管涌试验的方法及其讨论[J]. 贵州地质, 2000, 17（1）: 66-69.
[158] 邹声杰, 汤井田, 朱自强, 等. 堤防管涌渗漏实时监测技术研究与应用[J]. 水利水电技术, 2005, 36（1）: 77-79.
[159] 毛昶熙, 段祥宝, 蔡金傍, 等. 堤基渗流无害管涌试验研究[J]. 水利学报, 2004,（11）: 46-53, 61.
[160] 毛昶熙, 段祥宝, 蔡金傍, 等. 北江大堤典型堤段管涌试验研究与分析[J]. 水利学报, 2005, 36（7）: 818-824.
[161] 毛昶熙, 段祥宝, 蔡金傍, 等. 悬挂式防渗墙控制管涌发展的试验研究[J]. 水利学报, 2005, 36（1）: 42-50.
[162] 罗玉龙, 吴强, 詹美礼, 等. 考虑应力状态的悬挂式防渗墙-砂砾石地基管涌临界坡降试验研究[J]. 岩土力学, 2012,（S1）: 73-78.
[163] 刘昌军, 丁留谦, 孙东亚, 等. 单层堤基管涌侵蚀过程的模型试验及数值分析[J]. 土木工程学报, 2012,（8）: 140-147.
[164] 陈建生, 何文政, 王霜, 等. 双层堤基管涌破坏过程中上覆层渗透破坏发生发展的试验与分析[J]. 岩土工程学报, 2013, 35（10）: 1777-1783.
[165] Morris M W, Hassan M A A M. IMPACT: Breach formation technical report（WP2）[R]. Munich: HR Wallingford Ltd., 2005.
[166] Morris M W, Hassan M A A M, Vashinn K A. Breach formation: Field test and laboratory experiments[J]. Journal of Hydraulic Research, 2007, 45（S）: 9-15.
[167] 曹敦侣. 渗流管涌的随机模型[J]. 长江水利水电科学研究院院报, 1985,（2）: 39-46.
[168] 林志. 关于管涌的试验研究和理论分析[D]. 上海: 同济大学, 2001.
[169] 滕凯, 康百赢. 关于堤坝管涌计算方法的进一步研究[J]. 岩土工程技术, 2003,（1）: 11-15.
[170] 毛昶熙, 段祥宝, 蔡金傍, 等. 堤基渗流管涌发展的理论分析[J]. 水利学报, 2004,（12）: 46-50.
[171] 周晓杰. 堤防的渗透变形及其发展的研究[D]. 北京: 清华大学, 2006.
[172] 介玉新, 董唯杰, 傅旭东, 等. 管涌发展的时间过程模拟[J]. 岩土工程学报, 2011, 33（2）: 215-219.
[173] 周红星, 曹洪. 双层堤基渗透破坏机制和数值模拟方法研究[J]. 岩石力学与工程学报, 2011, 30（10）: 2128-2136.
[174] 吴梦喜, 邓琴芳, 黄艳北.堤基管涌动态发展的数值模拟[J]. 郑州大学学报（工学版）, 2012, 33（5）: 66-71.
[175] Zienkiewicz O C, Mayer P, Cheung Y K. Solution of anisotropic seepage by finite elements[J]. Journal of Engineering Mechanics, 1965, 92（1）: 111-120.
[176] Biot M A. General theory of three dimensional consolidation[J]. Journal of Applied Physics, 1941, 12（2）: 155-164.
[177] Terzaghi K. Theoretical Soil Mechanics[M]. New York: Wiley, 1943.
[178] Noorishad J. Coupled thermal-hydrostatic consolidation of Pierre shale[J]. International Journal for Rock Mechanics and Mining Science, 1991,（28）: 345-354.
[179] 柴军瑞, 仵彦卿. 均质土坝渗流场与应力场耦合分析的数学模型[J]. 陕西水力发电, 1997, 9（3）: 4-7.
[180] 李宗坤, 王鹏飞, 赵凤遥. 基于流固耦合理论的土石坝稳定性分析[J]. 郑州大学学报（工学版）, 2009, 30（3）: 44-47.
[181] 代凌辉, 张均, 杨卫元. 土石坝渗流的流固耦合方法计算分析[J]. 黄河水利职业技术学院学报, 2013, 25（2）: 10-16.
[182] 李守德, 张晓海, 刘志祥. 基坑开挖工程管涌发生过程的模拟[J]. 工程勘察, 2003,（2）: 14-17.
[183] 李守德, 徐红娟, 田军. 均质土坝管涌发展过程的渗流场空间性状研究[J]. 岩石力学, 2005, 26（12）: 2001-2004.
[184] 陈生水, 钟启明, 曹伟. 土石坝渗透破坏溃决机理及数值模拟[J]. 中国科学: 技术科学, 2012, 42（6）: 697-703.

第 2 章 受旱过程黏土体干缩裂缝扩展机理

土体由土颗粒、水和空气三部分组成，其中空气和水存在于土颗粒之间的孔隙中，一般认为细观上的土颗粒不可压缩，土体收缩源于孔隙体积减小。在受旱过程中，土体含水率降低，孔隙中的水变为蒸汽排出，孔隙体积减小，土体出现收缩，当不同部位的收缩量不同时，土体出现不均匀收缩，黏土体干缩裂缝的出现源于这种不均匀收缩。

2.1 受旱过程中黏土体裂缝扩展理论

2.1.1 微观层面颗粒间作用力

不同于土体的剪切裂缝，干缩裂缝属于一种土体不均匀收缩产生的张拉缝。根据前人的基础性研究[1]，土体饱和度较低或土颗粒处于"悬着"状态时，孔隙水弯液面在固-液-气交界面上与土颗粒间产生粒间作用力。从微观结构出发，考虑颗粒间为单粒圆颗粒接触，为方便计算，减少参数的个数，将土颗粒简化为球体进行分析，颗粒之间存在透镜形水体，如图 2.1 所示。

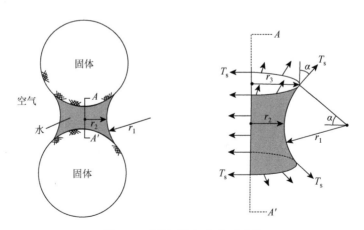

图 2.1 球状颗粒与弯液面形状

A-A' 为竖向轴；r_1 为颗粒间水膜外侧曲面曲率半径；r_2 为颗粒间水膜内侧曲面曲率半径；r_3 为水膜与颗粒接触边缘的曲率半径；T_s 为水膜表面张力；α 为接触角

目前研究表明非饱和土土体裂缝与其抗拉强度及粒间吸力紧密相关，非饱和土干缩裂缝形成过程中抗拉强度与其颗粒间的吸力关系密切，非饱和土粒间吸力与抗拉强度存在着量化关联性。传统非饱和土力学认为来源于土壤学或土壤物理学中的基质吸力就是非饱和土的粒间吸力，但实际上非饱和土中随含水率变化的粒间吸力的组成是湿吸力和可变结构吸力[2]。

非饱和土的抗拉强度受到土颗粒排列结构以及孔隙含水量的影响。颗粒间水的存在形式、水-土作用方式以及土结构在干燥过程中随含水率减小而变化，是土体抗拉强度增加的主要原因。当含水率由液限降至塑限的过程中，土颗粒的连接由弱结合水转变为强结合水，土颗粒之间为近凝聚型接触，颗粒间接触面积和作用力增大，抗拉强度增加。在含水率降低的过程中，土体基质吸力也在变化，吸力可以看作土中水的一种能量状态，影响着水-土之间的相互作用，进而影响颗粒间的连接强度，宏观表现在引起土体抗拉强度变化。含水率越小，土体内的基质吸力越大，土体承受拉应力的能力越强。一般来讲，颗粒间吸力越大，粒间胶结强度越高，非饱和土抵抗拉应力的能力越强。

1. 颗粒与水膜接触角为零

从图 2.1 可以看出，非饱和土中存在明显的气-液-固交界面，裂缝的产生实际上源于土颗粒分离，研究干缩裂缝开裂机理可从固体颗粒在交界面的受力情况进行分析。假定两个土颗粒大小均一，且为规则圆球体，颗粒之间水膜以凹透镜形式（弯月形）环绕于颗粒之间，各颗粒之间水膜相互独立不接触，水膜大小可以用 r_1 与 r_2 来表示。

根据受力平衡分析，两个土颗粒受到的力主要有正水平与负水平方向的表面张力以及交界面上的空气压力和孔隙水压力。将表面张力投影至正水平方向可得[3]

$$F_1 = 2(T_s \sin\alpha)(2r_3) = 4r_3 T_s \sin\alpha \quad (2.1.1)$$

式中，r_3 为水膜与颗粒接触边缘的曲率半径，m；T_s 为水膜表面张力，kPa；α 为接触角，（°）。

将表面张力投影至负水平方向可得

$$F_2 = -2T_s(r_1 \sin\alpha)(2) = -4r_1 T_s \sin\alpha \quad (2.1.2)$$

在假设 $r_2=r_3$ 的情况下，将空气压力和孔隙水压力投影至水平方向：

$$F_3 = (u_a - u_w)(2r_1 \sin\alpha)(2r_2) = 4r_1 r_2 (u_a - u_w)\sin\alpha \quad (2.1.3)$$

式中，u_a、u_w 分别为空气压力和孔隙水压力，kPa；r_1 与 r_2 分别为曲率半径，m。

由三力平衡可得

$$T_s(r_2 - r_1) = (u_a - u_w) r_1 r_2 \quad (2.1.4)$$

将两个相连土颗粒分离出来进行受力分析，自由体上相关的作用力有空气压力 u_a、孔隙水压力 u_w、水膜表面张力 T_s 以及界面相互作用产生的净粒间作用力 F_e，如图 2.2 所示。

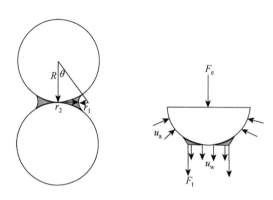

图 2.2　非饱和土内气-水交界面几何形状

R 为土颗粒半径；θ 为填充角；F_e 为界面相互作用产生的净粒间作用力；u_a 为空气压力；u_w 为孔隙水压力；F_t 为表面张力作用在弯液面周长上所产生的合力

受力体为土颗粒，空气压力作用于土颗粒上，其大小等于空气压力与其作用的气-固交界面面积的乘积（受力分析方向为竖直方向，将空气压力投影至水平面）：

$$F_a = u_a\left(\pi R^2 - \pi r_2^2\right) \tag{2.1.5}$$

式中，R 为土颗粒半径，m。

表面张力作用在弯液面周长上所产生的合力 F_t 可表示如下：

$$F_t = -2\pi T_s r_2 \tag{2.1.6}$$

孔隙水压力产生的作用在水-固交界面上的总作用力在垂直方向的投影 F_w 为

$$F_w = u_w \pi r_2 \tag{2.1.7}$$

界面上相互作用产生的净粒间作用力为三个力的合力：

$$F_e = u_a \pi R^2 - (u_a - u_w)\pi r_2^2 - 2\pi T_s r_2 \tag{2.1.8}$$

式（2.1.8）即为界面相互作用产生的净粒间作用力，若使该粒间作用力以拉力的形式作用于土骨架上，需满足：

$$(u_a - u_w)r_2^2 + 2T_s r_2 > u_a R^2 \tag{2.1.9}$$

式中，$u_a - u_w$ 为土体内基质吸力，kPa。

2. 颗粒与水膜接触角不为 0°

对于接触角不为 0°的两土颗粒，相互关系如图 2.3 所示。

$$r_1 = R\frac{1-\cos\theta}{\cos(\theta+\alpha)} \quad (2.1.10)$$

$$r_2 = R\tan\theta - r_1\left(1-\frac{\sin\alpha}{\cos\theta}\right) \quad (2.1.11)$$

式中，θ 为填充角，(°)；α 为接触角，(°)。

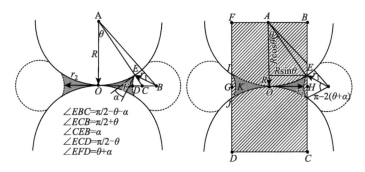

图 2.3 接触角不为 0°的颗粒间弯液形水的结合边界

土体开裂发生在特定低含水率条件下，当土颗粒之间满足断开条件时，土体的含水率可通过颗粒之间的透镜形水的体积粗略估计。假定土体颗粒排列规则，如图 2.4 所示。

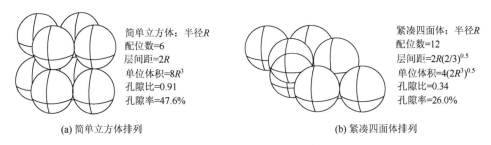

(a) 简单立方体排列   (b) 紧凑四面体排列

图 2.4 等径球状土颗粒的两种排列方式

将透镜形水作二维面的投影，则水体可由三个部分组成。矩形 $BFGH$ 是三维空间里半径为 $R\sin\theta$、高为 R 的圆柱体截面，为透镜形水一半的下边界；EOI 是半径为 R 的圆弧，为透镜形水的上边界；圆弧 IKJ 为透镜形水的两侧边界。在三维空间内进行旋转，则由三部分面积垂直于纸面方向绕水平轴旋转形成的体积即为透镜形水的总体积，该体积为一个单位颗粒上的水体积。

单位颗粒上，矩形 BFGH 形成的体积为

$$V_c = 2\pi R^3 \sin^2 \theta \tag{2.1.12}$$

单位颗粒上 FBEOI 旋转所形成的体积为

$$V_s = 2\pi R^3 \sin^2 \theta \cos \theta + \frac{2\pi}{3} R^3 (1-\cos\theta)^2 (2+\cos\theta) \tag{2.1.13}$$

单位颗粒上圆弧 IKJ 旋转所形成的体积为

$$V_r = 2\pi \left[r_2 + r_1 - \frac{2}{3} \frac{r_1 \cos^3(\theta+\alpha)}{(\pi/2)-(\theta+\alpha)-\sin(\theta+\alpha)\cos(\theta+\alpha)} \right] \times \\ \frac{1}{2} r_1^2 \left[\pi - 2(\theta+\alpha) - \sin 2(\theta+\alpha) \right] \tag{2.1.14}$$

透镜形水的总体积为

$$V_1 = V_c - V_s - V_r \tag{2.1.15}$$

求出单位颗粒水体体积后可根据颗粒体积，基于颗粒排列形式，确定每个颗粒水的质量含水量，计算如下：

$$w_{SC} = \frac{3V_1}{V_{sphere} G_s} \\ = \frac{9}{2G_s} \sin^2 \theta - \frac{9}{2G_s} \sin^2 \theta \cos \theta - \frac{3}{2G_s}(1-\cos\theta)^2(2+\cos\theta) - \frac{9V_r}{4G_s \pi R^3} \tag{2.1.16}$$

式中，V_{sphere} 为一个土颗粒的体积，$V_{sphere}=(4\pi R^3)/3$；G_s 为土的固体颗粒的比重。可以看出，含水量是填充角 θ 与接触角 α 的函数。

对于 TH 排列来说，当填充角相同时，TH 排列的质量含水量是 SC 排列的两倍。

$$w_{TH} = 2w_{SC} \tag{2.1.17}$$

以土水特征曲线建立含水率与基质吸力的关系，可将含水率与粒间作用力联系起来。设土体的土水特征曲线方程为

$$S = f(u_s) \tag{2.1.18}$$

式中，S 为饱和度；u_s 为基质吸力，$u_s=u_a-u_w$。

土体从饱和状态发展至裂缝产生状态，含水率在不断降低，前期过程中土颗粒之间填充水体，随着水分蒸发，颗粒间水膜体积减小，颗粒相互靠近，当粒间作用力减小至 0 时具备开裂的条件，即

$$u_s r_2^2 + 2T_s r_2 = f^{-1}(S) r_2^2 + 2T_s r_2 = f^{-1}\left(\frac{wG_s}{e}\right) > u_a R^2 \tag{2.1.19}$$

对于简单立方体排列的土颗粒，判别标准为

$$f^{-1}\left(\frac{3V_1}{0.91V_{sphere}}\right) > u_a R^2 \tag{2.1.20}$$

对于紧凑四面体排列的土颗粒，判别标准为

$$f^{-1}\left(\frac{6V_1}{0.91V_{\text{sphere}}}\right) > u_a R^2 \quad (2.1.21)$$

2.1.2 宏观层面体积收缩

土体干燥过程被理解为从多孔基质中排出液体，由于液体在多孔体内部和边界处的相间界面上的化学势不同，水分排出由蒸发势驱动，在蒸发势的驱动下，土体表面孔隙水不断蒸发。表面孔隙水含量的降低会产生毛细作用，使下层土体中的水分不断迁移到上层以维持蒸发，导致远离表层的土体含水率不断减小。在毛细水压力和表面张力共同作用下，土颗粒会相互靠拢，孔径减小，这在宏观上表现为土体收缩变形。在干燥过程中，土体收缩实际是土颗粒相互靠近导致密实度增加的过程，是属于内力作用下的变形，与外力作用下土体压密的变形过程有很大区别[4]。

土体的收缩可分为三个阶段[5]，第一阶段为正常收缩，饱和土中水量的减少等于孔隙体积的减小，土体保持饱和。第二阶段为残余收缩，空气进入孔隙，水分损失超过孔隙体积的减小。第三阶段为零收缩，发生在土壤达到其最密集的形态时，失水不会伴随体积的进一步变化。

1. 正常收缩

第一阶段土体处于饱和，土体孔隙中充满水，二维层面孔隙可以看作由众多毛细管组成，如图2.5所示[6]。该阶段由于水量的减少等于孔隙体积的减小，可以认为是众多毛细管体积的减小。毛细管中的水提供着毛细力，在土体干燥收缩过程中，毛细力本身并不能使液体蒸发出去，这种力使得水体沿着三相界面与土颗粒之间形成接触角。在存在表面张力的情况下，毛细管内部平衡时产生一个蒸汽压力 p，对于水来说，该蒸汽压力低于饱和蒸汽压力值[7-9]。

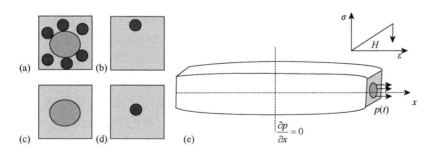

图 2.5 孔隙毛细管简化

σ 为应力；ε 为应变；H 为孔壁的刚度模量；p 为蒸汽压力；x 为水平向变量；t 为时间变量

根据毛细管的变化特性，Hu 等[6]最终推求出毛细管体积变形方程：

$$\frac{\partial^2 p}{\partial x^2} + \frac{2a_0}{Hh_0\left[1-\frac{a_0 p}{Hh_0}\right]}\left(\frac{\partial p}{\partial x}\right)^2 = \frac{16\mu}{a_0}\frac{\left(1-\frac{a_0 p}{Hh_0}\right)}{Hh_0}\frac{\partial p}{\partial t} \qquad (2.1.22)$$

式中，H 为孔壁的刚度模量，kN/m；a_0 为初始孔径，m；h_0 为管壁初始厚度，m；t 为时间，s；μ 为水的黏度，MPa·s。

由于该阶段土体一直处于饱和，土体体积的改变等同于水量的变化，土体收缩过程中土骨架之间不相互约束，因此可以认为此阶段的土体收缩为自由收缩。

2. 残余收缩

进入第二阶段后空气会进入土体，此时简化为毛细管的孔隙被空气分隔开，毛细管不连通，在毛细管出口处产生水体弯液面。当弯液面半径由于水膜表面张力的增加而缩小到跟毛细管口最细处管径相等时就会发生空气进入。这一概念意味着弯液面具有（并保持）球形，其半径相对孔容器半径收缩更快。

对于土体这种多孔介质，气体的进入使得原先充满水的孔隙变为气-水混合体，在干燥过程的持续进行下，孔隙中的水体越来越少，水蒸气不断挤压分隔水体，使得孔隙中不断有气泡形成。这种气泡并不是如同在一般水体中一样会上浮，通过温度升高或压力降低，它在达到临界尺寸后，首先克服气泡表面张力的能量屏障，它们可以无限生长。但当气泡达到临界尺寸之后，增长极不稳定，随时有破裂的可能，气泡的临界尺寸可以表示为[10]

$$r_c^b = \frac{2\tau_s}{p_a - p} \qquad (2.1.23)$$

式中，τ_s 为气泡表面张力，kPa；p_a 代表的气压一般只会影响半径小于 0.1μm 的孔隙，因此临界尺寸的大小主要受气泡表面水体张力影响。水蒸气气泡等于或小于孔隙大小时，可以不受孔隙壁的抑制，自发形成和生长，此时张力已达到相对应的值[11]。这种情况最可能出现在水体张力最大表面张力处，即靠近容器出口的地方，这种变化可以看作气体的进入以及水体不断蒸发。这种进气机制最初发生在土体外部边界处，直接驱动力为达到一定阈值的负水压力，将液-气界面的表面张力控制曲率半径与孔隙大小联系起来，即 $r_c^b = a$ 这一水压力阈值可以通过曲率半径来表示。

在进气阶段的后段期间，提供水量以满足蒸发连续性的机制是两个部分的组合：①虽然该收缩过程相较第一阶段减少了很多，但由于孔隙内部吸力，孔隙壁继续收缩从而在毛细孔端部提供一定的水量；②将毛细孔端部界面增加的水体转化为蒸汽，实现水从孔隙中耗散。在毛细孔隙出口处，保持着维持临界压力的条件，该压力通常取决于可变局部毛细管半径。在宏观变量方面，可以认为蒸发率是恒定的，假定在微观尺度上，蒸发率即失水速率也是恒定的，即可将不变的蒸发率作为界面点处流体流量的边界条件。

对于充满水体的毛细管部分仍处于泊肃叶流动状态，而不饱和部分含有相对快速流动的气体，气体对毛细管施加很小的压力，且空气的流动可以认为是瞬时的，因此，毛细管充气部分经历刚性卸载，即该区域没有进一步的变形，即可认为自由水消失部分的土骨架保持刚性不变形。

对于黏土体，由于自身黏聚力的存在，颗粒之间会存在拉力，当毛细管因水体的排出而变形时，颗粒之间的相对位置会产生变化，此时部分颗粒之间的黏聚力无法保持颗粒稳定，颗粒沿着毛细孔隙断开，宏观上表现为土体出现裂缝。实际上，土体颗粒位置的重新调整也是在应力驱使之下产生的，这种应力可以定义为收缩应力。如果由不同应变率引起的"不稳定收缩诱导应力"大于土的拉应力（在特定含水量下），则会发生收缩裂缝并导致卷曲变形（应力松弛）。通常，黏性土的收缩有两个主要特征。第一种是土体收缩，然后在收缩土体附近形成裂缝和孔隙。在这种情况下，当黏土表面暴露在大气中时，任何地方都可能发生裂缝。对于第二种收缩特性，当土体因周围边界条件（如风、热和湿度条件）而收缩时，土壤内产生压力，这里称为收缩压力，可以改变土壤结构，导致结构以裂缝的形式损坏。

对于均匀完整土体何处出现裂缝具有随机性，裂缝通常发生在表面缺陷处，在这些缺陷处会发生收缩变形和应力集中。在承受拉应力的土体单元中，开裂前的应变能累积可表示为[12]

$$E_\mathrm{p} = \frac{1.299\sigma^2 S^2 z}{E} \tag{2.1.24}$$

式中，E_p 为应变能；σ 为拉应力，kPa；S 为孔径，m；z 为土层厚度，m；E 为杨氏模量，kPa。

可以看出，应变能与孔隙大小成正比，相对于土颗粒之间的孔隙，压实土内的缺陷孔隙更大，使得缺陷部位的应变能更大，受旱过程中缺陷部位更容易开裂。但对于已出现细微裂缝的土体，其后续收缩过程必定是在裂缝所影响的范围之内。对于裂缝已确定的土体，其收缩方向可以看作向心收缩，处于最中心的土体无法偏向任何方向进行收缩，可以假定最中心部位为弹性体，且外部土体与弹性体之间无相对位移，变形协调一致，应力应变分析为平面应力问题。基于此假定，对于完整均匀无裂缝的土体，分析其收缩应力时，将中部刚性部位进行放大，分析刚性体周边受力。为方便计算，将土体单元设为圆形，土体呈圆环状，如图 2.6 所示。

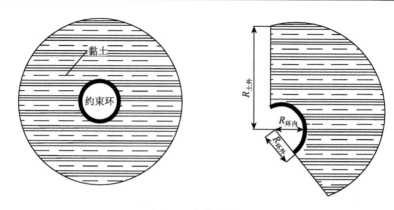

图 2.6 土体简化图

将问题分为两个部分来计算土体收缩应力：外表面受压的约束环和内表面受压的土柱，约束环上的压力可通过内外圆环在接触面应变一致来分析。虽然裂缝的出现源于土体不均匀收缩，假设土体孔隙均匀，无明显缺陷，此时认为整个土体均匀收缩，可以计算约束环上的压力：

$$P_{内,土内}(t) = -\varepsilon(t)_{环} E_{环} \frac{\left(R_{环外}^2 - R_{环内}^2\right)}{2R_{环外}^2} \tag{2.1.25}$$

式中，$P_{内,土内}$ 为土体作用在环上的压力；$\varepsilon(t)_{环}$ 为环内表面随时间变化的应变；$R_{环外}$ 为约束环的外径；$R_{环内}$ 为约束环的内径；$E_{环}$ 为约束环的弹性模量。与时间 t 相关的变量实际是受到土体含水率变化的影响。

若能获取约束环中界面压力，就可以使用中间圆环中弹性应力的解计算土体（沿径向的任何点）中垂直方向的平均周向拉应力（σ_θ）和径向压应力（σ_r），如图 2.7 所示。

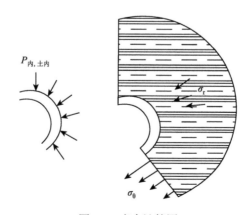

图 2.7 应力计算图

$$\sigma_\theta = P_{\text{内,土内}} \left(\frac{R_{\text{环外}}^2}{R_{\text{土外}}^2 - R_{\text{环外}}^2} \right) \left(1 + \frac{R_{\text{土外}}^2}{r^2} \right) \quad (2.1.26)$$

$$\sigma_r = P_{\text{内,土内}} \left(\frac{R_{\text{环外}}^2}{R_{\text{土外}}^2 - R_{\text{环外}}^2} \right) \left(1 - \frac{R_{\text{土外}}^2}{r^2} \right) \quad (2.1.27)$$

式中，$R_{\text{土外}}$ 为土的外径，m；r 为土体任一点的半径，m。

径向应力等于弹性体内的压力，但在土体外缘处减小到零。根据径向应力方程可以得到 $r = R_{\text{环外}}$ 时的最大拉应力：

$$\sigma_{\theta_{\max}} = -\varepsilon(t)_\text{环} E_\text{环} \left(\frac{R_{\text{环外}}^2 + R_{\text{土外}}^2}{R_{\text{土外}}^2 - R_{\text{环外}}^2} \right) \left(\frac{R_{\text{环外}}^2 - R_{\text{环内}}^2}{2R_{\text{环外}}^2} \right) \quad (2.1.28)$$

从而，约束环任意一处的应力以及土体内部的应力为

$$\sigma_\text{环} = \sqrt{\left(\sigma_\theta^2 + \sigma_r^2 \right)} \quad (2.1.29)$$

$$\sigma_\text{土} = \frac{\int_{R_{\text{土内}}}^{R_{\text{土外}}} \sqrt{\left(\sigma_\theta^2 + \sigma_r^2 \right)} \, dr}{R_{\text{土外}} - R_{\text{土内}}} \quad (2.1.30)$$

对于计算出的应力可以作为收缩有效应力，无须区分是吸力、排斥力、吸引力、表面水化力、结构力、渗透力等。然而要计算出上述结果还需基于内部弹性体的应力应变情况。由于本书所作假定及简化处理，内部土体视为线弹性结构，外部受力为土体施加的力，进而计算内部弹性体的应力应变。对于圆环结构，受外压作用时应力分布应当是轴对称的，根据轴对称问题极坐标系一般性解答可得应力分量：

$$\begin{cases} \sigma_\rho = \dfrac{A}{\rho^2} + B(1 + 2\ln\rho) + 2C \\ \sigma_\varphi = -\dfrac{A}{\rho^2} + B(3 + 2\ln\rho) + 2C \\ \tau_{\rho\varphi} = \tau_{\varphi\rho} = 0 \end{cases} \quad (2.1.31)$$

式中，A、B、C 为待求未知参数；ρ 为极径；σ_ρ、σ_φ 分别为径向与环向应力；$\tau_{\rho\varphi}$、$\tau_{\varphi\rho}$ 分别为切应力。

对于本书涉及平面应力问题，轴对称应力状态下位移的一般性解答为

$$\begin{cases} u_\rho = \dfrac{1}{E}\begin{bmatrix} -(1+\mu)\dfrac{A}{\rho}+2(1-\mu)B\rho(\ln\rho-1)+(1-3\mu)B\rho+2(1-\mu)C\rho \\ +I\cos\varphi+K\sin\varphi \end{bmatrix} \\ u_\varphi = \dfrac{4B\rho\varphi}{E}+H\rho-I\sin\varphi+K\cos\varphi \end{cases} \quad (2.1.32)$$

式中，u_ρ、u_φ 分别为径向与环向位移；H、I、K 为待求未知参数；φ 为极角。

对于圆环结构，应力边界条件为

$$\begin{cases} (\sigma_\rho)_{\rho=R_{环内}}=0 \\ (\sigma_\rho)_{\rho=R_{环外}}=-\sigma_r \\ (\tau_{\rho\varphi})_{\rho=R_{环内}}=(\tau_{\rho\varphi})_{\rho=R_{环外}}=0 \end{cases} \quad (2.1.33)$$

代入应力分量方程可得

$$\begin{cases} \dfrac{A}{R_{环内}^2}+B(1+2\ln R_{环外})+2C=0 \\ \dfrac{A}{R_{环外}^2}+B(1+2\ln R_{环外})+2C=-\sigma_r \\ \quad\quad\quad 满足 \end{cases} \quad (2.1.34)$$

现在，边界条件都已经满足，但是两个方程不能决定三个常数 A，B，C。对于圆环结构，由于其具有贯穿孔洞，为多连体，求解时还需要考虑位移单值条件。多连体中的位移单值条件，实质上就是物体的连续性条件（即位移连续性条件），在多连体中，应力、形变和位移都应为单值。按位移求解时，取位移为单值，求形变（几何方程）为单值，求应力（物理方程）也为单值。按应力求解时，取应力为单值，求形变（物理方程）为单值，求位移（几何方程）常常会出现多值项。

由位移方程可见，在环向位移 u_φ 的表达式中，$\dfrac{4B\rho\varphi}{E}$ 一项是多值的，以及对于同一个 ρ 值，例如 $\rho=\rho_1$，在 $\varphi=\varphi_1$ 时与 $\varphi=\varphi_1+2\pi$ 时，环向位移相差 $\dfrac{8B\rho\varphi}{E}$，然而在圆环中 ρ_1、φ_1 与 ρ_1、$\varphi_1+2\pi$ 是同一点，出现不同位移是不可能的，因此要满足单值条件必须使 $B=0$，继而求得

$$\begin{cases} A = \dfrac{R_{环内}^2 R_{环外}^2 \sigma_r}{R_{环外}^2-R_{环内}^2} \\ 2C = \dfrac{-\sigma_r R_{环外}^2}{R_{环外}^2-R_{环内}^2} \end{cases} \quad (2.1.35)$$

可得圆环内应力为

$$\begin{cases} \sigma_\rho = -\dfrac{1-\dfrac{R_{环内}^2}{\rho^2}}{1-\dfrac{R_{环内}^2}{R_{环外}^2}}\sigma_r \\ \\ \sigma_\varphi = -\dfrac{1+\dfrac{R_{环内}^2}{\rho^2}}{1-\dfrac{R_{环内}^2}{R_{环外}^2}}\sigma_r \end{cases} \quad (2.1.36)$$

同理，在极坐标系中，圆环受均布荷载时，为保证圆环整体形状不变，限制为各点只产生径向位移。从而可以得到：$H=I=K=0$，圆环的径向位移为

$$u_\rho = \frac{1}{E}\left[-(1+\mu)\frac{R_{环内}^2 R_{环外}^2 \sigma_r}{\left(R_{环外}^2 - R_{环内}^2\right)\rho} - (1-\mu)\frac{R_{环外}^2 \sigma_r \rho}{\left(R_{环外}^2 - R_{环内}^2\right)}\right] \quad (2.1.37)$$

为分析土体受旱过程中产生的收缩应力，需获取内部弹性圆环内表面应变，径向应变可以表示为

$$\varepsilon = \frac{\partial u}{\partial \rho} = \frac{1}{E}\left[(1+\mu)\frac{R_{环内}^2 R_{环外}^2 \sigma_r}{\left(R_{环外}^2 - R_{环内}^2\right)\rho^2} - (1-\mu)\frac{R_{环外}^2 \sigma_r}{\left(R_{环外}^2 - R_{环内}^2\right)}\right] \quad (2.1.38)$$

在边界处，圆环单元体应变可表示为

$$\varepsilon_V = \frac{1-2\mu}{E}(\sigma_\rho + \sigma_\varphi) = \frac{1-2\mu}{E}\left(\frac{1-\dfrac{R_{环内}^2}{\rho^2}}{1-\dfrac{R_{环内}^2}{R_{环外}^2}}\sigma_r + \frac{1+\dfrac{R_{环内}^2}{\rho^2}}{1-\dfrac{R_{环内}^2}{R_{环外}^2}}\sigma_r\right) \quad (2.1.39)$$

式中，$\sigma_r = \sigma_r(t)$ 为围压，即土体收缩中产生的径向收缩应力。

根据 Alonso 非饱和土弹塑性模型，在各向等压状态下，引起非饱和土发生体积变形的有球应力和吸力，其中吸力是各向相等的力，吸力引起的土体的应变可表示为

$$d\varepsilon_V = \frac{\lambda_s}{1+e_0}\frac{du_s}{u_s + p_a} \quad (2.1.40)$$

式中，λ_s、e_0 为对应于 u_s 的收缩系数以及初始孔隙比，如图 2.8 所示；p_a 为大气压力（为避免吸力为 0 时公式无意义），kPa。其中 λ_s 随吸力 u_s 变化，相关关系为

$$\lambda(u_s) = \lambda(0)\left[(1-\gamma)\exp(-\zeta u_s) + \gamma\right] \quad (2.1.41)$$

式中，ζ 为反映土劲度随吸力 u_s 增长激烈程度的参数；γ 为小于 1 的参数，$\gamma = \dfrac{\lambda(\infty)}{\lambda(0)}$。

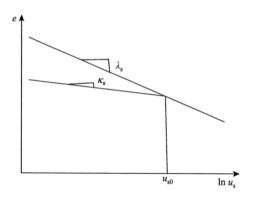

图 2.8 加载与卸荷

e 为孔隙比;λ_s 为加荷载时的曲线斜率;κ_s 为卸荷载时的曲线斜率

一般 $\lambda(u_s)$ 的确定根据试验确定收缩系数,实际上 $\lambda(u_s)$ 反映的是孔隙比与基质吸力的关系。

根据前述基本要求,土体与圆环之间不产生相对位移,变形协调一致可得

$$\varepsilon_V = \int d\varepsilon_V = \int \frac{\lambda_s}{1+e_0} \frac{du_s}{u_s + p_a} = \frac{1-2\mu}{E} \left(\frac{1 - \frac{R_{环内}^2}{\rho^2}}{1 - \frac{R_{环内}^2}{R_{环外}^2}} \sigma_r + \frac{1 + \frac{R_{环内}^2}{R_{环外}^2}}{1 - \frac{R_{环内}^2}{R_{环外}^2}} \sigma_r \right) \quad (2.1.42)$$

据此求得 $\sigma_r = f(u_s)$,此时 $\sigma_{r内} = P_{内,土内} \left(\frac{R_{环外}^2}{R_{土外}^2 - R_{环外}^2} \right) \left(1 - \frac{R_{土外}^2}{R_{环外}^2} \right) = f(u_s)$

$$\sigma_{r内} = \frac{R_{环外}^2 - R_{环内}^2}{2R_{环外}^2} \frac{E}{1-2\mu} \frac{\lambda_s \ln(p_a + u_s)}{1+e_0} \quad (2.1.43)$$

根据式(2.1.43)可求出此时土对圆环施加的力,即

$$P_{内,土内} = \frac{\sigma_{r内}}{\left(\frac{R_{环外}^2}{R_{土外}^2 - R_{环外}^2} \right) \left(1 - \frac{R_{土外}^2}{R_{环外}^2} \right)} \quad (2.1.44)$$

由于土体开裂是土体内部拉应力超过土体抗拉强度,本次计算中土体开裂方向垂直于纸面,土中周向拉应力 σ_θ 使土体破坏,可以推求边界处拉应力的计算公式:

$$\sigma_\theta = \frac{R_{环外}^2 - R_{环内}^2}{2R_{环外}^2} \frac{E}{1-2\mu} \frac{\lambda_s \ln(p_a + u_s)}{1+e_0} \frac{\left(1 + \frac{R_{土外}^2}{R_{环外}^2} \right)}{\left(1 - \frac{R_{土外}^2}{R_{环外}^2} \right)} \quad (2.1.45)$$

对于土体中的干缩裂缝,在形状上表现为楔形体,维持裂缝不断扩宽的拉应力应与裂缝边界垂直,该拉应力即为式(2.1.45)。

土体裂缝通常首先出现在表面拉应力集中处,当裂缝产生后,周围的拉应力便会释放,此时最大拉应力的方向平行于已有裂缝,由于裂缝总是倾向于沿着垂直于最大主应力的方向发育,因而新生裂缝就会正交于已有裂缝。式(2.1.45)建立了土体裂缝拉应力与基质吸力的关系,即对应了与含水率之间的联系。可以看出拉应力大小与土体弹性模量以及基质吸力变化有关,干燥过程中产生的吸力是导致土体收缩变形的主要力学因素,但吸力与收缩变形之间并不存在单调的对应关系,它仅仅是一个力学诱因。由于受土体自身土性不均匀或外界条件如容器壁的影响,在蒸发过程中,无论裂缝产生与否,土样的收缩都是不均匀的,因而其表面的应变场分布也不均匀[13]。根据应变集中区位置可对后续裂缝发育状态进行初步的预测和判断。

3. 零收缩

高吸力状态下土颗粒水化膜较薄,土骨架具有很高的刚度,其抗变形能力也因此增加,因此收缩应力的增速在后期有放缓趋势。随着干燥的持续,当含水率达到土体缩限后,土颗粒彼此直接接触,已不存在可以继续缩小体积的孔隙,含水率继续减小不再引起体积收缩[14]。在该阶段,土体基本不产生收缩,持续蒸发过程耗散的是土颗粒上附着的结晶水,对土体裂缝扩展已无太大影响,该阶段土体干缩裂缝已基本稳定,裂缝网络已经形成。

2.2 土体干缩裂缝深度扩展模型

裂缝深度发展过程是逐步向土体内部进行的,对此可以将土体划分为 N 层,每一层面达到开裂条件后再向下发展。每一层面含水率不同、基质吸力也不同,导致土体内部应力也出现差异,即应力随土层深度在发生变化,因此有必要先了解土中基质吸力垂直分布规律。

2.2.1 土中基质吸力垂直分布

自然沉积的非饱和土中基质吸力的垂直分布受如下几个因素影响[15]:由土水特征曲线和渗透系数函数确定的水文特征、控制表面入渗和蒸发流的环境因素,以及几何边界或排水条件。对于无水流入渗与蒸发过程的土体,土中的吸力水头呈线性分布,对应的含水量分布为土水特征曲线 $\theta(h)$;对于存在稳定蒸发过程以及稳定水流入渗过程的土，土中的吸力水头变化如图 2.9 所示。不管是稳定入渗还是稳定蒸发，分析时假定水流的运动过程均满足达西定律，流动方向均为竖直方向，总水头场中考虑吸力水头 $\dfrac{dh_m}{dz}$ 与重力水头 1，此时可以考虑水流流动过程单位长度的流量，即比流量 q：

$$q = -k\left[\dfrac{d(u_w - u_a)}{\gamma_w dz} + 1\right] = -k\left(\dfrac{dh_m}{dz} + 1\right) \quad (2.2.1)$$

式中，k 为与基质吸力相关的非饱和渗透系数，m/s；γ_w 为水的容重，kN/m³；z 表示地下水位至地表的距离，m。在干旱状态下式（2.2.1）可考虑为蒸发量。

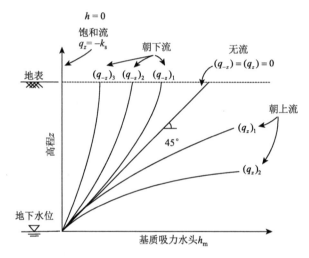

图2.9　稳定垂直流动条件下均质非饱和土层中吸力水头分布

根据前人研究成果，非饱和渗透系数与基质吸力的关系可以由多种模型来表示，这里选取 Gardner 的单参数、指数模型来考虑，其表达式如下：

$$k = k_s e^{\beta h_m} \quad (2.2.2)$$

式中，k_s 为饱和渗透系数，m/s；β 为吸力增加时渗透系数的下降率。

从而可得

$$q = -k_s e^{\beta h_m}\left(\dfrac{dh_m}{dz} + 1\right) \quad (2.2.3)$$

由边界条件：$z=0$ 时吸力水头 $h_m = h_0$ 可得

$$h_m = \dfrac{1}{\beta}\ln\left[\left(1 + \dfrac{q}{k_s}\right)e^{-\beta(z-h_0)} - \dfrac{q}{k_s}\right] \quad (2.2.4)$$

式（2.2.4）即为吸力水头沿高程分布。需要说明的是，式中比流量 q 一般不为定值，表示某一时刻土体的蒸发量的大小，也就是说式（2.2.4）表示的是某一时刻基质吸力的分布情况。当处于稳定蒸发状态时，比流量恒定，可以认为基质吸力垂直分布状态稳定，自然界中稳定蒸发状态下比流量大小为 1.15×10^{-8} m/s。

干燥失水过程中，单位时间含水量随时间的变化规律可表示为

$$\Delta\theta = \frac{\theta_s}{\theta_0 \Delta t}\times 100\% \tag{2.2.5}$$

式中，θ_s 为单位时间内的失水量；θ_0 为土体初始体积含水量；Δt 为失水过程所经历的时间。

失水速率变化会导致土体产生应变：$\varepsilon_w = \alpha\Delta\theta$，其中 α 为胀缩系数，表示增加或减少单位含水量时，土体的应变增量。文献[16]在此基础之上推求出深度 z 处的基质吸力的表达式如下：

$$u_s = \frac{E\alpha\Delta\theta - 3\gamma z}{3(1-2\mu)} \tag{2.2.6}$$

式中，μ 为泊松比。对于考虑含水率变化过程中的基质吸力分布可通过式（2.2.6）分析，但需要指出的是当 $\Delta w = 0$、$z=0$ 时，基质吸力 $u_s = 0$，即土体为饱和状态。

由于基质吸力的变化与水分变化密切相关，若要确定吸力具体分布情况较为困难，但可从蒸发角度确定自然环境中基质吸力变化范围。

文献[17]～[20]对土中水分蒸发过程进行了初步研究，根据测得的蒸发特征曲线，将土体的蒸发过程分为 3 个典型阶段（图 2.10）：①常速率阶段（初期恒定蒸发速率阶段）；②减速率阶段（蒸发速率衰减阶段）；③残余阶段（蒸发消滞阶段或滞缓阶段）。显然，在稳定地下水位及稳定蒸发状态下，表层土体水分的蒸发会及时有地层水体上升补充，此过程为常速率阶段，基质吸力垂直方向的分布是不变的。

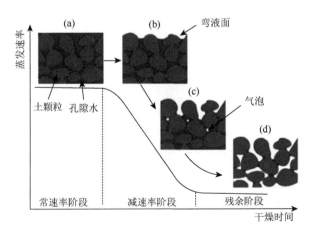

图 2.10　土体水分蒸发过程三阶段示意图

对于无稳定地下水位的土体，其蒸发过程会直接进入减速率阶段，此时蒸发受基质吸力影响较大，Wilson 等[19]通过室内土体蒸发试验研究，提出了吸力相关的计算模型：

$$\frac{E_a}{E_p} = \frac{\exp\left(\dfrac{u_s g W_v}{RT}\right) - h_a}{1 - h_a} \qquad (2.2.7)$$

式中，E_a 为实际蒸发率；E_p 为潜在蒸发速率；h_a 为参考面处空气相对湿度；W_v 为水的摩尔质量（0.018kg/mol）；R 为气体常数[8.314 32J/（mol·K）]；T 为热力学温度，K。从式（2.2.7）可以看出，实际蒸发率随吸力的增大而减小，即可得出一个临界吸力值使得蒸发率为 0。

2.2.2 干缩裂缝发展深度计算模型

裂缝开展过程中水平和垂直土压力等不同应力分量之间关系的确定需要基于应力-应变本构法则。Fredlund 和 Rahardjo[3]认为对各向同性和线弹性的非饱和土，可根据弹性理论得到土体主应变，考虑与饱和土的衔接，最常用的线性应力-应变方程为胡克定律：

$$\begin{aligned}
\varepsilon_x &= \frac{\sigma'_x}{E} - \frac{\mu}{E}(\sigma'_y + \sigma'_z) \\
\varepsilon_y &= \frac{\sigma'_y}{E} - \frac{\mu}{E}(\sigma'_x + \sigma'_z) \\
\varepsilon_z &= \frac{\sigma'_z}{E} - \frac{\mu}{E}(\sigma'_y + \sigma'_x)
\end{aligned} \qquad (2.2.8)$$

式中，ε_x、ε_y、ε_z 分别为水平和垂直方向的主应变分量；σ'_x、σ'_y、σ'_z 分别为水平和垂直方向的主应力分量；E 为杨氏模量。

目前对于非饱和土有效应力常用的为双应力分量：

$$\sigma' = (\sigma - u_a) + \chi(u_a - u_w) \qquad (2.2.9)$$

本书分析中，考虑土体在吸力及结构性调整下的收缩，引入随基质吸力变化的收缩应力进行分析。由于收缩应力是基质吸力导致的效果力，因此后续受力分析时不将基质吸力作为单独的力进行分析。2.1 节中的径向收缩应力与环向收缩应力均是相对于圆环，对于半无限空间，可以假设是圆环半径无限大，即 R 无限大，r 相对 R 小许多。在半无限空间内，R 表示为地下水位至土层最深处的距离，相应的 $R_{土外}$ 为

$$\begin{aligned}
R_{土外} &= R + T \\
r_土 &= R + z \\
R_{环外} &= R
\end{aligned} \qquad (2.2.10)$$

式中，T 为地下水位至地表的距离（对于无稳定地下水位的土体，T 可表示为土层深度），m；z 为地下水位以上某一点至地下水位的距离，m。

因此应力可以表示为

$$\sigma_\theta = \frac{R^2 - R_{环内}^2}{2R^2} \frac{E}{1-2\mu} \frac{\lambda_s \ln(u_a + u_s)}{1+e_0} \frac{1 + \frac{(R+T)^2}{(R+z)^2}}{1 - \frac{(R+T)^2}{R^2}} \quad (2.2.11)$$

因为 $R \to +\infty$，即

$$\lim_{R \to +\infty} \sigma_\theta = \frac{1}{2} \frac{E}{1-2\mu} \frac{\lambda_s \ln(p_a + u_s)}{1+e_0} \quad (2.2.12)$$

$$\lim_{R \to +\infty} \sigma_r = 0 \quad (2.2.13)$$

从式（2.2.12）可以看出，当 R 趋于无穷大后，环向应力（水平向应力）与土层深度无关。

当水平向应力大于非饱和土抗拉强度后土体开裂，而非饱和土抗拉强度可表示为[21]

$$\sigma_t = a \ln u_s + b \quad (2.2.14)$$

式中，σ_t 为抗拉强度，kPa；a、b 分别为回归系数，其与干密度 ρ_d 有关。

当水平应力等于土体抗拉强度时，土体达到开裂条件，在开裂瞬间水平应力消散为 0，对于断裂成两部分的土体，水平应力由原先的拉应力变为压应力。此时静止土压力系数 $K_0 = \frac{\sigma_h}{\sigma_v} = \frac{\sigma_\theta}{\sigma_z} = 0$，验证了土体开裂的条件。

水平向应力与土体抗拉强度相等时：

$$\frac{1}{2} \frac{E}{1-2\mu} \frac{\lambda_s \ln(p_a + u_s)}{1+e_0} = a \ln u_s + b \quad (2.2.15)$$

式（2.2.15）即为判别土体表面开裂时刻的方程。

土体水平收缩应力与基质吸力相关但与土层深度无关，在未产生裂缝之前，水平应力表现为拉应力，此时对于土体中任意一点处于平衡状态，受到的各向土压力相互抵消；当裂缝出现之后，裂缝两侧土体受到的水平收缩应力此时转变为压应力，此时土体出现临空面（断裂面），裂缝最底端土体受到临空面两侧土体自重产生的超载，同时还有水平收缩应力的作用。土层表面只需水平收缩应力大于土体抗拉强度即会出现裂缝，而出现裂缝后的土体由于水平向收缩应力方向的改变，其与临空面土体的超载共同作用结果限制了裂缝深度的发展，因此可得裂缝极限深度关系式：

$$K_a \gamma h = \sigma_\theta \quad (2.2.16)$$

式中，K_a 为主动土压力系数。

然而若要考虑裂缝开裂条件，则水平向总应力需大于土体抗拉强度，因此：
$$K_a\gamma h + \sigma_t = \sigma_\theta \tag{2.2.17}$$

$$\begin{cases} h = \dfrac{\dfrac{1}{2}\dfrac{E}{1-2\mu}\dfrac{\lambda_s\ln(p_a+u_s)}{1+e_0}-\sigma_t}{K_a\gamma_s} \\ K_a = \tan^2\left(\dfrac{\pi}{4}-\dfrac{\varphi'}{2}\right) \end{cases} \tag{2.2.18}$$

式中，φ' 为有效内摩擦角。再将基质吸力沿深度分布公式[式（2.2.6）]代入式（2.2.18）即可得出完整土体裂缝发育深度公式。根据土体基质吸力的变化范围可以求出土体裂缝扩展的最大深度，假设裂缝面可看作土体表面，与空气接触的土体面所处空气环境相同，蒸发确定的吸力变化范围可得出具体裂缝深度。

可以看出，裂缝发育深度与基质吸力 u_s 及土体自身力学参数有关。计算过程采用的判别方程是对应某一具体基质吸力时各参数值，实际过程中土体的参数也随基质吸力的变化而变化，根据某一土层能达到的最大吸力值给出具体土体参数值。对于堆填土，使裂缝不会贯穿土层需满足：$h<T$。

上述分析过程认为土体表面水平，每一层土体中的收缩应力均是水平方向，然而当土层表面倾斜且不考虑重力作用时，每一层土体的收缩可看作平行于土体表面。当土体表面达到开裂条件时裂缝开始出现，水平土层中收缩应力与土压力均与裂缝发展方向垂直，同样在存在一定角度的坡面上土体中某一点的收缩应力与土压力也与该点裂缝发育方向垂直，如图 2.11 所示。

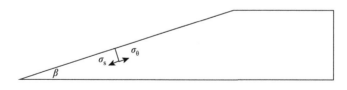

图 2.11　斜坡土体受力方向

在图 2.11 中，裂缝右侧土体受到的收缩应力向右，土压力方向向左，裂缝左侧土体受向左的收缩应力却不会受到向右的限制裂缝产生的土压力作用，因此不同于表面水平土层，裂缝尖端两侧土体受力不平衡，致使裂缝发展方向并不会一直垂直土层表面发展。由于裂缝尖端土体向右的力小于向左的力，在后续发展过程中裂缝方向将逐渐向坡脚处倾斜。当裂缝发展方向逐渐转变为竖直向下时，裂缝左侧出现限制裂缝发展的土压力。由于裂缝左侧的驱动力大于右侧，裂缝的极限发育程度由裂缝左侧土体决定。由于裂缝发育程度受收缩应力以及裂缝两侧土体超载土压力影响，因此在存在一定坡度的土层中裂缝发育程度只需考虑裂缝两侧土体的超载土压力在土体表面方向的分量是否大于收缩应力，斜坡土体裂缝的发育深度如图 2.12 所示。表面倾斜时裂缝深度距离土体表面的垂直距离与表面水平时相同，但裂缝发育方向不是垂直土体表面发展。

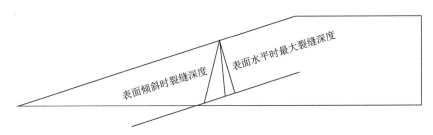

图 2.12 斜坡裂缝发育深度

2.2.3 干缩裂缝发展宽度计算模型

土体受旱产生的干缩裂缝不会一直发展至土层最深处，同样裂缝的表观宽度也不会一直扩大，表观裂缝宽度受到裂缝两侧土体制约，由于土体收缩会有一个极限值，即含水率达到缩限。根据 2.2.2 节所述，土体受到的侧向土压力大小与裂缝发育深度有关，裂缝宽度扩展实则为裂缝两侧土体的侧向应变，极限状态为土体含水率达到缩限，土体不再产生收缩。

对于已产生的裂缝，假设裂缝两侧土体处于自由均匀收缩状态，即收缩过程不受边界条件限制，两块土体完全向心收缩，理想情况下假设土体是线性收缩，则土体裂缝宽度扩展的极限为

$$d = \lambda \left(\frac{L_1}{2} + \frac{L_2}{2} \right) \quad (2.2.19)$$

式中，λ 为土体收缩系数；L_1、L_2 分别为所求裂缝宽度两侧两裂缝之间土体的宽度，m。裂缝及土体尺寸如图 2.13 所示。

图 2.13 裂缝及土体尺寸示意图

通常情况下，土体收缩与土体基质吸力有关，根据 2.1.1 节中提及的基质吸力与孔隙比的关系，可得裂缝的扩展宽度与基质吸力的关系。表层土体基质吸力与孔隙比的关系为

$$e = e_{\min} + (e_0 - e_{\min})\left[1 + \left(\frac{u_s}{\alpha}\right)^n\right]^{-m} \tag{2.2.20}$$

式中，$e_{\min}$ 为最小孔隙比；u_s 为基质吸力，kPa；m、n、α 为公式拟合值。可得土体含水率达到缩限时的基质吸力为

$$u_{ss} = \alpha\left(\left(\frac{w_s - w_r}{w_{sat} - w_r}\right)^{-\frac{1}{m}} - 1\right)^{\frac{1}{n}} \tag{2.2.21}$$

式中，w_s 为缩限含水率；w_r 为残余含水率；w_{sat} 为饱和含水率。因此土体含水率达到缩限时的孔隙比为

$$e_{ss} = e_{\min} + (e_0 - e_{\min})\left[1 + \left(\frac{u_{ss}}{\alpha}\right)^n\right]^{-m} \tag{2.2.22}$$

假设土体孔隙分布均匀，以单位宽度及深度土条长度的变化表示土体体积的改变。设初始孔隙比为 e_0，受旱后孔隙比为 e_1。

$$e_0 = \frac{V_{v0}}{V_s}, e_1 = \frac{V_{v1}}{V_s} \tag{2.2.23}$$

式中，V_{v0} 为初始孔隙体积；V_{v1} 为受旱后孔隙体积；V_s 为土骨架体积。

根据孔隙率与孔隙比的关系可得

$$\frac{V_v}{V} = \frac{e}{1+e} \tag{2.2.24}$$

式中，V 为土体体积。

因此：

$$V_{v0} = \frac{e_0}{1+e_0}V_0, V_{v1} = \frac{e_1}{1+e_1}V_1 \tag{2.2.25}$$

式中，V_0 为初始土体体积。

根据土颗粒体积不变建立联系可得

$$V_1 = \frac{1+e_1}{1+e_0}V_0 \tag{2.2.26}$$

式（2.2.26）建立起孔隙比变化与体积变化之间的联系，根据前述假设条件，体积改变即为长度方向的收缩，L_0 对应初始土体宽度，L_1 对应产生裂缝后裂缝侧土体宽度，从而可得裂缝表面宽度为

$$d = L_0 - L_1 = V_0 - \frac{1+e_1}{1+e_0}V_0 = \frac{e_0 - e_1}{1+e_0}V_0 \tag{2.2.27}$$

式中的孔隙比可由对应时刻含水率计算得出。该式的得出建立在土体自由收缩的假设上，但对于自然环境中的一部分土体的收缩过程必然会受到周边土体的限制，因此考虑裂缝宽度的变化还需建立在收缩应力的基础之上。根据 2.1 节内容，土体表面产生裂缝部位的收缩应力为

$$\sigma_\theta = \frac{1}{2}\frac{E}{1-2\mu}\frac{\lambda_s \ln(p_a + u_s)}{1+e_0} \tag{2.2.28}$$

实际过程中，表层土体由于失水速率相对底部土体较快，收缩速率也较快，导致在收缩时受到下部土体的限制，因此可以将裂缝土层简化为分层结构，如图 2.14 所示，假设同一层土体的含水率分布均匀（实则忽略裂缝壁上水分的蒸发）。

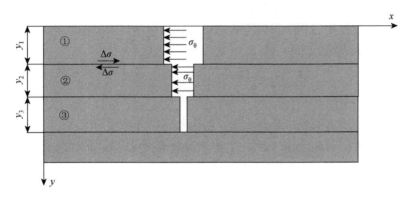

图 2.14　裂缝土体分层结构

从图 2.14 中可以看出，对于初始含水率分布均匀的土体，由于失水速率的差异，收缩过程中表层土体受到第二层土体的制约，相应的第二层土体也会受到第一层土体收缩的牵引，制约力与牵引力大小相等、方向相反。然而虽然存在收缩差异，但两层土体并未出现相对位移，因此在边界处的应变量相等，从而可得 $\varepsilon_1 = \varepsilon_2$。

对于远离边界的部位，表层土体制约力逐渐减小，下部土体牵引力同样减小，但随着深度增大，又会受到更深层土体收缩产生的制约力。不同土层侧面受到的应力 σ_θ 在表达形式上相同，只与基质吸力有关。除了表面一层土体只受下部土

层限制外,其余各层土体均受到一个牵引力与一个制约力,因此不断叠加可以看出裂缝壁土层的收缩实则是受到底部未产生裂缝的土体制约。裂缝底部土体未开裂,受到左右两侧的收缩应力相互平衡,而裂缝壁最底端虽已断裂但因受到限制,其收缩量为0,因而也可看作收缩应力为0,从而可以将土体简化,如图2.15所示。

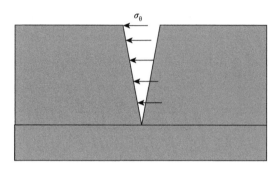

图2.15 裂缝宽度计算简图

根据计算模型需要确定土体内的基质吸力分布,对于初始含水率均匀分布的土体,考虑蒸发作用过程中其内部含水率变化可以通过Richards方程进行分析。方程的吸力水头表达式为

$$C(h)\frac{\partial h}{\partial t} - \frac{\partial}{\partial x}\left(K\frac{\partial h}{\partial x}\right) - \frac{\partial}{\partial z}\left(K\frac{\partial h}{\partial z}\right) - \frac{\partial K}{\partial z} - U = 0 \quad (2.2.29)$$

式中,K为土体渗透系数,是含水率θ的函数;U为源项。

上边界条件为Neumann边界,确定通量为蒸发量,其与表面土层的基质吸力有关:

$$\frac{E_a}{E_p} = \frac{\exp\left(\dfrac{-u_s g W_v}{RT}\right) - h_a}{1 - h_a} \quad (2.2.30)$$

下边界设置为零通量边界,采用数值方法计算,确定对应裂缝深度的土层基质吸力分布。由于不同深度处裂缝宽度扩展受到底层土体限制,即裂缝发育深度影响裂缝宽度。然而,实际过程中裂缝深度变化影响裂缝壁土体可收缩范围,对于土体收缩过程并无影响。因此在计算中,认为先出现一定深度裂缝,在产生裂缝的过程中裂缝壁土体并没有收缩,当裂缝深度确定后再进行土体收缩,此时考虑的基质吸力变化过程为从未出现裂缝至裂缝深度不再变化。该思路的可行之处在于裂缝深度的发展影响裂缝壁上水分蒸发过程,但由于裂缝较窄，裂缝内的相对湿度较大且蒸发量较小，可近似认为整个土体的水分流失只从土层表面进行，土体基质吸力按层均匀分布。据此，在分析裂缝宽度之前可先确定裂缝最终发育深度，模拟过程中以最大裂缝深度作为初始条件，计算模型如图 2.16 所示。

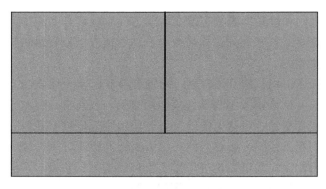

图 2.16 初始裂缝示意图

计算从刚出现裂缝时的基质吸力开始到裂缝发展至最深时的基质吸力结束。然而，若将此基质吸力变化作为边界上裂缝变化值，则会出现计算之前沿裂缝深度方向分布有收缩应力，显然不合理，因此需对边界上收缩应力给出限制条件，即收缩应力大于此时的土体抗拉强度时才会有应力施加，小于抗拉强度时收缩应力为 0：

$$\sigma_\theta = \begin{cases} \dfrac{1}{2}\dfrac{E}{1-2\mu}\dfrac{\lambda_s \ln(p_a + u_s)}{1+e_0} & \sigma_\theta > \sigma_t \\ 0 & \sigma_\theta \leqslant \sigma_t \end{cases} \quad (2.2.31)$$

对于斜坡，在收缩应力作用下裂缝宽度同样不断扩大，但根据前述收缩应力计算，收缩应力方向是平行于土层表面的，因此在分析斜坡裂缝宽度扩展时需考虑边坡角度，将收缩应力分为水平向与竖直向施加在计算模型中。

2.2.4 复杂裂缝网络形态表征体系

1. 裂缝分布特性度量指标

土体中裂缝分布极不规则，对土体中裂缝的研究需抓住对其工程力学性质有关键影响的要素，不同裂缝的主要差别在于其几何形态变化[22]。为研究裂缝参数与土体参数关系并分析其变化规律，需要明确裂缝相关指标的含义，对裂缝不同变化特征进行描述，建立裂缝表征体系。

1）统计指标

裂缝度量指标是指对存在裂缝的土体进行工程性质评价时,针对裂缝分布情况进行量化评价的指标。在工程应用中,裂缝的走向、倾角、宽度、深度、长度、间距、占比度是影响裂缝土体工程力学性质的主要几何要素,它们分别表征了裂缝几何形态的不同方面。

（1）裂缝走向和倾角：表征裂缝在水平方向和竖直方向的排列。

（2）裂缝宽度：表征裂缝张开的大小,通常情况下取裂缝的最大宽度,也可取裂缝的平均宽度。

（3）裂缝深度：指裂缝开展深度,可取裂缝底部至土体表面的垂直距离。

（4）裂缝长度：通常取不与其他裂缝相交的一条裂缝,但由于裂缝网络的存在,各条裂缝相互交错,可认为裂缝发展方向角度变化较小的为同一条裂缝。

（5）裂缝间距：在同一裂缝网络中,裂缝间的距离可表征裂缝的发育程度。

（6）裂缝占比度：裂缝占比度可定义为裂缝的平均长度与裂缝间的平均间距之比、单位面积上裂缝总长度或单位面积上裂缝分割形成的小块土体的数量,可比较直观且综合地评价裂缝的发育程度。

2）裂缝分形特性

裂缝度量指标信息是裂缝表观分布形态的反映,是一种统计性信息,依赖于对各条裂缝的观测及测量。对于极其复杂的裂缝网络,统计过程工作量大,此时需要寻找一种新的参数,它既能反映这些复杂裂缝的发育程度,又能体现它们对土体的贡献大小,对客观地表征复杂裂缝系统的分布十分重要。作为非线性科学的前沿,分形理论利用自相似性原理,揭示隐藏于混乱复杂现象中的精细结构,是一种新的科学理论和认知方法,揭示了外表支离破碎和极不规则的几何体内在性质：自相似性、标度不变性、仿射变换不变性。一般而言,分形体具有精细结构、不规则性、自相似性、分维性和递归性[23]。

随着计算机技术的发展,裂缝几何轮廓的测量以及统计学分析可以通过图像识别技术来完成。基于分形维数的纹理特征提取方法主要集中于研究灰度图像,能够很好地提取灰度图像中纹理信息。在图像识别中,盒维数法运用较为广泛。在 n 维欧氏空间中,若有界集 A 包含有 N_r 个不相互重叠的子集,当子集放大 r 倍后能与原集合重合,则集合 A 被称为自相似集。集合 A 的分形维数 D_A 可从这个比例关系中推导出来：

$$D_A = \frac{\lg N_r(A)}{\lg \frac{1}{r}} \qquad (2.2.32)$$

通过对图像中不同区域范围内灰度值变化情况的分析,找出某一尺度 r 与对

应尺度 r 的测度 N_r 之间的线性关系，通过拟合直线斜率，最终提取出分形维数 D。

2. 裂缝随机分布

对于均匀无缺陷土体，干缩裂缝分布往往具有一定随机性。现场对裂缝的统计与计量往往工作量较大且不易广泛进行，因此可以通过较小代表性区域内裂缝观测统计确定裂缝网络几何特征的关键因素进行随机裂缝的分布模拟，达到简化对裂缝网络的描述的目的。单条裂缝的几何特征包括长度、宽度、深度及倾角等，假设裂缝体各参数连续，参数值为随机变量，呈正态分布。裂缝网络的几何特征只考虑各单一裂缝的分布位置（通过裂缝中心点位置定义），对于均匀土体，认为在某个位置出现裂缝的可能性相同。

裂缝随机分布可采用蒙特卡罗（Monte Carlo）法进行模拟，该方法又称为随机模拟法或统计试验法，是一种依据统计抽样理论，利用计算机研究随机变量的数值计算方法[24]。由于干缩裂缝网络的分布在空间上不确定，裂缝开度和分布变化复杂，不可能对土体中实际复杂裂缝进行完全地观测和分析，且由于裂缝数量巨大无法进行数字图像处理，因此可以通过构造模型和进行模型试验，将裂缝的复杂空间分布简化抽象成随机的裂缝网络。采用蒙特卡罗法模拟裂缝分布首先需要确定描述裂缝分布的主要指标，将每个指标作为状态变量，根据指标变量服从的概率分布分别产生一组随机数，各组随机数的组合即可用来反映裂缝分布情况。蒙特卡罗法产生的随机数可以选用均匀分布随机数和正态分布随机数。

根据 2.2.2 节和 2.2.3 节的研究，裂缝的极限宽度与极限深度相关，但在发育过程中宽度与深度之间没有明显的对应关系，并且在裂缝随机分布模拟图中，裂缝宽度远小于裂缝长度，因此在随机分布模拟图中只反映裂缝分布位置、发展方向以及深度信息。根据裂缝出现机制，收缩应力大于抗拉强度时裂缝产生（不考虑缺陷的存在导致裂缝的出现），当某一点出现裂缝后，该点附近的应力状态改变，新裂缝有较大的可能性出现在最大完整区域的中心部位（不考虑裂缝产生形成的土体缺陷），据此出现第二个裂缝点，以此类推模拟后续裂缝的出现。根据已模拟出的裂缝条数，由假设条件可得，裂缝参数服从正态分布，得出每条裂缝的长度信息。由于裂缝宽度较小，认为裂缝宽度的均值确定，结合裂缝长度及裂缝条数确定裂缝总面积。当裂缝占比度达到设定值时停止新裂缝的出现，所模拟出的结果即为最终裂缝分布。由于裂缝长度与深度发展均是由零开始，那么相应地认为裂缝深度最大时其长度也最大，实现在模拟裂缝随机分布图中呈现裂缝深度值。相关程序见附录，具体流程如图 2.17 所示。

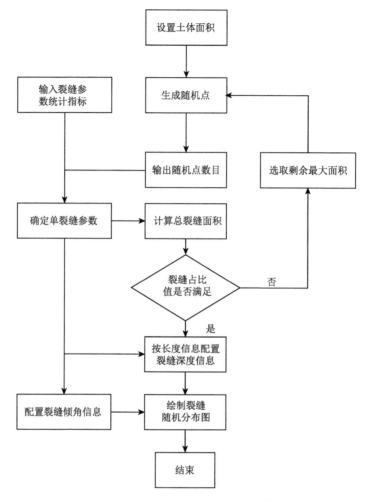

图 2.17 裂缝随机网络生成流程图

2.3 受旱过程中黏土体裂缝扩展试验

2.3.1 试验过程

为分析裂缝扩展与土体干密度、初始含水率的关系，通过制备土样模型，模拟干燥过程，观察裂缝扩展过程。

试验所选土体为红黏土，经测试，土体最大干密度为 $1.715g/cm^3$，最优含水率为 26.3%，土体基本参数见表 2.1，土体颗粒筛分曲线如图 2.18 所示。试验土体收缩系数分干密度 $1.6g/cm^3$ 与 $1.7g/cm^3$ 进行测试，收缩试验结果见表 2.2。

表 2.1　土体基本参数

土粒比重 G_s	界限含水率			制样干密度 ρ_d/(g/cm³)	渗透系数/(10^{-6}cm/s)
	液限 w_L/%	塑限 w_P/%	塑性指数 I_P		
2.73	35.9	15.8	20.1	1.6	28.0
					37.9
				1.7	2.08
					1.94

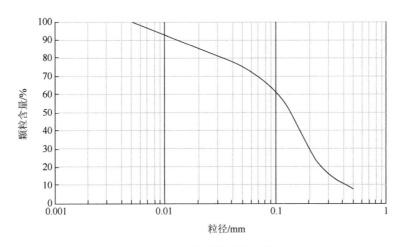

图 2.18　土体颗粒筛分曲线

表 2.2　土样测试收缩试验结果

试样编号	试样初始质量/g	试样烘干质量/g	试样初始高度/cm	试样收缩后高度/cm	试样初始直径/cm	收缩后直径/cm	体积收缩率/%	收缩系数	缩限/%
1.70-1	123.10	101.22	2.00	1.957	6.18	6.04	6.6	0.160	7.3
1.70-2	124.30	101.08	2.00	1.955	6.18	6.05	6.4	0.161	7.1
1.60-1	120.20	95.08	2.00	1.958	6.18	5.99	8.1	0.179	8.0
1.60-2	120.10	95.30	2.00	1.957	6.18	6.02	7.2	0.178	8.0

试验所用模型箱为有机玻璃所制，半径为15cm，底板设有排水孔，为防止试验填筑过程中土颗粒堵塞排水孔，在底板上铺设一层纱布。试验前将土样碾碎、晒干，根据试验需求称取一定重量土料配置所需含水率的土样。

试验中干旱过程的模拟采用烘灯，保证土体上部温度不低于35℃。烘灯旁边安装有摄像头，用于定时抓拍土样表面裂缝照片，抓拍间隔为30min。拍照时，固定试样与相机镜头之间的间距，并确保相机取景方向垂直于试样表面，以获得高质量的裂缝网络照片。将填筑完成的模型及模型箱放置于电子秤之上，用于查看土体水分的蒸发情况，电子秤量程为30kg，精度为±0.1g。

试验共分为两大组，其中第一组土样为填筑样，各组土样基本参数见表2.3，填筑土样过程采用分层填筑方法，以2cm为一层，完成各层填筑后将表面土体打毛再进行下一层的填筑，保证各层之间不存在明显的分界面。

表 2.3 各组土样基本参数

序号	干密度/(g/cm³)	质量含水率/%	体积含水率/%	土层厚度/cm	孔隙比	饱和度/%
1	1.6	10	16.0	15	0.71	38.45
2	1.6	20	28.5	15	0.71	96.13
3	1.7	10	17.0	15	0.61	44.75
4	1.5	15	22.5	15	0.84	48.75
5	1.4	15	21.0	15	0.89	46.01
6	1.7	10	16.0	15	0.71	38.45

2.3.2 裂缝度量指标确定

1. 数字图像处理

裂缝原始图像如图2.19所示，可以看出，裂缝相互交织，裂缝及由裂缝围成的土块是一幅裂缝图像的主要构成要素，对于不同的土体，裂缝网络具有明显不同的几何结构特征。由于摄像机获得的图像为彩色的，一般不能直接用于定量分析，必须经过一系列的预处理操作。总体上，裂缝图像的预处理包含3个步骤：①灰度处理。对于一张彩色的裂缝图像，由于裂隙和土块的颜色对比度比较大，可以将图像的阈值调整为0～255，使得彩色图像转变为只有黑白灰三色的图像。②二值化。对于处理过的灰度图像尚不能明显区分裂缝与土体，因此可以通过阈值分割法即选择一个灰度阈值对图像进行二值化，黑色代表土块，白色代表裂缝，实现二者的分离。③除噪。图像经过二值化处理后，在代表土块的黑色区域内往往存在一些孤立的小白点这些区域，无疑会对后期的定量分析结果产生误差，必须预先去除。本次通过MATLAB编制程序进行图像识别操作，完成图像识别后的裂缝如图2.20所示。

2. 裂缝参数定量分析

由于第三组试样未出现裂缝，因此不对其进行图像处理，其余各组试样裂缝发展过程图像如图2.21～图2.25所示。

第 2 章 受旱过程黏土体干缩裂缝扩展机理

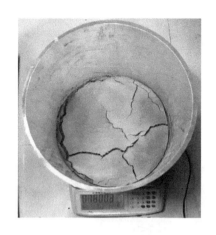

图 2.19 原始图像

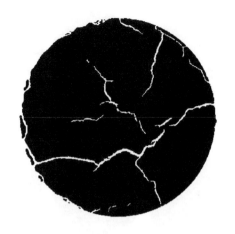

图 2.20 图像处理

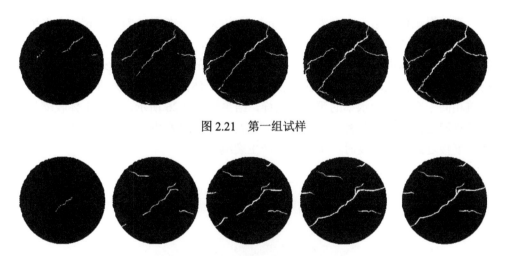

图 2.21 第一组试样

图 2.22 第二组试样

图 2.23 第三组试样

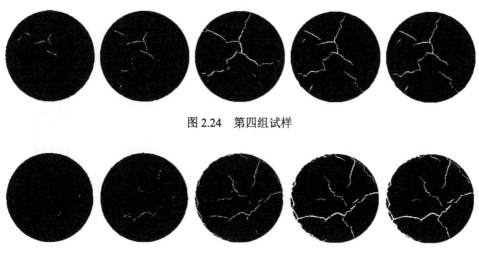

图 2.24 第四组试样

图 2.25 第五组试样

第三组试样初始干密度为 1.7g/cm³，接近最大干密度 1.715g/cm³，含水率为 10%，表面碾压密实，干密度较大且含水率较低，裂缝不易发育，但上层土体收缩后从土柱侧壁向内部产生裂缝。该现象的出现的原因是分层缝未处理密实，使得整个圆柱体无法均匀收缩，裂缝自分层面向土体内部发展。为进行验证，重新填筑相同干密度与含水率的第六组试样，结果如图 2.26 所示，除了土体收缩与模型箱外壁之间产生缝隙外，土体中间部位几乎无裂缝产生，因此可以认为在填筑干密度接近最大干密度时，土体较难产生裂缝。

图 2.26 第六组试样

对除第三组外的各组压实土样试验进行裂缝条数、裂缝宽度、裂缝占比度及裂缝分形维数等参数进行统计，结果如图 2.27～图 2.30 所示。

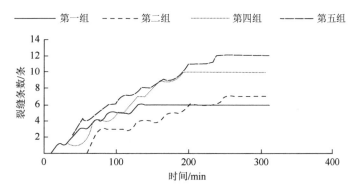

图 2.27　压实土样裂缝条数随时间变化

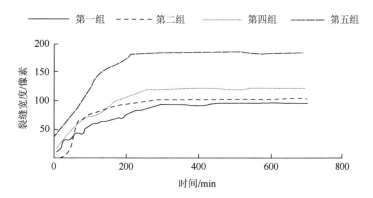

图 2.28　压实土样裂缝宽度随时间变化

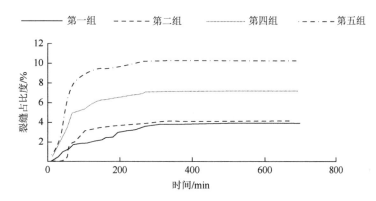

图 2.29　压实土样裂缝占比度随时间变化

裂缝条数统计是根据每出现一条新裂缝进行一次记录，最终裂缝的发展结果会形成多条裂缝相互交叉相连的情形，为满足裂缝条数只增不减的规律，即使裂缝在长度充分发育后连接为一体，依旧认为其是多条裂缝，各组试样的最终裂缝

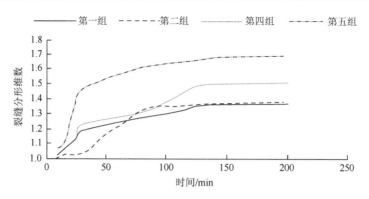

图 2.30 压实土样裂缝分形维数随时间变化

条数分别为 6 条、7 条、10 条、12 条，第一组、第四组及第五组试验第一条裂缝出现的时间基本在试验开始后 15min 左右，而第二组试验第一条裂缝出现的时间在 60min。对于同一初始含水率的第一组、第四组及第五组试样，裂缝发展的最终条数随干密度的减小而增大。在裂缝发展过程中，同一含水率的试样裂缝条数增长趋势基本一致，即可以认为干密度控制着裂缝最终发育程度，含水率限制了裂缝的发育速度。为此，对比分析同一干密度下不同初始含水率的试样裂缝条数变化，分析第一组与第二组试样，从图 2.27 可以看出，含水率较小的第一组试样裂缝条数在初期即迎来快速增长期，增长速率远大于含水率较高的第二组试样，并且第一组试样很快即达到了裂缝条数发育的极限值。然而，对于拥有相同干密度的第一组与第二组试样，裂缝最终的发育条数基本相同。对于同一干密度、不同初始含水率的两组试样，在相同的蒸发环境中，有着不同的蒸发量，表层土体内的水分蒸发后会出现不同的水势梯度，含水率较大的试样相应的水势梯度也较大，而水势梯度的出现是促使裂缝发展的关键，因而含水率较大的试样裂缝条数增长快。

裂缝宽度的量测根据图像识别结果进行，虽然各个土样中会出现多条裂缝，裂缝宽度的记录只针对最为发育的一条裂缝，且裂缝宽度以像素为单位，各组试样最大裂缝宽度分别为 95 像素、102 像素、122 像素及 183 像素（实测裂缝宽度分别为 0.9cm、1.0cm、1.2cm、1.8cm）。从图 2.28 可以看出，对于同一干密度、不同初始含水率的两组试样，含水率较低的第一组试样裂缝宽度增长速率低于含水率较高的第二组，但最终最大裂缝宽度相接近。从同一组试验也可以看出，随着土体内水分的不断蒸发，土体含水率不断减小，裂缝宽度增长速率也在不断降低。实际上，影响裂缝发育的关键因素并非土体含水率，而是水势梯度，脱湿速率的空间分布以及土体渗透特性则是决定水势梯度大小的关键因素。在试验开始前，近似认为完成填筑后土样内部含水率的分布是均匀的，受旱过程中，土样上部因与热空气直接接触所以其脱湿速率远高于土样下部，因此，土体上下层之间形成上高下低的水势梯度，同时，由于土体渗透性小，土体在短时间内难以将水势梯度自我平衡，最终表现为脱湿速率越大，土体渗透系数越小，水势梯度越大。在前述含水率变化分析中提到的蒸发率实际是土体的脱湿速率，在蒸发环境一致、土体渗透性相同的情况下，蒸发率与土体内部基质吸力呈负相关关系，即与含水率呈正相关，同样从图 2.30 中也可以看出，除去少数波动点外，含水率最大的第二组试验蒸发率最大，即脱湿速率最大。相应的水势梯度越大，导致出现裂缝之后时段的裂缝发育速度越快。

对于相同含水率、不同干密度的土样，最大裂缝宽度随着干密度的增大而减小，且裂缝宽度的增长速度也随着干密度的增大而减小。由于裂缝宽度的增大实际是源于未产生裂缝的土体的收缩，而土体的收缩又是由于孔隙的减小，土体干密度越大，对应的孔隙比越小，第一组试样土体的孔隙比为 0.71，第五组试样土体的孔隙比为 0.89，初始孔隙比第一组小于第五组，当土体失水至残余含水率后裂缝不再发育，此时两组土体的孔隙比接近，脱湿过程中的孔隙比可根据对应基质吸力求出，减少的孔隙体积与裂缝宽度呈正相关，可以看出干密度越小的土体最终裂缝宽度越大。根据前述对水势梯度的分析，渗透性越小，水势梯度越大，相应的裂缝发育速度越快，而土体渗透性差异源于土体不同的孔隙比，孔隙比越大，渗透性越大，那么可以分析出干密度越大，受渗透性影响的水势梯度越大，从而裂缝发育速度越快，但图 2.27 中表现出的现象为干密度越大，裂缝发育速度越慢，主要原因在于干密度越大的土体蒸发率越小，即脱湿速率越小，导致裂缝宽度发育速度慢，因此可以认为干密度对裂缝发育速度有影响，但起主导作用的是含水率变化。

裂缝占比度定义为裂缝面积占土体总面积百分比，采用图像处理技术进行裂缝面积计算，用于计算的裂缝为所有产生的裂缝。根据计算结果，各组实验最大裂缝占比度分别为 3.92%、4.12%、7.18% 及 10.21%。从图 2.29 中可以看出，从第一组至第五组（第三组除外），裂缝占比度增长速率及最终值逐渐变大。对于同一含水率、不同干密度的试样，裂缝占比度及其增长速率均随着干密度的增大而减小，而对于同一干密度、不同初始含水率的试样，含水率越大对应的裂缝占比度增长速率越大，但最终裂缝占比度基本一致。对于第二组试样，由于其较高的含水率，其受旱初期裂缝发育过程相较其他组稍显滞后，但中期裂缝发育速度快于第一组试验。裂缝占比度反映结果与裂缝条数及裂缝宽度相一致，即初始含水率影响土体开裂速率，干密度影响土体裂缝发育程度。

裂缝分形维数采用盒维数方法在二值化图像上进行计算，分形维数的大小反映土体产生裂缝后的破碎程度，分形维数越大，土体越破碎。根据计算结果，各组试样土体最终形成裂缝的分形维数分别为 1.3076、1.3814、1.5128 及 1.6913。

由于第二组试验土体含水率较高,出现裂缝的时间点晚于其他各组,因此最初分形维数较小(对应于裂缝条数中第二组试验的起点最小),但随着蒸发的继续进行,该组试验土体裂缝快速出现,分形维数快速增大。对于拥有相同初始含水率的土样,分形维数随干密度的增大而减小。对于相同干密度的土样,在开始出现裂缝之后,初始含水率越大,分形维数的增长速率越快。

在所有的裂缝量度指标中,分形维数与表面裂缝占比度有较好的正相关性,其他学者围绕该课题,通过线性拟合,建立裂缝占比度与裂缝分形维数之间的关系,其中一种关系为 $y = 0.014x + 1.304$。本书各组试验中,裂缝分形维数与裂缝占比度之间的关系如图 2.31 所示。

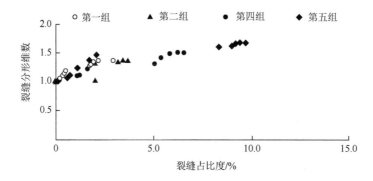

图 2.31 裂缝分形维数与裂缝占比度之间的关系

对其进行拟合,结果如下:
第一组: $y = 0.126x + 1.057$ $R^2 = 0.899$
第二组: $y = 0.121x + 1.043$ $R^2 = 0.828$
第四组: $y = 0.072x + 1.121$ $R^2 = 0.953$
第五组: $y = 0.054x + 1.177$ $R^2 = 0.853$

可见,裂缝分形维数与裂缝占比度呈正相关关系。对于同一干密度的第一组与第二组土样,裂缝发育过程中的分形维数随着裂缝占比度的变化情况基本一致,存在少许差异的原因在于初始含水率高的土体裂缝出现得相对晚。对于初始含水率相同的第一组、第四组与第五组土样,干密度越大,裂缝分形维数随裂缝占比度增长速率越快。由于干密度较小的土样裂缝宽度更大,那么在裂缝占比度以同一速率增长时,干密度越大的土体裂缝分布得越广,但相应的裂缝发育程度更低。由前述分析过程已知干密度越小,裂缝条数越多,从而可以看出,以相同速率的占比度增长时,干密度越大的土体裂缝长度越长。

裂缝网络具有非常复杂的几何形态特征,裂缝长度、裂缝宽度和土块面积在尺度上具有较大的变化范围,前述对裂缝宽度的分析仅仅是取得这些指标的平均值，为了更为客观地描述裂缝网络变化差异，引入概率密度函数，从统计学的角度对相关量度指标的分布特征进行分析，使裂缝网络变化量化结果更加可靠。概率密度函数 $f(x)$ 定义如下：

$$f(x) = \frac{\Delta N_i}{N_0 \Delta x} \tag{2.3.1}$$

式中，N_0 为样本数量；ΔN_i 为样本值位于 $x_i \sim x_i + \Delta x$ 区间内的样本个数。因此 $f(x)$ 的物理意义为样本值分布在 x_i 附近单位区间内的样本个数占总个数的百分比，或某个样本分布的概率密度。

裂缝网络概率密度是在复杂几何网络情况下对各条裂缝进行统计分析，然而由于压实土样裂缝数量较少，针对样本数量进行分析会由于样本容量较少而失去统计意义，因此将一般概率密度函数中的样本数量转变为样本随时间的变化量，给出适用于压实土体干缩裂缝参数变化密度函数：

$$f(x,t) = \frac{\Delta x_i}{x_0 \Delta t} \tag{2.3.2}$$

式中，x_0 为样本最大值；Δx_i 为 $t_i \sim t_i + \Delta t$ 时段内样本值增加量。裂缝参数变化密度函数与单一裂缝参数变化率的区别在于前者反映参数相对于其变化过程的变化速率，与其最终发育程度有关，后者反映的是参数绝对变化速率。

图 2.32 和图 2.33 用变化密度函数分别描述了 4 组土体裂缝宽度与裂缝占比度变化特征。在图 2.32 中，第一组、第四组与第五组土体裂缝宽度在试验初期变化率最大，后随着试验的进行不断减小，三组试验土体初始含水率相同，均为 15%，试验初期干密度最小的第五组土体裂缝宽度变化率最大，对比图 2.27 中裂缝宽度变化曲线，随着干密度的减小，曲线斜率逐渐增大，可以认为土体的干密度能限制裂缝发育速度，但在图 2.32 中却出现部分时间段低密度土体裂缝宽度变化率小于高密度土体裂缝宽度变化率的现象，主要原因在于裂缝宽度变化密度函数考虑了最终裂缝宽度，在结合裂缝发育程度后对比不同干密度土体裂缝发育速度可以看出，土体干密度对裂缝发育速度无明显影响。第二组土样由于初始含水率较大，在试验初期裂缝宽度变化率较小，说明初始含水率限制裂缝出现速度，但当裂缝出现后，含水率越大，裂缝发育速度越快，结合前述裂缝宽度增长过程的分析，进一步表明土体含水率控制裂缝发育速度，在裂缝出现之后，含水率越大，裂缝发育速度越快。从图 2.33 中可以看出，各组裂缝占比度变化率均在 60min 时最大，该时间段新裂缝不断出现，裂缝宽度、长度不断增大。由于土体干密度控制裂缝发育程度的影响，干密度最小的第五组土体裂缝发育程度最大，使得该阶段裂缝占比度增长速度最快。由于含水率控制裂缝发育速度的影响，含水率最大的第二组试验裂缝发育速度最快，其裂缝占比度增长仅次于第五组。

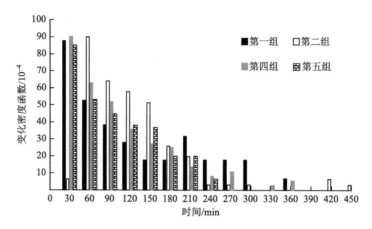

图 2.32 裂缝宽度变化密度函数

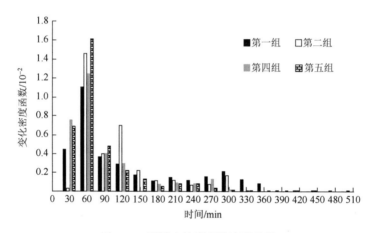

图 2.33 裂缝占比度变化密度函数

由于每组试验的结束时间根据试样容器总重变化决定,当重量减少量较小且稳定即结束试验,各组试样含水率(土体整体含水率)变化过程线如图 2.34 所示。试验中土体水分的减少即为水分的蒸发,单位时间含水率的变化可近似看作蒸发率,即图中曲线的斜率。

从图 2.34 中可以看出,土体的蒸发率随时间逐渐减小,反映出式(2.2.7)所体现的实际蒸发率随基质吸力的增大而减小。观察各组试验含水率变化,由于各组土体试样均不是从饱和状态开始,因此不存在一般蒸发过程中的初期稳定蒸发过程,试验初期即处于减速率阶段。除第二组试样之外,各组试样初始含水率均约为 15%,土体的塑限含水率为 15.8%,因此试样在试验开始 15min 左右就产生裂缝(图 2.27),而第二组试验初始含水率为 20%,高于塑限含水率,试验开始60min 左右含水率降至 15%左右时开始出现裂缝,可以说明受旱过程中土体出现裂缝需满足含水率降至塑限含水率。根据 2.2 节所述内容，初始裂缝的出现对应一个特定的基质吸力，对于不同土体这个基质吸力值不相同，但在相应的土水特征曲线中这一基质吸力相对的含水率基本在塑限附近。对于同一干密度土体，结合土水特征曲线及式（2.2.5），高含水率表明了基质吸力越小，相应的蒸发率应该越大。在干密度变化时，初始含水率相同的土体在受旱后期稳定状态下的蒸发率随着干密度的降低而增大（图 2.35），此时土体干密度越大，相应的含水率越大，也就表明干密度越大，对应的蒸发率越小，干密度的提高限制了水分的蒸发，继而限制了裂缝的产生，即土体最终具有较少的裂缝条数、较小的裂缝宽度及较低的裂缝占比度。

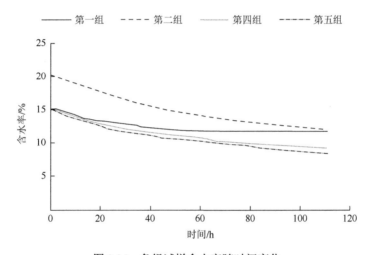

图 2.34　各组试样含水率随时间变化

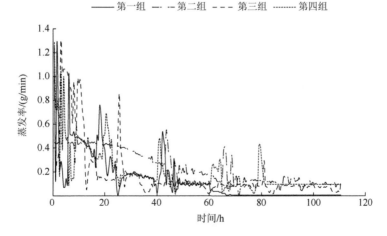

图 2.35　各组试样蒸发率随时间变化

试验中对裂缝深度的量测采用蜡封法，将低熔点、低黏度费托蜡置于烧杯中，采用酒精灯加热融化，融化后的液体蜡沿裂缝灌入土体，待液体蜡凝固后将土体剖开，量测蜡渗入的深度即为裂缝的深度，如图 2.36 所示。

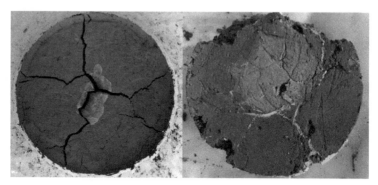

(a) 顶部灌蜡　　　　　　　　(b) 裂缝贯穿

图 2.36　蜡封法量测裂缝深度

试验结束后，各组试样的裂缝深度分别为 9.5cm、10.1cm、15cm、15cm、15cm 的裂缝深度表明土层已贯穿。对于未贯穿的试样其含水率变化曲线依旧在持续减小，裂缝的深度尚在继续发展。根据整体含水率转换为基质吸力的分析，以及后述 2.4.2 节裂缝深度的计算，裂缝发育深度均高出土层厚度，若延长试验时间，各组试样的裂缝均可能贯穿土层。

2.4　受旱过程中黏土体裂缝扩展数值模拟

2.4.1　裂缝出现时刻含水率

进行开裂时刻土体基质吸力计算，各参数见表 2.4。

表 2.4　土体开裂时计算参数

干密度/(g/cm^3)	基质吸力/kPa	体积含水率/%	收缩应力/kPa	抗拉强度/kPa
1.5	90.23	22.58	38.23	38.38
1.6	110.11	19.35	54.96	54.57

干密度为 1.5g/cm^3 时，土体开裂对应的基质吸力为 90.23kPa，收缩应力为 38.23kPa，抗拉强度为 38.38kPa；干密度为 1.6g/cm^3 时，土体开裂对应的基质吸

力为 110.11kPa，收缩应力为 54.96kPa，抗拉强度为 54.57kPa；根据土水特征曲线关系，对应体积含水率分别为 22.58%、19.35%，两种干密度试验土体塑限体积含水率为 23.70% 和 22.56%，可见对于均匀压实黏土开裂时的含水率均处于塑限含水率之下，且干密度越大，开裂时的含水率越小。对比试验中的结果发现，对于初始含水率低于塑限含水率的土体，在试验开始后很快就出现裂缝，而初始含水率大于塑限含水率的试样（试验中的第二组试样），受旱约 60min 后含水率接近其他试样初始含水率（图 2.34），此时也开始出现裂缝（图 2.27）。需要说明的是，试样初始含水率是准确数值，但试验过程的含水率是整体均匀值，裂缝出现时刻含水率只是表面土体的含水率，表面土体含水率小于平均含水率，结合图 2.34 与图 2.27 可以看出，裂缝出现时刻的土体含水率计算值偏大。

2.4.2 裂缝深度

根据 2.2.2 节内容，计算出不同干密度、不同受旱程度下裂缝的发育深度，如图 2.37 所示。需要说明的是，图中给出的裂缝深度与基质吸力的关系代表着发育某一深度的裂缝需要裂缝尖端部位土体的基质吸力达到某一值，即为裂缝发育深度的必要不充分条件。

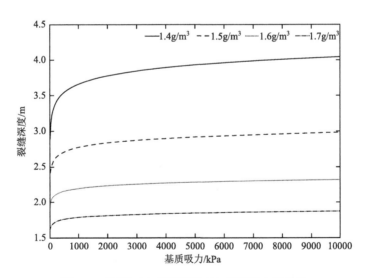

图 2.37 不同干密度裂缝深度与基质吸力的关系

从图 2.37 中可以看出，随着干密度增大，土体裂缝发育深度在逐渐减小，且干密度较小时裂缝深度受基质吸力变化影响程度较大。干密度为 1.4g/m³ 时，最大裂缝深度可达 4.1m，所需基质吸力为 10 000kPa，即代表裂缝最深处土层的基质吸力值为 10 000kPa，对应的含水率接近残余含水率。干密度为 1.7g/m³ 时，最大裂缝约为 1.8m，此时裂缝最底端土体已接近残余含水率，自然状态下基质吸力难以继续增大。当裂缝处于发育阶段时，裂缝底端土体的含水率也还处于变化阶段，从图中可以发现，基质吸力较小时，裂缝深度受基质吸力影响最敏感，随着干密度的增大，裂缝发育深度的敏感吸力范围在减小，表明越密实的土体其干缩裂缝深度越容易达到稳定，即表面出现裂缝之后裂缝深度逐渐增大的过程较短。

结合试验结果，试验中土层厚度为 30cm，后三组试样出现了贯穿土层的裂缝，前两组试样在试验结束时尚未出现贯穿土层的裂缝，此时的基质吸力值已达到产生超过 30cm 裂缝的条件，反映出基质吸力的大小仅是裂缝深度大小的必要不充分条件。此外，试验过程估算的基质吸力的大小为土样整体含水率的换算结果，但对于在土样中部发育的裂缝，其发育路径上的土体基质吸力小于整体含水率的基质吸力换算值，因此最终裂缝未贯穿也可能是由于裂缝发育路径上的土体基质吸力尚较小。

根据前述对斜坡裂缝的分析，斜坡土体裂缝距离土体表面的最大深度不超过土体表面水平时的裂缝最大深度，因此不管裂缝发展路径如何倾斜，其离土层表面的最大距离不会超过上述计算的水平土层裂缝最大深度。

2.4.3 裂缝宽度

根据前述裂缝宽度发育过程的分析，裂缝宽度变化受土体内部收缩应力影响，而收缩应力与基质吸力相关，裂缝宽度体现的是土体变形叠加，因此采用数值方法进行计算，计算采用 COMSOL 软件，在线弹性材料中添加土壤塑性。在计算成果的表述中，竖向位移以向上为正，水平位移以向右为正，应力以受拉为正。

计算过程为瞬态，整体分为两部分，第一部分是土体水分不断蒸发，第二部分是裂缝壁土体不断收缩。由于前面已给出了裂缝深度与基质吸力的对应关系，此处进行宽度计算时不考虑深度变化，即假设水分未蒸发之前土体已经出现了一定深度的裂缝，但裂缝壁土体未收缩，裂缝宽度接近于 0，在蒸发过程中裂缝深度不改变，只是宽度在发生变化，预先给出的裂缝深度为土体可能产生的最大深度。

根据对应干密度设置最大裂缝深度（图 2.38），土体表面及裂缝面为蒸发面，设置通量边界，其余为无流动边界。

边界条件上通量的大小与土层表面土体的基质吸力相关，其可表示为

$$-q(x,t) \cdot n \big|_{\Gamma_2} = \nabla \cdot [K(\theta)\nabla(h+z)] \cdot n \big|_{\Gamma_2} = q_0(t) \quad (2.4.1)$$
$$q_0(t) = E_a[u_s(t)]$$

式中，n 代表法向向量；Γ_2 代表计算边界；$E_a[u_s(t)]$ 为受变化的吸力影响的表面

蒸发量,根据式(2.2.30)计算,其中潜在蒸发量计算可采用如下公式:

$$E_p = 7.649\left[\ln(100-M_r)-1.1\right]\times(T+17.75)f_w \quad (2.4.2)$$

$$f_w = 0.302 + 0.212W \quad (2.4.3)$$

式中,W 为风速,m/s;M_r 为湿度,%;T 为温度,℃。计算过程取极端天气,即温度高、湿度小、风速大。

图 2.38　土体含裂缝模型构建

为了设置合理的裂缝深度,需计算出蒸发过程中土层内基质吸力的大小及分布。设初始阶段土体内含水率分布均匀,初始基质吸力为-10kPa,受旱时长为100d。各干密度条件下裂缝深度取值见表 2.5。

表 2.5　模型裂缝深度

干密度/(g/cm³)	裂缝深度/m
1.4	3.6
1.5	2.6
1.6	2.1
1.7	1.7

设置不同干密度裂缝深度之后进行蒸发过程中裂缝宽度计算,模型初始时刻位移量为0,左右侧及底部边界为轴支承(只存在切向运动,不允许法向运动),土体表面及裂缝面为自由边界。土体以裂缝为对称轴分左右两部分,分别受向左与向右的体积力,体积力与土体内基质吸力有关,大小为 2.2.3 节中的收缩应力值。宽度的计算建立在蒸发过程中基质吸力的变化结果之上,即应变场依托于蒸发过程的渗流场。

图 2.39 显示裂缝左右两侧土体位移值,左侧土体向左移动,右侧土体向右移动(为直观反映裂缝宽度变化,比例因子设置为1:20),最初时刻土体位移值约

为 2.5×10^{-7}m,即裂缝宽度为 5×10^{-7}m,基本认为此时土体无裂缝,第 1 天裂缝宽度发展至 2.12cm,第 4 天宽度为 4.02cm,第 7 天宽度为 5cm。图 2.40 给出了裂缝宽度随时间的变化过程,从图中可以看出前期裂缝宽度增长速率快,后期逐渐平稳,表明裂缝宽度发展不会随吸力增长而不断增大,其存在一个极限值,本

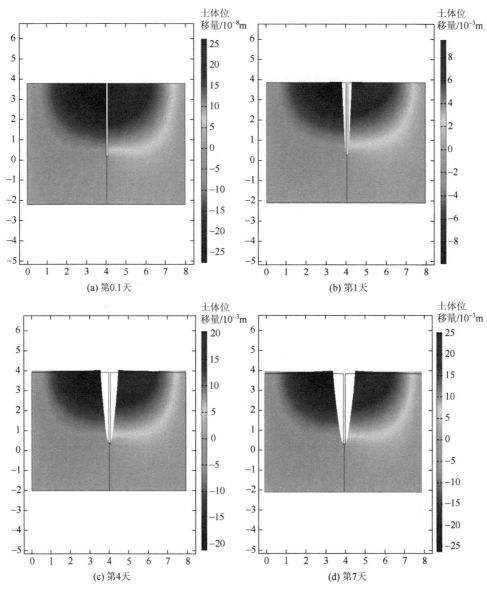

图 2.39 干密度为 1.4g/cm³ 的土体水平位移

横轴代表水平距离(m),纵轴代表高程(m)

次计算中裂缝宽度极限约为 5.02cm。试验中干密度为 1.4g/cm³ 的土样裂缝宽度约为 1.8cm，此时土样质量含水率约为 10%（体积含水率约为 14%），土体尚未达到最大裂缝宽度对应的含水率，且土样的收缩除了裂缝两侧土体向相反方向收缩外，由于土样边界不固定，土体整体也会收缩，该过程将使得最终裂缝宽度减小，使得试验测得的裂缝宽度小于计算裂缝宽度。

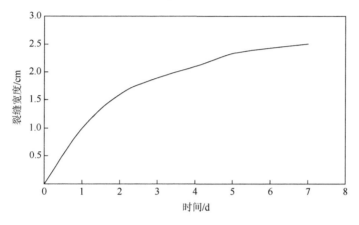

图 2.40　裂缝宽度随时间变化

干密度为 1.5g/cm³、1.6g/cm³、1.7g/cm³ 时，土体水平位移如图 2.41～图 2.43 所示，各时段裂缝宽度值见表 2.6。

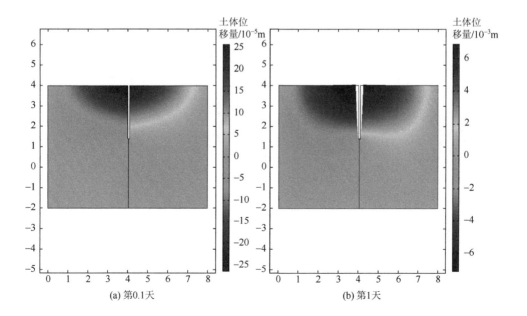

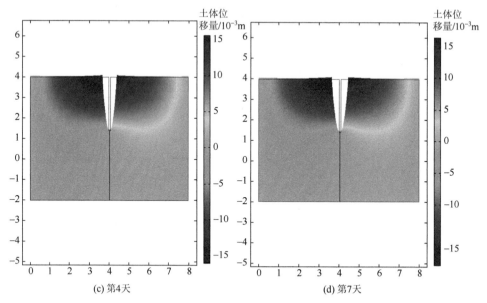

(c) 第4天　　　　　　　　　　　　(d) 第7天

图 2.41　干密度为 1.5g/cm^3 的土体水平位移

横轴代表水平距离（m），纵轴代表高程（m）

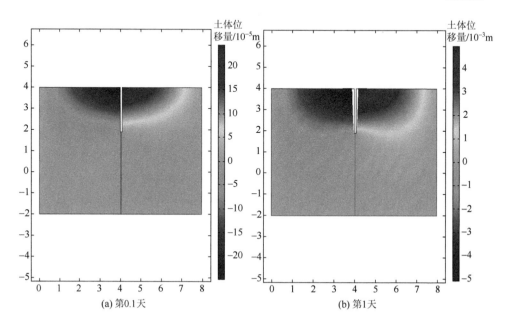

(a) 第0.1天　　　　　　　　　　　(b) 第1天

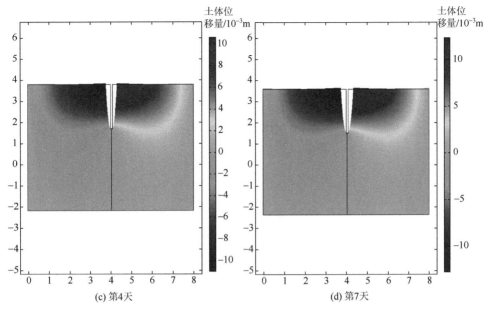

(c) 第4天 (d) 第7天

图 2.42 干密度为 1.6g/cm³ 的土体水平位移

横轴代表水平距离（m），纵轴代表高程（m）

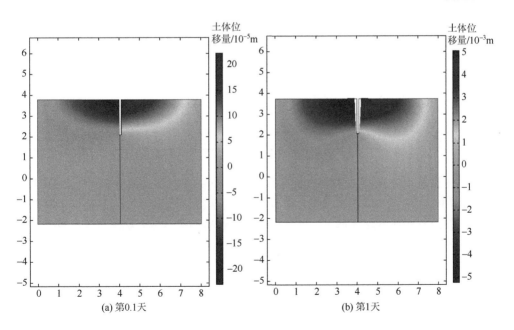

(a) 第0.1天 (b) 第1天

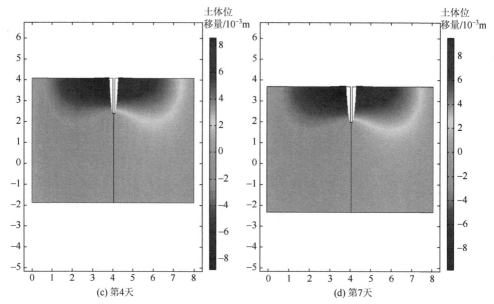

(c) 第4天　　　　　　　　　　　　　　(d) 第7天

图 2.43　干密度为 1.7g/cm³ 的土体水平位移

横轴代表水平距离（m），纵轴代表高程（m）

表 2.6　各时段不同干密度土体裂缝宽度

干密度/(g/cm³)	裂缝宽度/cm		
	第1天	第4天	第7天
1.4	2.12	4.02	5.02
1.5	1.62	3.14	3.58
1.6	1.14	2.16	2.48
1.7	0.98	1.72	1.88

各干密度土体裂缝宽度随时间的变化如图 2.44 所示，从图中可以看出在各干密度土体初始含水率相同的情况下，在受旱初期裂缝发育速度较快，且随着干密度的减小，裂缝发育速度逐渐增大，该计算结果与试验结果一致。观察宽度计算后期阶段，与裂缝深度发展过程类似，对于干密度较大的土体，裂缝宽度更早趋于稳定。

以上计算过程均是针对土体单裂缝的计算，当土层出现两条裂缝时产生收缩变形的土层变薄，对裂缝的扩展宽度会产生影响，以干密度为 1.4g/cm³ 的土体为例，计算结果如图 2.45 所示。

从表 2.7 可以看出，对于一定宽度的土体，多条裂缝时的最大裂缝宽度小于单条裂缝时的最大裂缝宽度。从裂缝单侧土体位移值上看，厚度较薄一侧的土体位移值较小。因此，裂缝宽度大小除了与土体干密度有关，还与裂缝壁外能产生自由收缩的土体厚度有关,相同基质吸力情况下,土体厚度越大,裂缝越宽。但土体收缩产生的位移并非随土体厚度增大而不断增大,土体收缩时土颗粒体积不变,变化的是土体的孔隙率。当裂缝壁土体同一层基质吸力一致时可确定裂缝宽度,但由先前计算可以看出,土体内基质吸力均为由靠近裂缝部位向远离裂缝部位缩小,若要使同一层基质吸力相同,吸力值必将接近极限值。

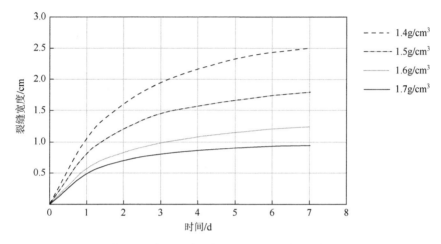

图 2.44 各干密度土体裂缝宽度随时间的变化

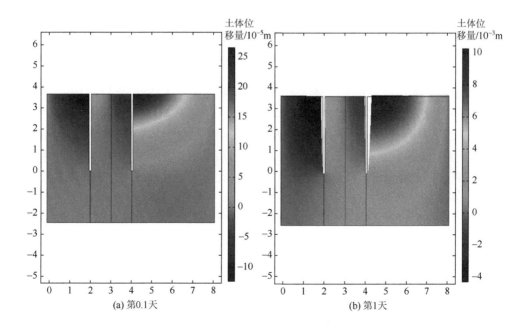

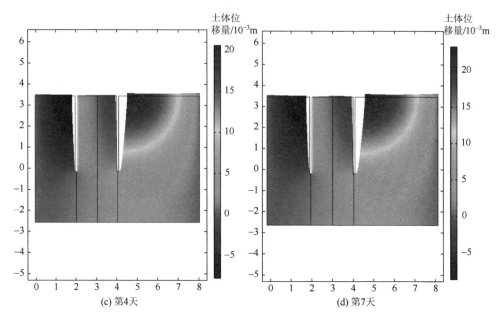

图 2.45 干密度为 1.4g/cm³ 的土体两条裂缝位移

横轴代表水平距离（m），纵轴代表高程（m）

表 2.7 干密度为 1.4g/cm³ 的土体两条裂缝位移值 （单位：cm）

位置	第 1 天	第 4 天	第 7 天
左侧裂缝	0.59	1.08	1.20
右侧裂缝	1.19	2.33	2.64

对于斜坡土层裂缝宽度扩展，干密度为 1.4g/cm³ 的土体受旱过程中土体裂缝变化如图 2.46 和图 2.47 所示。

对比图 2.46 与图 2.47 可以看出，裂缝竖直向下时靠近坡脚的裂缝壁位移量为 35mm，大于裂缝接近垂直时的 31mm，远离坡脚的裂缝壁位移量为 24mm，小于接近垂直时的 26mm，裂缝总宽度相差 3.5%。土体表面水平时同一干密度条件下的最大裂缝宽度约为 50mm，相比较表面倾斜最大裂缝时相差 18%。由此可见，裂缝深度相同时表面倾斜土体产生的最大裂缝宽度大于表面水平土体最大裂缝宽度。此外，由于斜坡裂缝两侧土体位移量不一致，且靠近坡脚的位移量更大，使得裂缝中心轴线偏离开裂点向坡脚移动，这也验证了 2.2.3 节对斜坡裂缝发展方向的理论分析。

对于不同的斜坡坡度（裂缝发育方向与表面之间的夹角相同），计算分析裂缝宽度变化如图 2.48 所示。斜坡角度改变后靠近坡脚的裂缝壁依旧大于另外一侧，位移量相差 5.1mm，基本与角度改变之前差值相同。从两侧裂缝壁具体位移值上看,角度改变之后左右两侧位移量分别为31.1mm和26.2mm,相比较之前的31mm与26mm也基本相同,即裂缝最大宽度相同,因此可以认为在裂缝发育方向与土体表面的角度不变时,斜坡角度的改变不会对裂缝宽度的发展产生影响。综上可以认为,斜坡裂缝的宽度除了受土体自身属性影响,主要与裂缝的发育方向有关。

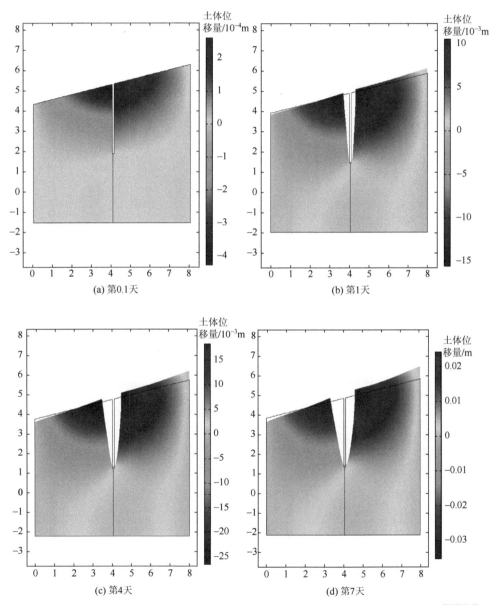

图 2.46 斜坡竖直裂缝宽度变化

横轴代表水平距离(m),纵轴代表高程(m)

然而，斜坡角度的改变使得出现裂缝后（裂缝最初与斜坡表面垂直），裂缝壁土体对裂缝尖端的超载土压力改变，斜坡角度越大，靠近坡脚一侧的土压力减小，而另一侧的土压力增大，这使得靠近坡脚处驱使裂缝发育的合力更大，而另一侧限制裂缝发育的力更大，导致斜坡角度越大时裂缝越易从开裂点向坡脚发展。

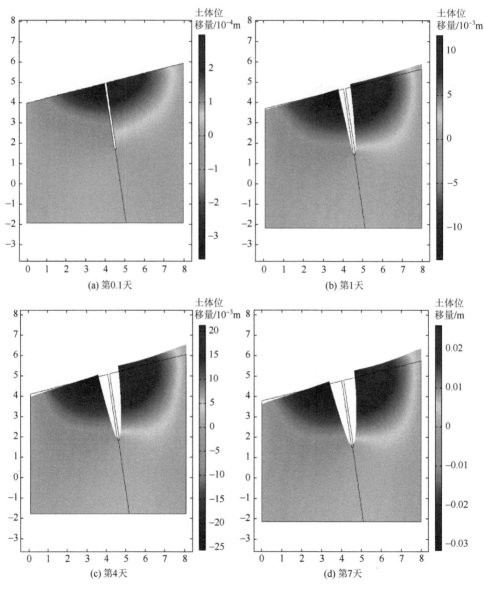

图 2.47　斜坡倾斜裂缝宽度变化
横轴代表水平距离（m），纵轴代表高程（m）

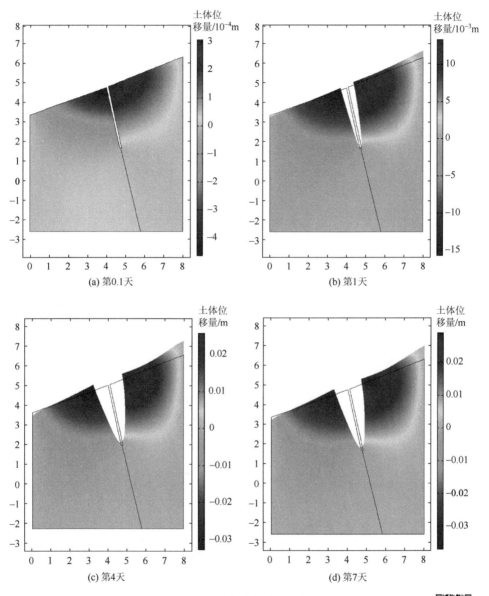

图 2.48 斜坡角度改变时裂缝宽度变化

横轴代表水平距离（m），纵轴代表高程（m）

2.4.4 裂缝随机分布模拟

根据裂缝随机分布生成流程图编制程序，设置工作截面如图 2.49 所示，模拟结果如图 2.50 所示。

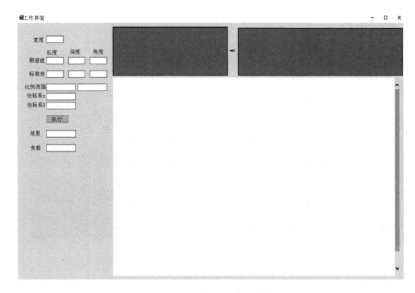

图 2.49　裂缝参数随机生成模拟界面

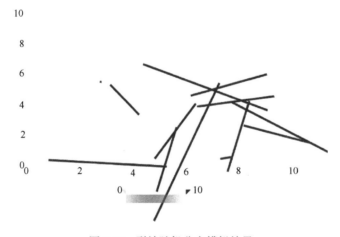

图 2.50　裂缝随机分布模拟结果

参 考 文 献

[1]　Lu N, William J L. Soil Mechanics for Unsaturated Soils[M]. 韦昌富, 侯龙, 简文星, 译. 北京: 高等教育出版社, 2012.

[2]　汤连生, 桑海涛, 罗珍贵, 等. 土体抗拉张力学特性研究进展[J]. 地球科学进展, 2015, 30 (3): 297-309.

[3]　Fredlund D G, Rahardjo H. Soil Mechanics for Unsaturated Soils[M]. New York: John Wiley & Sons Inc., 1993.

[4]　栾茂田, 汪东林, 杨庆, 等. 非饱和重塑土的干燥收缩试验研究[J]. 岩土工程学报, 2008, (1): 118-122.

[5]　唐朝生, 崔玉军, Abh-minh T, 等. 土体干燥过程中的体积收缩变形特征[J]. 岩土工程学报, 2011, 33 (8):

1271-1279.

[6] Hu L B, Herve P, Hueckel T, et al. Desiccation shrinkage of non-clayey soils: Multiphysics mechanisms and a microstructural model[J]. International Journal for Numerical and Analytical Methods in Geomechanics, 2013, 37 (12): 1761-1781.

[7] Hueckel T, Kaczmarek M, Caramuscio P. Theoretical assessment of fabric and permeability changes in clays affected by organic contaminants[J]. Canadian Geotechnical Journal, 1997, 34 (4): 588-603.

[8] Lehmann P, Assouline S, Or D. Characteristic lengths affecting evaporative drying of porous media[J]. Physical Review E, 2008, 77 (5): 056309.

[9] Fng Y C. Biodynamics: Circulation[M]. New York: Springer, 1984.

[10] 牟智, 刘观仕, 陈如意, 等. 膨胀土收缩特性的研究进展[J]. 土工基础, 2019, 33 (3): 299-303.

[11] Li L, Zhang X. A new approach to measure soil shrinkage curve[J]. ASTM International, 2019, 42 (1): 1-18.

[12] Costa S, Kodikara J, Shannon B. Salient factors controlling desiccation cracking of clay in laboratory experiments[J]. Geotechnique, 2013, 63 (1): 18-29.

[13] 林銮, 唐朝生, 程青, 等. 基于数字图像相关技术的土体干缩开裂过程研究[J]. 岩土工程学报, 2019, 41 (7): 1311-1318.

[14] 曾浩, 唐朝生, 刘昌黎, 等. 膨胀土干燥过程中收缩应力的测试与分析[J]. 岩土工程学报, 2019, 41 (4): 717-725.

[15] 唐朝生, 施斌, 顾凯, 等. 土中水分的蒸发过程试验研究[J]. 工程地质学报, 2011, 19 (6): 875-881.

[16] 杨德军, 张土乔. 蒸发条件下土壤水分响应模拟[J]. 水科学进展, 2011, 22 (2): 208-214.

[17] 欧阳斌强, 唐朝生, 王德银, 等. 土体水分蒸发研究进展[J]. 岩土力学, 2016, 37 (3): 21-32, 50.

[18] 夏琼, 王旭, 窦顺, 等. 土体水分潜在蒸发确定方法研究进展[J]. 干旱区地理, 2018, 41 (4): 793-801.

[19] Wilson G W, Fredlund D G, Barbour S L. Coupled soil-atmosphere modelling for soil evaporation[J]. Canadian Geotechnical Journal, 1994, 31 (2): 151-161.

[20] 张云, 陈梦芸. 击实黏土抗拉强度研究[J]. 水文地质工程地质, 2015, (4): 62-66, 79.

[21] 王媛, 冯迪, 陈尚星, 等. 基于分维数的土体裂隙表征单元体估算[J]. 岩土力学, 2013, 34 (10): 41-47.

[22] 陈尚星. 基于分形理论的土体裂隙网络研究[D]. 南京: 河海大学, 2006.

[23] 刘兴, 王媛, 冯迪. 基于形态学理论的土体裂隙边缘分形维数计算[J]. 河海大学学报 (自然科学版), 2013, 41 (4): 331-335.

[24] 赵腾远. 基于马尔科夫链蒙特卡洛的坪子山滑坡的稳定性分析[D]. 成都: 西南交通大学, 2014.

第 3 章 极端干旱后黏土斜墙坝渗流性态模型试验

实际工程中，干旱与降雨的过程耗时较长，为缩短两个过程的耗时，获取过程中相应的现象及导致现象出现的因果关系，本章通过水槽模型试验进行旱涝急转工况的模拟。通过室内模型试验可缩小观测对象的天然模型尺寸、缩短观测过程以及孤立和抽取过程中的某些因素，从而便于观察、比较，易于发现其因果关系。试验模型也可开展原型上难度较大的研究内容。

由于黏土渗流试验耗时较长，为节约时间成本，首先进行小尺度模型试验，通过量测干湿循环中土体内基质吸力变化，分析干湿循环对大坝裂缝的影响，确定干湿循环次数，其次基于小尺度试验结果进行大尺度水槽模型试验，最后为直观反映存在裂缝过程防渗体中湿润锋的运动以及高水位下的水力劈裂情况，同时规避黏土防渗体渗流耗时很长的问题，通过离心物理模型试验直观地反映出渗流前后裂缝的差异，以及通过孔隙水压力变化反映模型内部渗流过程。

3.1 干湿循环模型试验

3.1.1 试验系统

1. 材料参数

本次试验所需的土体均取自河南省昭平台水库坝坡，现场体积含水率为31.4%，浅表层含水率受降雨影响明显，土质坚硬，呈浅黄色，平均湿密度为1.64g/cm³，现场平均湿密度条件下的渗透系数为 1.69×10^{-6}cm/s。土体取回后晾晒并进行颗粒筛分及液塑限测定，测定结果如表3.1和表3.2所示。

表 3.1 颗粒分析结果

砾石/%	粗砂/%	中砂/%	细砂/%	粉粒/%	黏粒/%	有效粒径/mm	中间粒径/mm	平均粒径/mm	限制粒径/mm	不均匀系数	曲率系数
0	4.8	6.9	18.5	46.8	23.0	0.002	0.008	0.021	0.035	17.5	0.914

表 3.2 液塑限测定结果

液限/%	塑限/%	塑性指数
30.8	17.1	13.7

从颗粒筛分结果来看，坝坡填土以粉粒和黏粒为主，塑性指数为 13.7，介于 10 和 17 之间，属典型粉质黏土；不均匀系数为 17.5＞5，级配良好，土体易于压实，曲率系数为 0.914，接近 1，说明各粒径之间颗粒搭配较好，取样土体适宜试验研究。

2. 试验设备

试验过程主要为观测整个干湿循环中坝体各部位基质吸力变化。模型各部位基质吸力的变化需要定量分析以得出其变化规律，因此需要相关仪器进行测量。此外，模型进行时段控制靠肉眼观察无法做出准确判断，需要通过模型含水率进行辨别，因此含水率也需要进行测量。而整个环境的控制因素即环境箱中的温度则只需要保持一定范围，在进行干燥过程时控制在 30℃以上即可。

试验采用自行研制的环境箱，外罩采用双层铝合金制作，尺寸为 2m×1m×1.5m，铝合金厚 5mm，上部顶盖也采用此方法制作。前面板处开设由双层有机玻璃制作的观测窗，有机玻璃厚 20mm，可在试验中实时观测坝坡开裂全过程。为模拟降雨条件购置了降雨管路（图 3.1），降雨管路上设有直径 2mm 的小孔，通过调节水压大小，可模拟不同降雨强度，为避免降雨对模型试样本身造成损伤，应该尽量减小降雨的雨滴尺寸，为此，购置可控多头喷雾型降雨管，该降雨管所使用的喷头（图 3.2），喷射出来的雨水呈雾状，不会对模型外观造成明显影响。为了模拟自然环境中的空气流动，环境箱内安装了风机，将风机固定在顶盖上并安装电流调节装置，通过调节电流，可根据需要来设计风速（图 3.3）；风、雨、光是模拟实际天气情况的三个重要组成部分，阳光日照模拟设备除提供照射的有效光源外，还可以向试验模型提供热辐射，保证模型箱内温度交替与日常每天的气温相当。因此，选购了能够发射和太阳光波长相似的长弧氙灯（图 3.4），该长弧氙灯所发射的光谱范围为 290～800nm，可作为模拟太阳光的理想光源。试验过程中，自由水从前端开设的进水口进入，通过泛水下泄并渗入土体，顶部通过固定好的降雨管降雨，尾端下方排水口可将多余的表面径流水和渗出水排出，内部用电设备的电线从位于进水口旁的进线口穿入，如图 3.5 和图 3.6 所示。在铝合金外罩后面开设一个直径为 800mm 的进人口（图 3.7），试验人员可以在试验前到内部进行设备的安装调试，并在试验时测量内部磁力、温度、湿度等参数。环境箱整体外观与结构示意图如图 3.8 和图 3.9 所示。

基质吸力的量测采用 Fredlund FTC-100 热传导传感器。FTC-100 热传导传感器通过直接测量土壤温度，根据特殊设计的陶瓷块热传导性来间接测量土壤的基质吸力。FTC-100 热传导传感器能测量的吸力范围是 1～1500kPa，精度优于 5%，传感器配套软件中内置有相应的环境温度修正系数，用以修正传感器受环境温度的影响而所测的不够精准的吸力值。吸力传感器探头和数据采集仪如图 3.10 所示。

同部位的含水量通过快速土壤水分测定仪（图 3.11）测量获取，得知含水量后，计算获得饱和度。

图 3.1　降雨管路图

图 3.2　雾化喷头

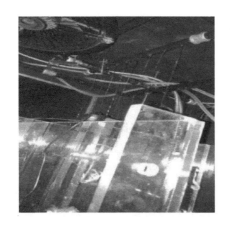

图 3.3　风机及管路

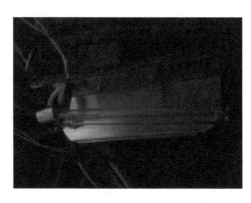

图 3.4　长弧氙灯

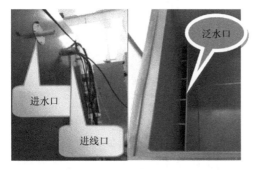

图 3.5　进水口、进线口及泛水口

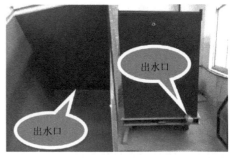

图 3.6　内外部出水口

图 3.7 环境箱进人口

图 3.8 环境箱整体外观

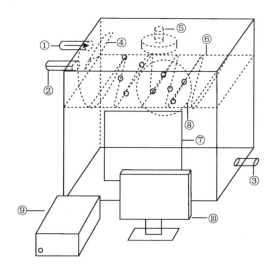

①进水口
②进线口
③出水口
④长弧氙灯
⑤风机
⑥可调节降雨架
⑦可视有机玻璃窗
⑧进人口
⑨数据采集仪
⑩计算机

图 3.9 环境箱结构示意图

图 3.10 吸力传感器探头和数据采集仪

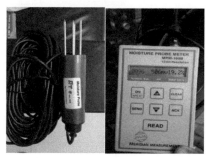

图 3.11 快速土壤水分测定仪及手持式仪表

试验模型箱采用 12mm 厚有机玻璃制作，可以自由调节尺寸。该模型箱的四个隔板均能拆卸、更换，可在内部制作 30cm×30cm～80cm×80cm 大小不等的模型，满足不同大小模型试验需求。

3. 试验模型

将处理后的土料加水制成与原状土相同的含水率，在隔板上绘制出模型轮廓，计算出模型体积，依据密度计算出所需土的质量，采用分层填筑的方法进行制作，确保与现场坝体拥有相同的孔隙比。土样按照原坝坡以 1∶150 的比例制于模型箱中，坝高 30cm，坝顶宽 10cm，上游坡比 1∶2.5，下游坡比 1∶2（图 3.12）。模型箱的各个高程处有小孔，保证了降雨过程中上游水位不会过高出现漫坝情况，也确保了上游水能够充分入渗到坝体内。试验在模型的坝脚埋设①号传感器，上游坝坡中部为②号传感器，坝顶面传感器定为③号，坝底部为④号传感器，如图 3.13 所示。模型试样的数据采集工作均为自动化，试验人员只需要定期对收集到的数据进行整理。模型土体基本物理力学性质见表 3.3。

图 3.12　试验模型

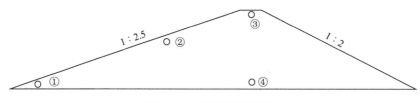

图 3.13　传感器埋设位置

表 3.3　模型土体基本物理力学性质表

含水率 w/%	湿密度 ρ/(g/cm^3)	干密度 ρ_d/(g/cm^3)
18.1	1.65	1.40

3.1.2　试验过程

1. 第一次降雨干燥

试验模型用吊机吊入环境箱中,环境箱内安装摄像头,调节降雨架进行第一次降雨试验,降雨强度为确保在坝坡上游面始终有表面径流,如图 3.14 所示。降雨历时 1h 后,上游水位增长至坝坡中部,对坝体进行浸泡湿润后停止。随后,环境箱中模拟干旱条件,打开长弧氙灯与风机,保持内部温度不低于 30℃,使模型在光照与风力条件下持续失水。

图 3.14　降雨过程

2. 第二次降雨干燥

模型持续干燥 19d 后对其进行第二次降雨,降雨强度与第一次相同,待上游水位达到坝坡中部后停止降雨,随后进行干燥,干燥环境与第一次相同。

3. 第三次降雨干燥

模型持续干燥 27d 后进行第三次降雨,降雨强度与前两次相同,待上游水位达到坝坡中部后停止降雨,随后进行干燥,干燥环境与前两次相同。

试验过程如图 3.15 所示。

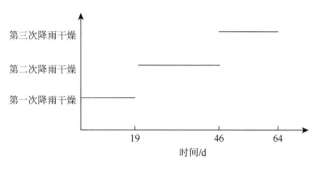

图 3.15　试验过程图

3.1.3　试验结果

1. 第一次降雨干燥

模型干燥持续到第 7 天时，上游坝中（②号传感器部位，下同）首先出现裂缝，含水率迅速降低（图 3.16），基质吸力短时间内增长至极值（传感器最大量程为 1500kPa），上游坝脚处（①号传感器部位，下同）吸力增长稍滞后于坝坡中部，在第 9~12 天基质吸力才迅速增长并达到极值。坝顶面（③号传感器部位，下同）基质吸力从第 7 天左右开始也逐渐增大，但从第 13 天左右开始，基质吸力呈逐渐降低趋势并趋于稳定。坝底部（④号传感器部位，下同）因失水较慢，基质吸力增长均滞后于其他部位，且增长速率也相对低（图 3.17）。

图 3.16　干燥第 7 天裂缝情况

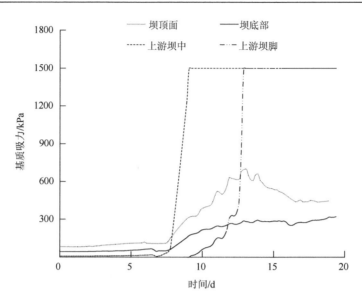

图 3.17 第一次降雨干燥各部位基质吸力随时间的变化曲线

2. 第二次降雨干燥

试验进行到第 19 天时,各部位基质吸力基本稳定,裂缝宽度与条数也保持不变,如图 3.18 所示。随后降雨进行到 30min 左右时,坝坡面裂缝基本愈合,如图 3.19 所示。从图 3.20 可以看出,降雨后四个部位基质吸力全部陡降,其中上游坝中和上游坝脚位置吸力接近零值,坝顶面及坝底部基质吸力仍有约 100kPa。随着干燥持续,各部位基质吸力开始逐渐增加,但可以明显看出,除坝底部外,其余各部位基质吸力增长速率均远低于模型制作完成后的第一次降雨干燥后基质吸力的增长速率。另外,从两次降雨后干燥形成的基质吸力曲线上看,上游坝中基质吸力增长仍最快,大约干燥 2d 即达到极值,上游坝脚处经过约 10d 干燥才最终达到极值;坝顶面和坝底部基质吸力增长较为缓慢,且受外界气温影响显著。降雨后因黏土裂缝愈合,干燥时基质吸力增长较快,但裂缝出现后,基质吸力增长受外界影响程度增加,坝顶面后期基质吸力变化最为明显:每天的中午和凌晨基本上是基质吸力的最高和最低值点,且裂缝开裂越多、越大,气温影响越明显。坝底部和坝顶面在干燥 18d 后,基质吸力基本上不再大幅波动、相对稳定,坝顶面基质吸力不存在第一次的先增加后降低现象。

3. 第三次降雨干燥

试验进行到第 46 天时各部位基质吸力无异常变化,进行降雨试验。除上游坡脚变化趋势不一致外,各部位的基质吸力变化情况与第二次循环试验相同(图 3.21)。

坡脚处存在差异的原因在于坡脚部位土层较薄，降雨过程中冲刷的土颗粒在此积聚，填充裂缝，使得再一次的受旱过程中基质吸力未出现陡增。

图 3.18　干燥第 19 天裂缝情况

图 3.19　第二次降雨裂缝愈合

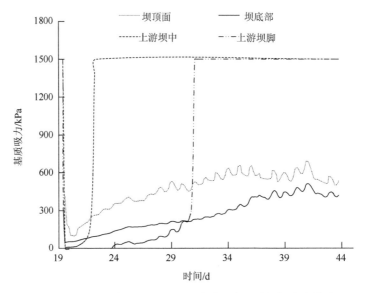
图 3.20　第二次降雨干燥各部位基质吸力随时间的变化曲线

由试验结果可以看出，模型在经历过一次干湿循环后裂缝发育基本稳定，再一次的干湿循环过程对裂缝影响不大，且土体内部基质吸力的变化情况也基本一致，因此后续的试验可以考虑只进行一次干湿循环。

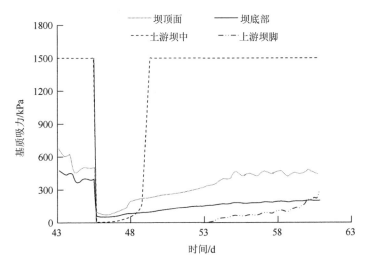

图 3.21 第三次降雨干燥各部位基质吸力随时间的变化曲线

3.2 水槽模型试验

3.2.1 相似性分析

模型试验通常将实际问题中的力学现象缩小到室内一定大小的模型上,再利用相似关系将模型中量测到的有关物理量推算到实际工程中。模型试验能否正确地解决模拟问题,一般取决于以下几个方面。

(1) 提供用作模型试验的基本数据必须能正确反映原型结构实际情况。所谓实际情况系指建筑物在有效使用年限内的工作条件,如地形、地质、几何尺寸、材料力学特性及受力条件等;

(2) 模型与原型的几何、物理、力学及边界条件是否严格满足要求;

(3) 模型试验中采用的仪器设备能否正确地将所需物理量量测出来,且试验技术人员是否掌握正确的量测技术。

此外从模型设计到制模、加荷、量测和试验结果处理等均需制定严格的操作规程和质量检查制度,因为任一过程的疏忽都会影响最终试验结果的准确性。

以相似第三定理为基础,全面地确定现象参量,通过相似第一定理的提示建立该现象参量的全部 π 项,最后将所得 π 项按相似第二定理的要求组成 π 关系式,建立坝坡模型试验相似判据。在模型试验进行之前,必须清楚坝坡开裂的条件。一般而言,裂缝的形成是坡体内外因素综合作用的结果。

就内因而言,影响坝坡变形与渗流稳定的主要物理力学参数包括:①几何尺度,尺寸 L;②力学参数,密度 ρ、黏聚力 c、内摩擦角 φ、变形模量 E、泊松比

μ、重力加速度 g、应力 σ、应变 ε、位移 u、侧压力 p 等；③渗透参数，渗透系数 k、时间 t、体积含水率 θ、吸力 s、孔压 p_w 等。诱发边坡发生变形与破坏的外部影响因素主要包括：降雨强度 q、温度 T、风速 w、循环次数 m 等。

涉及的相似参数共 20 个，其中应力 σ、应变 ε、位移 u 为待求物理量；密度 ρ、黏聚力 c、内摩擦角 φ、变形模量 E、泊松比 μ、渗透系数 k 是模型设计中决定的特征参量；侧压力 p、时间 t、体积含水率 θ、吸力 s、降雨强度 q、温度 T、风速 w、循环次数 m 等是模型试验过程中外部对模型作用的物理量或外因作用在黏土坝坡上的反映。

设各参数的相似比分别为原型参数与模型参数之比，表示为：C_L、C_ρ、C_c、C_φ、C_E、C_μ、C_g、C_σ、C_ε、C_u、C_p、C_k、C_t、C_θ、C_s、C_{p_w}、C_q、C_T、C_w、C_m，土体密度与重力加速度相似比 C_ρ、C_g 均为 1，尺寸相似比 C_L 为 n。对各参数进行如下评定：

（1）应力 σ、应变 ε、位移 u 是因变项的重要组成部分，是模型试验需获得的目标。

（2）温度 T、风速 w、时间 t、侧压力 p、体积含水率 θ、降雨强度 q、吸力 s 是几个相互关联的物理量，是外因或外因作用在黏土坝坡上的反映。

（3）密度 ρ、黏聚力 c、内摩擦角 φ、变形模量 E、泊松比 μ、渗透系数 k、尺寸 L 提供模型试验的特征并决定施加模型荷载的大小、材料种类及模型尺度。

（4）重力加速度 g 为不变常量。

π 方程的建立须进行量纲分析，而量纲分析的第一步，是决定哪些变量应计入物理现象中。如果引入的变量太多，而有些变量并不影响这一物理现象，将导致最后的方程式过于烦琐。若不计入某变量可能影响这一物理现象，将导致错误的结果，即使某些变量实际上是常数（如重力加速度 g），但却非常重要，因为它可与其他变量形成无量纲乘积。

根据"齐次定理"，把与问题相关的参数表达在同一方程式中，如下：
$$f(L, \rho, g, c, \varphi, E, u, \varepsilon, \sigma, \mu, k, t, w, \theta, s, q, p, T, m, p_w) = 0$$

将各参数按量纲进行分组：$\{\varphi, \varepsilon, \mu, \theta, m, T, t\}$、$\{L, u\}$、$\{c, E, \sigma, s, p, p_w\}$、$\{k, w, q, g\}$、$\{\rho\}$。由于无量纲量相似比等于 1，相同量纲量具有相同的相似比，按同一个组进行量纲分析，于是可认为方程中只有 8 组独立量纲，采用 [FLT] 量纲系统，选取 L、g、p 三个量为基本量，由方程可以得到 3 个无量纲 π 项和用 π 项表示的方程为

$$f(\pi_1, \pi_2, \pi_3) = 0 \tag{3.2.1}$$

式中，$\pi_1 = \dfrac{c}{L\rho g}, \pi_2 = \dfrac{k}{(Lg)^{0.5}}, \pi_3 = \dfrac{t}{L^{0.5} g^{-0.5}}$。

由于相同量纲的物理量可以用相同的 π 项表示，依此方法，按量纲的异同以及因变量、自变量 π 的取舍要求，将其重新整理列出：

$$\pi_1=\frac{\sigma}{L\rho g}, \pi_2=\frac{u}{L}, \pi_3=\frac{t}{L^{0.5}g^{-0.5}}, \pi_4=\frac{k}{(Lg)^{0.5}}, \pi_5=\frac{c}{L\rho g}, \pi_6=\frac{w}{(Lg)^{0.5}}, \pi_7=\frac{p}{L\rho g}$$

$$\pi_8=\frac{q}{(Lg)^{0.5}}, \pi_9=\frac{c}{L\rho g}, \pi_{10}=\frac{s}{L\rho g} \tag{3.2.2}$$

由于无量纲量的相似比为 1，则有 $C_\varphi=C_\mu=C_\varepsilon=C_\theta=C_m=1$，根据推导出的相似准则，设 $C_\rho=C_g=1$，则可以得到各参数的相似比如下：

$$C_L=C_c=C_E=C_\sigma=C_u=C_p=C_s=n$$

$$C_k=C_t=C_q=n^{0.5} \tag{3.2.3}$$

由上述推导可知，在坝坡模型设计时应遵守式（3.2.3）的规定准则，做到几何相似、介质物理性质相似、荷载相似和边界条件相似，而位移项、应力项皆在因变量 π 项中，与设计条件无关。在本次试验中，模型制作需考虑的参数包括：密度 ρ、黏聚力 c、内摩擦角 φ、渗透系数 k、尺寸 L、侧压力 p 等。根据推算的相似比，材料内摩擦角、密度的相似比为 1，即保持模型与现场一致；尺寸、荷载相似比为 n，即按模型制作比例缩小；渗透系数与黏聚力相似比分别为 $\sqrt{n}$ 与 n，即进行计算时区别对待。设计时模型尺寸按 1∶28 的比例缩小遵循几何相似；所用材料选取于实际工程现场且在制作模型时土的密度和含水率与现场一致，以保证孔隙比相同，从而使模型与原状土有相同的压实度，从而满足介质物理性质相似；对于荷载相似条件在本实验中即为试验中需模拟的最高水位条件对应于实际工程的校核水位，将校核水位按模型尺寸比例缩小进行水位设计；试验模型中安装仪器时尽量远离两侧边界，处于中部位置，使其测量结果受边界影响较小。

3.2.2 试验系统

1. 试验设备

环境箱（有机玻璃制成，总体积 7m×2m×2m，共由进水区、填筑区、排水区三部分组成，本次试验采用中间长 5m 的填筑区），降雨系统，供水系统，蒸发系统（采用浴霸与风机共同模拟），多物理量测试系统（包括土压力计、渗压计及张力计）及数据采集系统。试验系统整体如图 3.22 所示。

2. 模型材料

为适应环境箱尺寸，试验模型按照昭平台水库以 1∶28 的比例制作。

模型高 165cm，顶宽 25cm，上游坡比 1∶2.5，上游黏土斜墙坡比 1∶2，下游坡比 1∶2。上游侧黏土铺盖厚 40cm，长度为 110cm，由于试验模型箱总体长度的限制，下游段的长度为 90cm。试验模型示意图如图 3.23 所示。

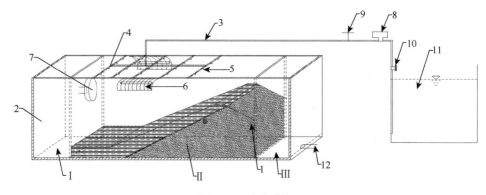

图 3.22 试验系统

1-模型坝体；2-有机钢化玻璃外罩；3-输水管路；4-降雨管路；5-降雨喷头；6-长弧氙灯；7-风机；8-增压泵；9-流量计；10-输水阀门；11-水缸；12-排水孔；试验在区域Ⅱ进行，区域Ⅰ作为蓄水区域（水从区域Ⅰ流入区域Ⅱ）、区域Ⅲ作为下游排水区域

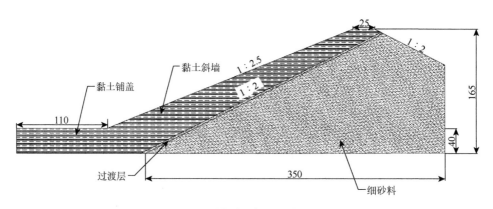

图 3.23 试验模型示意图（单位：cm）

试验黏土取自昭平台水库坝坡，试验前对土体进行了基本物理力学特性指标试验、非饱和强度特性试验，得到如下结果。

（1）击实试验研究表明，滑坡土体最优含水率为 16.0%，最大干密度为 1.78g/cm³。变水头渗透试验表明，土体渗透系数为 1.69×10^{-6} cm/s。

（2）三轴固结排水试验研究表明，含水率为 12%、16%、20%、24%的土体黏聚力分别为 25.5kPa、24.9kPa、29.5kPa、11.8kPa，内摩擦角分别为 29.6°、29.6°、29.9°、32.9°。

（3）直接剪切试验研究表明，含水率为 12%、16%、20%、24%的土体黏聚力分别为 50.4kPa、56.6kPa、57.0kPa、36.1kPa，内摩擦角分别为 16.4°、19.9°、17.3°、13.2°。

试验共需黏土料体积为 2.5m³，所需细砂料体积为 6.1m³，黏土与细砂料之间过渡层体积为 0.11m³。

3. 模型制作

试验模型制作准则为保证模型与实际工程的比例尺为 1:28，且尽量使坝体黏土层部分的孔隙比与现场实际孔隙比保持一致。

由于试验对坝体底部细砂料层没有具体填筑要求，因此砂土料直接填筑并夯实，保证其具备足够的强度。由于试验进行过程中会有水从坝后渗出，因此在填筑砂土料后填筑一排细石料，保证砂土料不会在渗漏时被水流带出，能起到反滤作用。细砂料与黏土之间的过渡层采用细砂料与黏土的混合料，混合比为 1:1。

模型填筑采用分层填筑的方法，为了控制每次的填筑高度，在填筑开始前在有机钢化玻璃外壁上标出高度，以 10cm 为一格，左右两侧每隔 0.5m 做一标高。具体制作过程如下。

（1）进行细砂料填筑，在环境箱后侧堆填细砂料，如图 3.24 和图 3.25 所示。由于细砂较为松散，填筑到一定厚度夯实时采用器具不易操作，因此进行人工踩压。

图 3.24 细砂料填筑

图 3.25 细砂料填筑完成

（2）为保证模型制作质量，进行分层填筑，控制每次填筑厚度为 30cm。采用定体积定质量的方法以保证设定的密度。坝体细砂料填筑完成后，考虑到上游是与防渗黏土斜墙相连的，因此需铺设一层混合料作为反滤层，厚度约为 10cm，附于细砂料上游面，控制上游坡比为 1:2。

（3）最后进行黏土斜墙的铺设。控制填筑厚度每次为 10cm。填筑过程下游依附于已完成的反滤砂土料上，控制上游坡比为 1:2.5（由于填筑是分层进行的，控制每层坡比较为困难，待填筑整体基本完成后进行整体削坡塑形），最底层的填土长度为1m。填筑过程共分12层，第1～10层控制高度均为10cm，且下游依附于反滤层，第11层厚度为11.5cm，下游依附于反滤层，第12层厚度为3.5cm，此时高度已高于砂卵石料的填筑高度，因此需控制下游坡比与砂卵石料一致为1∶2。据此，模型坝顶宽度可控制约为30cm，与实际坝体坝顶宽度的比值为1∶28。

（4）由于在填筑过程中埋设仪器会影响到填筑质量，也可能会损坏仪器，因此在模型整体填筑完成后进行仪器的埋设安装（位于砂土层的1个渗压计在砂土填筑完成后即进行安装埋设）。安装时为尽量减小对土层的扰动，在埋设部位用环刀钻出一部分土形成埋设坑，安装完成后再覆盖填埋。

（5）为保证试验模型的填筑质量，每层填土量的多少需要得到一定控制，在每层填土完成时用水平标尺比对，以两侧标高为限，使填筑面水平且高程达标。填筑完成后模型侧视图见图3.26。

图3.26 模型填筑完成侧视图

（6）在模型上方安装两个照明供暖设备，用以模拟试验的干燥过程。为保证坝坡以及坝前铺盖受热尽可能相同，铺盖上方的供暖灯安装高度低于坝坡处，如图3.27所示。

4. 仪器安装

试验需要用到的仪器包括土压力计、渗压计以及基质吸力传感器。其中渗压计共计9个，铺盖层中部埋设2个，靠近坝脚处埋设2个，斜墙下游底部埋设2个，斜墙中部埋设2个，斜墙后砂土底部埋设1个；土压力计共计6个，分别埋设在黏土斜墙上部、中部与底部（由于试验中土压力计埋设难度较大，测值不够准确，只以此定性反映土压力的变化）；基质吸力传感器共计5个，分别埋设在铺盖中部，铺盖靠近坝脚处，斜墙下游底部，斜墙中部以及坝顶处。对于铺盖层的渗压计与基质吸力传感器，统一埋设于同一水平高度，距铺盖表面 30cm 处，且将渗压计埋设于基质吸力传感器的下游侧；黏土斜墙内的三种仪器分底部、中部与上部，均在同一水平高度，土压力计位于上游侧，渗压计位于下游侧，如图 3.28 和图 3.29 所示。

图 3.27　干燥设备

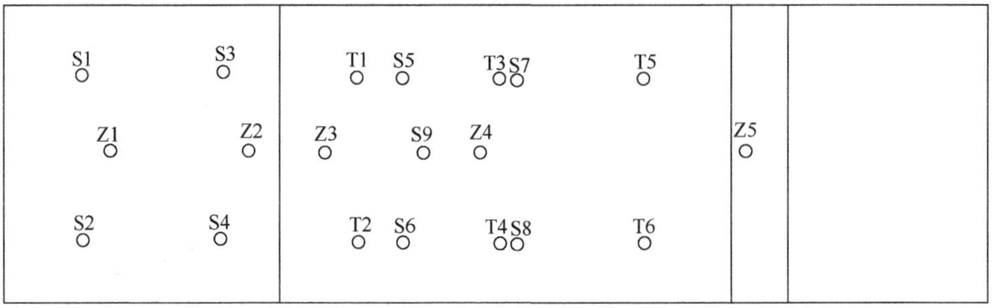

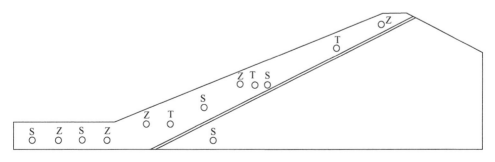

图 3.28　仪器埋设平面图

图中 S 代表渗压计；T 代表土压力计；Z 代表基质吸力传感器

图 3.29　仪器埋设剖面图

各仪器埋设准则：铺盖层仪器上下部均至少保留 5cm 厚土层，相邻仪器也至少留有 5cm 的间距。铺盖中部的仪器主要用于观测旱涝急转工况下铺盖防渗性能变化；铺盖近坝脚处的仪器主要用于监测旱涝急转情况下铺盖与斜墙的连接情况；斜墙底部的渗压计与基质吸力传感器用于分析斜墙在旱涝急转情况下孔压变化及受旱情况，而斜墙内的土压力计可用于观测旱涝急转情况下土体开裂对强度的影响；砂土中的渗压计主要用于观测防渗体防渗性能变化。

仪器埋设：除砂土中埋设的 1 个渗压计在黏土未填筑时即埋设完成外，其余各仪器均在模型填筑完成后进行埋设。采用环刀挖取直径大约 5cm 的圆形坑，坝前铺盖处深度为 30cm，坝坡底部深度为 20cm，中部为 15cm，上部及坝顶处为 10cm。所有仪器在埋入后需将原土覆盖，由于埋设坑较小，可用木棍将挖坑捣压密实，尽量使外观与埋设前无异。为保持模型外观的整齐与美观以及防止试验后期进行干燥环境模拟后的蓄水过程会有水流直接沿着仪器数据采集线接触到仪器而影响试验数据的准确性，在铺盖、斜墙底部以及中部挖三个沟槽，将同处于一个横剖面上仪器的数据线由沟槽引至环境箱外壁处，紧靠外壁引出，如图 3.30 所示。

图 3.30　仪器埋设整体图

各监测仪器均由前端传感器与后端数据传输线组成，在埋设仪器时需注意合理调整仪器的摆向方位，渗压计以及基质吸力传感器均竖向埋设，土压力计需水平向埋设。将数据线理顺并标上编号连接上数据采集装置，将监测数据导入计算机中进行采集。

3.2.3　试验过程

1. 第一阶段

进行第 1 次坝前蓄水，刚开始蓄水时水位上升速率不宜过快，以湿润坝体为主，10:00 开始蓄水，蓄水 40min，水位达到 40cm 时停止（图 3.31）；静置约 2h 后于 12:45 开始第 2 次蓄水，控制水位上升 20cm 停止（图 3.32）；静置 2h 后于 14:45 进行第 3 次蓄水，控制水位上升 20cm 后停止；后一天 9:30 开始第 4 次蓄水，直到坝前水位达到 1.2m 时停止（图 3.33）。

图 3.31　前端开始蓄水　　　　　图 3.32　前端淹没铺盖

图 3.33　前端水位达到 1.2m

停止蓄水后需进行一段时间的观察，大约进行 1h，从有机钢化玻璃外侧观察坝体是否有直接渗流现象，以及是否出现垮塌现象，再进行大约 2h 的观察，看试验模型库区是否能够起到蓄水作用。若发现此类问题立刻停止试验，确保试验结果的可靠性。对蓄水过程中模型内的传感器监测数据进行采集（各监测仪器数据的采集设置为每小时采集一次，采集结果统一存储于计算机中），作为第一阶段试验监测数据。

2. 第二阶段

降雨停止观察一段时间发现无异常后，观察渗压计监测数据变化情况，若在一定时间内所有监测数据一直出现某一变化趋势，则再对降雨后的模型进行一段时间的观察，理想情况为所有渗压计监测数据维持在某一恒定值或无明显变化（形成稳定渗流场），若一直无法达到该状态（等待时间最多为2d），则人工将坝前积水排出，打开位于环境箱上方的供暖灯，保证环境箱内的温度不低于30℃（由于试验在冬天进行，环境箱空间较大，因此上覆彩条布进行保温处理，如图3.34所示），同时打开风机（风机与供暖灯集成在同一设备上），通过光照与风力结合加快水分蒸发。由于坝前积水较多（即模拟库区），蒸发至库区露出铺盖层需要较长一段时间，在这段时间随着水位的下降，上游黏土坝坡的水分将最先蒸发，因此会最先出现开裂的情况，在该阶段，每天定时拍照，记录裂缝发展情况。干燥4d后人工量测土体含水率，查看烘干效果。干燥过程中，数据采集系统将每隔2h对监测仪器的监测数据进行采集，并对应相应日期、时刻统一保存，便于试验后期的数据分析。

图 3.34 照明设备及模型覆盖

干燥过程进行20d后，裂缝已较为发育（图3.35），其中以铺盖坝坡连接段与坝坡中部为主（图3.36），部分基质吸力传感器数据迅速上升，数值达到900kPa左右，认为有裂缝已贯穿至仪器周围，此时考虑停止干燥过程。为了进一步验证裂缝是否已贯穿至足够深度，在裂缝发展较宽部位挖取探坑查验裂缝深度，选取部位为铺盖坝坡连接段与坝坡中部，如图3.37所示。经量测，坝坡中部裂缝深度发育已超过30cm，铺盖坝坡连接段深度超过20cm，可以确定停止干燥过程。

第3章 极端干旱后黏土斜墙坝渗流性态模型试验

图 3.35 裂缝整体发育图

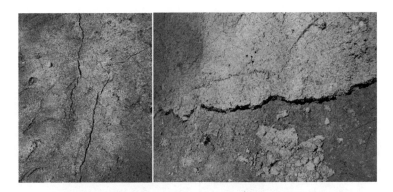

图 3.36 铺盖坝坡连接段（①）与坝坡中部（②）裂缝

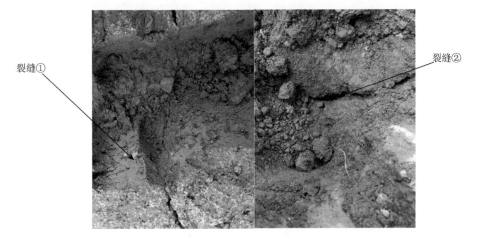

图 3.37 铺盖坝坡连接段裂缝深度（左）与坝坡中部裂缝深度（右）

3. 第三阶段

干燥完成后将供暖灯拆除，准备进行降雨试验。打开降雨管路阀门，调节流量，初始选择的降雨量为 1.5m³/h，但降雨进行到 5min 时，发现雨水沿有机玻璃外壁滑落时对模型周边有严重的冲刷现象，对此使降雨强度下降到 0.8m³/h，此外为了避免喷洒时雨水对裂缝的冲刷，尽量将喷头喷洒轨迹绕过裂缝，如图 3.38 所示。降雨的控制面积仍然主要维持在坝体上游及库区部位，尽量不使雨水洒到下游砂卵石料坝体区域，虽然下游设置了排水孔，但模型的砂卵石料填筑工艺较难达到致密的程度，内部水体的流动对其稳定不利。在该降雨过程中可将各传感器的数据采集间隔调整为 10min。降雨进行至 20min 时，为模拟水位快速上升，在模型最前端进行蓄水，过程进行至 50min 时，坝前铺盖已被淹没；过程进行至 2h，水位上涨至 0.8m，此时停止降雨及蓄水过程，查看模型整体稳定状况；静置 2h 后恢复降雨及蓄水，水位在 1h 后上涨至 1m，此时再次停止降雨，在保证模型安全的情况下观察数据变化；时隔 20h 后，水位有所下降，此时仅通过降雨使水位上升至 1.05m，如图 3.39 所示。

图 3.38　降雨模拟　　　　　　　　图 3.39　水位达 1.05m

由于本次模型试验模拟的是黏土斜墙防渗，主要研究的是防渗体防渗性能变化，但可能由于黏土斜墙较单薄以及模型制作工艺不达标等情况，出现尚未形成较稳定渗流场上游坝坡已滑塌的现象，而在实际工程中若出现上游滑塌情况，势必要控制水位上涨，因此在降雨过程中，若发现出现较大裂缝以及随后的土体滑移情况，要及时控制降雨量，必要时需进行人工排水。与第一阶段类似，试验过程中不管是上部的模拟降雨还是上游侧水的入渗，在坝体下游砂卵石部均会出现少量积水，为确保坝体的稳定，以及降低下游水头、维持稳定渗流场，需将下游侧排水孔打开，及时排出下游积水。

降雨达到一定强度，库区水位持续上升。当降雨停止，水位达到上限值，且经过 1~2d 的静置，水位无明显下降，那么试验结果可得到旱涝急转后稳定渗流场；若水位不能维持较长一段时间，那么试验结果可用于分析旱涝急转后防渗体的破坏情况。

3.2.4 试验结果分析

1. 蓄水初期

（1）试验初期蓄水阶段各部位孔隙水压力变化如图 3.40 所示。

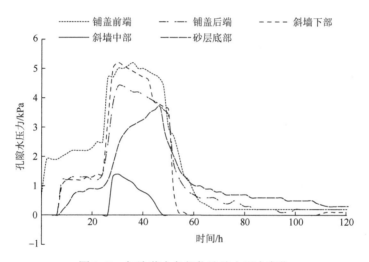

图 3.40 初次蓄水各部位孔隙水压力变化

由图 3.40 可以看出，随着水位的上升，铺盖前端的孔隙水压力最先产生变化，并先以较快的速度上升后缓慢上升，这是由于蓄水过程是先将模型最前端宽 1m 区域水位蓄至与铺盖齐平。随后水位继续升高，铺盖后端孔隙水压力约 6h 后产生变化，并且除了铺盖前端外，其余各渗压计均在同一时间产生了变化，这主要是由于积水已经淹没铺盖，而铺盖前端的水尚未渗入后端，渗压计数值的变化是坝前及铺盖上部水压所致。在积水淹没铺盖后停止蓄水约 18h，使得各渗压计数值出现接近水平的一段，随后的蓄水使水位快速上升，除斜墙中部的渗压计外，各渗压计数值均增长较快，斜墙中部的渗压计由于位势较高，不管是变化速率还是幅度均小于其余部位。在水位达到最高处时，模型箱钢化玻璃接缝处有漏水现象并且部分水穿过坝体流到坝后，使得水位不能一直维持在最高水位，出现些许下降，从而导致各渗压计数值出现小幅度下滑现象。当试验进行到 50h 时，人为将坝前积水抽出，使水位快速下降，从而导致各处孔隙水压力出现骤降。水位下降时，依然是斜墙中部的孔隙水压力最先变小，由于此处渗压计埋设位置离最高水位较近，因而能快速降为 0kPa。位于砂土料底部的渗压计在水位骤降时砂土的渗透系数较大，渗压计周围的水能快速经砂土排到坝体下游，因而孔隙水压力下降稍快一些。总体而言，各处孔隙水压力基本符合渗流规律。

（2）试验初期蓄水各部位土压力变化如图 3.41 所示。

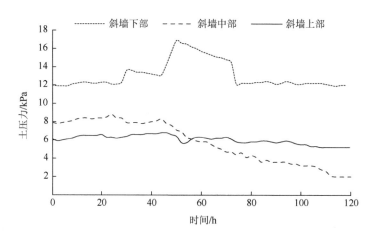

图 3.41　试验初期蓄水时各部位土压力变化

由图 3.41 可以看出三处土压力值有不同的变化趋势：首先对于斜墙上部而言，在蓄水前后土压力计上覆土体含水率未发生较大变化，从而土重没有明显改变，使得土压力值基本维持在一个稳定值；其次对于斜墙中部，在蓄水过程后，下部细砂料出现了湿陷现象，使得土层出现松动，并在坝坡中部形成了些许不均匀沉降缝，导致中部的土压力值发生很大变化，随着时间的推移，沉降缝上下两部分之间的应力越来越小导致中部土压力值不断减小；最后对于斜墙下部，填料均为黏土，砂土湿陷影响不到此处土压力值，在蓄水过后，坝体含水率出现较大变化，改变了土压力计上覆土重，使得土压力值出现增大的情况，随后土体内的水流出，并通过砂土层排出，土体自重减小，土压力随之减小。

（3）试验初期蓄水时各部位基质吸力变化如图 3.42 所示。

由图 3.42 可以看出，各处的基质吸力在初次蓄水时间段内均呈现下降趋势，其中铺盖层的基质吸力受到铺盖前水位影响（人为抽水时水难以全部排出）且土体内水较难排出，吸力值整体变化不大，变化幅值在 10kPa 左右；黏土斜墙土体的含水率主要受坝前水位影响，水位快速变化时含水率变化也较快，吸力变化幅值在 20~30kPa；坝顶处尽管坝前水位难以达到，但由于填埋时土体潮湿，在静置过程中土体内原有少量水会下渗,使基质吸力传感器周围土体含水率产生变化,导致基质吸力值变小。另外,试验过程中会有试验人员在坝顶进行相关工作,不断踩压土体,土体积变小,从而体积含水率变大,基质吸力变小。

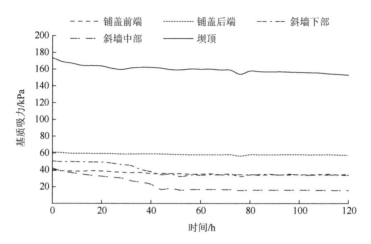

图 3.42 试验初期蓄水时各部位基质吸力变化

2. 干旱阶段

(1) 试验模拟干旱阶段,各部位孔隙水压力变化如图 3.43 所示。

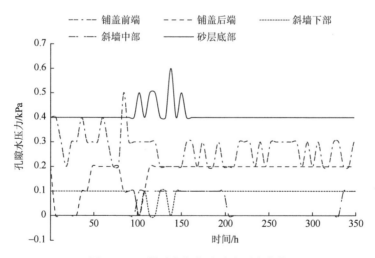

图 3.43 干燥时各部位孔隙水压力变化

由图 3.43 可以看出,在干燥期间,除了铺盖与砂层底部外,其余各部位孔隙水压力均接近 0kPa。试验模型箱前后两段在干燥过程中均有一定的水位，但水位比较低，此外在烘干过程中蒸发的水汽会在上覆帆布上凝结，最终滑落到模型箱两端，使得不断有水从铺盖前端流入，继而又蒸发掉，虽然水量较少但较小的黏土渗透系数引发一定的滞后性促成这一循环的产生（铺盖前端孔隙水压力变化），而对于坝体后砂土而言，虽也会有水位的变化，但砂土渗透系数较大，基本不存在波动现象。

（2）试验模拟干旱阶段，各部位土压力变化如图 3.44 所示。

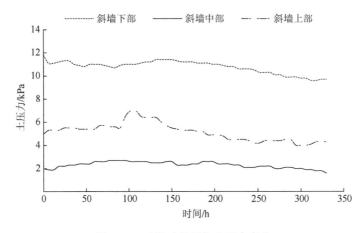

图 3.44 干燥时各部位土压力变化

由图 3.44 可以看出，与初次蓄水时相比，经历过砂土湿陷沉降后斜墙中部土压力计读数由原先的 0kPa 变为 2kPa，其余各处土压力值无太大变化，基本维持在一个稳定状态。干燥过程中各处土体承受的土压力越来越小，这与水分的蒸发有关。在干燥过程进行到大约 4d 时进行了人工测量坝坡含水率，此时由于需要在坝体上走动，因而使得土压力计测值出现了一些波动，随后缓慢降低。

（3）试验模拟干燥阶段，各部位基质吸力变化如图 3.45 所示。

由图 3.45 可以看出，铺盖前端的基质吸力在干燥阶段以稳定的增长速率持续增加，但增长幅度比较小，这主要是由于铺盖前端含水率一直以来比较高。铺盖后端基质吸力先出现一定的增长后维持在一个相对稳定水平，这是由于在干燥时铺盖与斜墙连接段出现了裂缝，降低了铺盖后端的含水率，使得基质吸力增大，而随着干燥的进行，由于基质吸力传感器埋设较深，加之铺盖前端有水补给，周围土体含水率较难再受干燥影响，使得基质吸力维持在一个相对稳定水平，裂缝的出现也使得该处基质吸力较易受昼夜温差影响，呈现较频繁的波动。斜墙下部的基质吸力同样也受到铺盖与斜墙连接段裂缝影响，裂缝促使吸力较快增长，裂缝稳定后此处的基质吸力则呈现缓慢增长现象。从图 3.45 中曲线的变化情况可以看出，斜墙中部基质吸力的增长速度远大于其余各部位，且随着干燥的进行，其增长速度越来越快，这主要是由于干燥时坝坡中部裂缝最为发育，干燥初期裂缝较少，斜墙中部的基质吸力增长较慢，干燥一段时间后，裂缝深度宽度均变大，导致基质吸力快速变大。对于坝顶而言，由于干燥时没有供暖灯的直射，该部位含水率变化较慢，基质吸力无太明显变化。进入干燥后期，由于土层较薄，含水率基本已无变化，而基质吸力出现细微增长，原因在于坝顶出现了较为细小的裂缝，细微裂缝对吸力值产生影响，促使基质吸力发生变化。

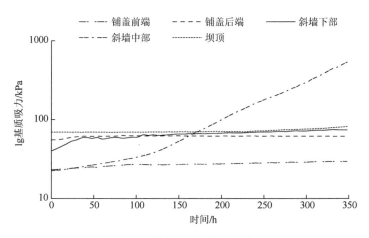

图 3.45 干燥阶段坝顶基质吸力变化

3. 旱涝急转阶段

（1）试验旱涝急转阶段各部位孔隙水压力变化如图 3.46 所示。

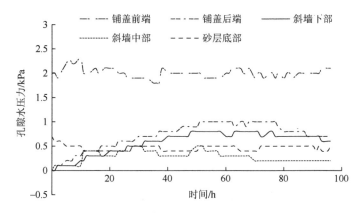

图 3.46 旱涝急转阶段各部位孔隙水压力变化

从图 3.46 可以看出，各部位孔隙水压力变化幅度均不大，这主要是由于此刻渗流为非饱和渗流，并且由于裂缝的发展，水流会最先选择通过裂缝，其次才渗入土体孔隙。对于铺盖前端而言，随着水位的变化，该处孔隙水压力变化较大，水流可以从铺盖前端以及铺盖上部渗入土体，因而孔隙水压力值相对大。铺盖后端由于连接段有裂缝发育，在降雨蓄水时水流很快沿着裂缝下渗，导致铺盖后端渗压计处孔隙水压力产生变化，而此时渗流为非饱和渗透，土体渗透系数很小，裂缝中的水流难以进入土体中，从而表现出较小的孔隙水压力。斜墙下部同样位于连接段裂缝附近，变化规律与铺盖后端类似，但由于埋设位势稍高，孔隙水压力值比铺盖后端小。斜墙中部的表面裂缝较为发育，水流最先充满缝隙，随后由缝隙入渗至土体中，相比较其他部位，孔隙水压力最先出现减小趋势，孔隙水压力的变化受水位影响较为显著。在降雨过程中，会有雨水直接落至坝后砂土层，而砂土渗透系数较大，水流很快汇集到最底层，提高砂土层中的浸润线，使得孔隙水压力有所增大；随着降雨的进行，环境箱后端的积水会逐渐升高，人为进行排水后使水位降低，从而降低了砂土中的水位，如此反复，造成砂土中孔隙水压力的波动。

比较试验两个阶段稳定时各部位孔隙水压力大小（表 3.4），发现经历过干旱后的土体的渗透系数会减小很多，蓄水同等时间时土体内部的孔隙水压力会变小。虽然干旱后裂缝较为发育，但在一定深度下裂缝未贯穿区域孔隙水压力相较早前会减小。

表 3.4　试验两个阶段稳定时各处孔隙水压力值　　（单位：kPa）

阶段	铺盖前端	铺盖后端	斜墙下部	斜墙中部	砂层底部
初次蓄水	5.2	4.2	4.0	0.7	3.3
二次蓄水	2.3	1.0	0.8	0.5	0.5

（2）试验旱涝急转阶段各部位土压力变化如图 3.47 所示。

由图 3.47 可以看出，经历过降雨蓄水后坝坡各部位土压力均有不同程度的增大，其中斜墙下部增长幅度最大，其余两处增长较小，就数值而言，斜墙下部的土压力最大，斜墙中部的土压力最小，这是由于下部承受整个斜墙大部分的压力，而中部由于原先裂缝较发育，使得埋设渗压计的部位存在卸荷现象，即使在降雨过后裂缝表面有一定程度的愈合，但此区域土体的整体性无法再回到裂缝开展前，因而土压力值依旧较小。

比较试验四个阶段的土压力大小（表 3.5），发现在模型填筑完成时，由于各部位都进行了碾压，土压力均比较大，初次蓄水后水的入渗使得砂土产生湿陷，土压力均有所减小，其中斜墙中部由于产生了沉降缝，土压力减小幅度较大，经历过干旱后各部位土体含水率减小，土压力也随之减小，随后的降雨蓄水过程又使得含水率增大，土压力也随之增大。

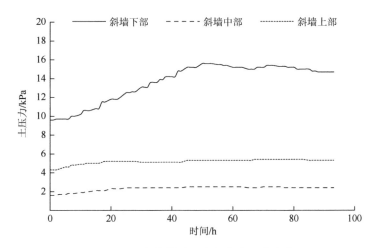

图 3.47 旱涝急转阶段各部位土压力变化

表 3.5 四个不同阶段土压力值 （单位：kPa）

部位	初次蓄水前	初次蓄水后	干旱后	降雨蓄水后
斜墙下部	12.1	11.8	9.6	14.3
斜墙中部	7.9	2.1	1.6	2.4
斜墙上部	6.1	5.1	4.3	5.3

（3）试验旱涝急转阶段基质吸力变化如图 3.48 所示。

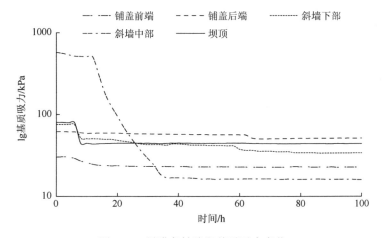

图 3.48 旱涝急转阶段基质吸力变化

由图 3.48 可以看出，在降雨蓄水时，模型各处的基质吸力均会减小，铺盖层的变化幅度不大，这是由于试验中铺盖层裂缝发育程度低；斜墙下部与中部的变化幅度较大，主要是因为试验中斜墙裂缝较为发育，积水直接沿裂缝渗入使土体含水率降低，从而基质吸力降低。结合此时的渗流情况，对于基质吸力变化较平缓的坝前铺盖，此时的孔隙水压力值变化不大，而对于基质吸力变化较大的斜墙中部，此时的孔隙水压力也产生了较大改变，且大于初次蓄水时的孔隙水压力，从而可以认为基质吸力的改变实际反映的是渗透系数的改变。

3.3 离心模型试验

为直观反映存在裂缝过程防渗体中湿润锋的运动以及高水位下的水力劈裂情况，同时规避黏土防渗体渗流耗时很长的问题，本节通过离心模型试验直观地反映渗流前后裂缝的差异，以及通过孔隙水压力变化反映模型内部渗流过程。

3.3.1 相似性分析

无论是 1g 常应力小比尺模型试验、足尺试验还是离心模型试验，都需要明确原型的物理、力学作用过程，针对研究的重点控制其变化条件，忽略对研究内容影响较小的因素，突出研究中的主要矛盾。对旱涝急转离心模型试验的相似准则进行分析，应首先考察旱涝过程离心模型试验的基本影响因素以及试验过程各研究对象的物理、力学过程。

水在土体中的流动遵循达西定律：

$$v = ki \tag{3.3.1}$$

式中，v 为渗流速度，m/s；$i = \dfrac{h_2 - h_1}{L}$ 为水力梯度，h_1 和 h_2 均为水头，L 为渗径；$k = K\dfrac{\rho_w g}{\mu}$ 为渗透系数，K 为渗透率，ρ_w 为水的密度，kg/m³，g 为重力加速度，μ 为水的黏滞系数。

模型与原型的渗流速度之比可表示为

$$\frac{v_m}{v_p} = \frac{K_m \dfrac{\rho_w g_m}{\mu_m} i_m}{K_p \dfrac{\rho_p g_p}{\mu_p} i_p} \tag{3.3.2}$$

式中，下标 m 代表模型；下标 p 代表原型。对比 v_m 与 v_p 可知，K 为土体的固有属性，当模型与原型所用土体为同一种时，K 保持不变。同样 μ 为水的固有属性，原型与模型保持一致。

设模型与原型的尺寸比 $1:N$，则

$$i_\mathrm{m} = \frac{(h_2 - h_1)/N}{L/N} = \frac{h_2 - h_1}{L} = i_\mathrm{p} \tag{3.3.3}$$

$$g_\mathrm{m} = Ng_\mathrm{p} \tag{3.3.4}$$

将式（3.3.3）与式（3.3.4）代入式（3.3.2），可得

$$\frac{v_\mathrm{m}}{v_\mathrm{p}} = \frac{g_\mathrm{m}}{g_\mathrm{p}} = N \tag{3.3.5}$$

即模型与原型的渗流速度之比为 $N:1$。

根据渗流速度与入渗深度的关系：

$$t = \frac{\mathrm{d}h}{\mathrm{d}v} \tag{3.3.6}$$

式中，h 为入渗深度，m；t 为渗流时间，s。

可得到模型与原型的渗流时间之比为

$$\frac{t_\mathrm{m}}{t_\mathrm{p}} = \frac{\mathrm{d}h_\mathrm{m}}{\mathrm{d}h_\mathrm{p}} \times \frac{\mathrm{d}v_\mathrm{p}}{\mathrm{d}v_\mathrm{m}} = \frac{1}{N} \times \frac{1}{N} = \frac{1}{N^2} \tag{3.3.7}$$

即模型与原型的渗流时间之比为 $1:N^2$，离心模型试验中模型与原型其他各物理量的相似关系如表 3.6 所示。

表 3.6 离心试验相似率（模型/原型）

物理量	相似率	物理量	相似率
加速度	N	尺寸	$1/N$
质量	$1/N^3$	应力	1
应变	1	流速	N
时间	$1/N^2$	含水率	1
位移	$1/N$	密度	1

本次离心试验中涉及裂缝宽度这一参数，根据文献中对裂缝发育过程的分析，裂缝宽度扩展表现为裂缝两侧土体位移量的变化[1-3]，根据表 3.6，位移的相似率为 $1/N$，因此裂缝宽度的相似率也为 $1/N$。考虑渗流影响时，裂缝深度参数比裂缝宽度参数更重要，裂缝深度即为裂缝尖端与地表之间的距离，相似率为 $1/N$。裂缝持续变化时，裂缝的发育深度是否增大取决于土体中某一深度处的应力与抗拉强度的大小关系[4-6]，这两个量的相似率为 1，因此模型与原型中判断裂缝是否扩展的标准是一致的。从广义上讲，土体含水率降低过程中出现裂缝，自然状态下

土体水分蒸发使含水率降低，蒸发过程与外部环境（温度、湿度）及土体自身性质相关，近似认为外部环境基本一致，土体自身性质相似率为 1，因此蒸发条件的相似率为 1，但含水率降低的形式包括蒸发与下渗，基于渗流速度考虑的下渗过程的相似率为 $1/N$，所以严格来说模型与原型上裂缝的产生存在差异。

3.3.2 试验系统

1. 试验设备

试验采用南京水利科学研究院 $60g·t$ 中型土工离心机，如图 3.49 所示。该离心机有效半径为 2.24m，加速度范围为 5～200g±0.5%F.S.，有效载重为 300kg，挂篮空间为 0.9m×0.8m×0.8m。离心机中配备有 40 路信号滑环、20 路功率滑环和 8 路视频滑环。数据采集系统配备有 60 个测量通桥、-2～2V 电压信号及铂电阻温度信号测量，另外 20 通道，可完成-10～10V 电压信号的测量，采集器通过 SNET 网络与计算机内采集卡实现数据通信，可在试验过程中对模型的变形、土压力、孔压等物理量进行实时测量。试验所用模型箱尺寸为 950mm×450mm×300mm，模型箱一侧为钢化玻璃制成，该侧搭载了摄像系统，可以完成对离心机室、模型箱等部位的监视及全程录像，采用 EverFocus 软件，利用固定高清摄像头进行录像（图 3.50），可以对边坡及网格线的变形情况进行即时的观察和分析。

图 3.49　$60g·t$ 中型土工离心机

2. 模型填筑

试验过程中所用土体材料为黏土和细砂，黏土材料参数与 2.3.1 节中相同，试验填筑控制黏土干密度为 $1.6g/cm^3$。试验模型底部为细砂模拟的透水层，上部结构为铺盖及斜墙，斜墙后面为细砂模拟的透水体。根据《碾压式土石坝设计规范》

（SL 274—2020）中的要求[7]，铺盖的厚度自上游向下游逐渐加厚，一般以 0.1 倍水头考虑，最小不低于 1m，本次离心试验中模拟最大水头为 26m（对应校核洪水位），相应铺盖厚度为 2.6m，换算至试验中仅为 2.6cm，由于试验目的在于研究裂缝对渗流的影响，对裂缝尺寸的关注大于铺盖厚度，为反映干缩裂缝在渗流过程中变化情况，刚形成的裂缝不能贯穿铺盖，铺盖不考虑按原型设置，对其进行加厚处理。模型底部透水层厚度为 50mm，铺盖段长度为 280mm，厚度为 80mm，斜墙坡比为 1∶2，底端厚度与铺盖相同，顶端厚度为 50mm。模型内部共埋设孔隙水压力传感器 14 个，沿模型上下游方向分两排布置，在同一剖面上底部透水层有 2 个，分别位于铺盖中部与斜墙下部；铺盖层中有 3 个，分别位于前端、中部与后端；斜墙内有 2 个，均贴近过渡层。模型尺寸及传感器埋设位置如图 3.51 所示。

图 3.50 监控摄像

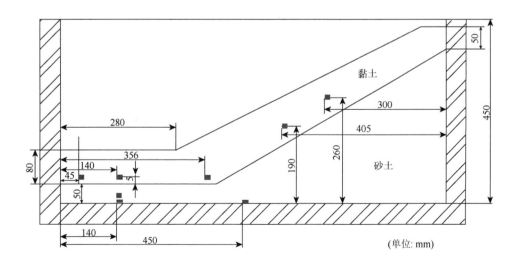

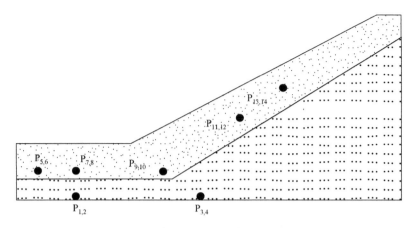

图 3.51　模型尺寸及传感器埋设位置

为保证填筑质量，将铺盖与斜墙分开填筑。填筑过程中铺盖与斜墙之间设置隔板，土层每填筑至一定高度将所需的传感器埋入，如图 3.52 所示。首先设定一个高度线，按预设干密度计算所需土量，称取相应重量的土倒入模型进行碾压，土层表面碾压至预设高度线时即认为干密度满足要求，完成一层土填筑后将表面打毛进行下一层土填筑，填筑完成的模型如图 3.53 所示。

图 3.52　模型填筑过程

3.3.3　试验过程

本次试验主要模拟旱涝急转工况下黏土防渗体（斜墙及铺盖）裂缝变化及内部渗流情况。具体试验过程如下。

（1）初期蓄水过程（形成稳定渗流场）：将模型箱固定于挂篮上，安装并调整摄像机位置。为防止加水过程中水流对模型表面的冲刷，在模型表面铺一层土工布，在1g条件下将水位升至预定水位线处（图3.54，模型水深260mm），然后将离心机加速度从1g升至100g。模拟原型渗流时长为1.5a，计算模型试验时间约为1.5h。

 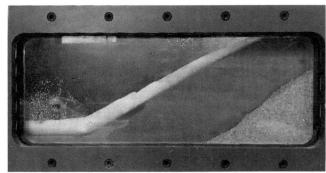

图3.53　填筑完成的模型

图3.54　试验初期蓄水

（2）干旱过程（促使裂缝生成）：由表3.6相似率讨论显示，裂缝的发育过程在模型与原型一致，因此停机将模型箱内的水排出，在模型箱顶部采用光照加热坝坡土体进行干燥。光照温度通过距离来控制，据实测，当光源距离土体12cm时，土体表面温度可稳定在40℃左右，停水阶段试验过程将始终保持在这个温度用于干燥土体。由于原型工程中坝体裂缝是在水位逐渐下降的情况下受旱约两个月形成的，但模型试验中直接将水排出且持续不断受旱，因此模拟时间相应缩短,参照选取20d，计算模型试验时间为30min，试验结束后停机，观察并测量裂缝基本参数。

（3）旱涝急转过程：在1g条件下将水位升至预定水位线处（模型水深260mm），然后将离心机加速度从1g升至100g。模拟原型总渗流时长为1a，计算模型试验时间约为50min。

3.3.4 试验结果分析

1. 试验现象

1）初期蓄水阶段

图 3.55 为模型完成初次蓄水后的状态，可以发现第一阶段过后模型在水位线以下坝坡及铺盖出现泡软褶皱，但表面基本平整。水位线附近坝坡出现塌陷，属于有水压作用与无水压作用下的土体不均匀变形，为防止此处不均匀变形产生的裂缝影响后续研究，将裂缝用同种黏土填充，并将表面抹平。从图 3.55（b）可以看出，模型浸润线与过渡层面相交处位置较低，表明斜墙防渗性能较好。

(a) 初期蓄水后土体表面　　　　　　　(b) 渗流稳定后浸润线位置

图 3.55　初次蓄水后模型

2）受旱阶段

图 3.56 为模型受旱后的形态，此时干缩裂缝已出现。坝坡土体更接近热源且上部水体自然下渗，使得铺盖层含水率大于坝坡土体，导致铺盖层裂缝发育较少。在铺盖与斜墙连接部位，由于土体收缩方向改变（铺盖层土体在水平方向收缩，斜墙段土体沿坡面方向收缩），连接部位出现横向裂缝，该现象在 1∶28 水槽模型试验中同样出现。实际上，产生如图 3.56 所示裂缝时土体含水率并非很低，也就是说持续的干燥过程还会使得裂缝拓宽。根据第 2 章内容，裂缝宽度扩展与土体干密度、土水特征曲线有关，原型工况中裂缝宽度可以达到厘米级，但由于裂缝宽度扩展过程中深度也在发育，为使深度发育不足以贯穿防渗体，在裂缝发育至肉眼可见时停止干燥过程。模型试验中裂缝的最大宽度约为 3mm。

(a) 坝坡裂缝　　　　　　　　　(b) 铺盖裂缝

图 3.56　受旱后裂缝生成

3）旱涝急转阶段

从图 3.57 可以看出，经受旱涝急转工况后坝坡面的裂缝基本愈合（坝坡上部处于水位之上，裂缝未发生变化），而铺盖上的裂缝依旧存在。在渗流初期高水头作用下，土体为非饱和，外部水压作用的一部分由内部孔压承担，另一部分由土骨架承担，坝坡土体受到垂直于底面的水压力作用，土体含水率增大，由于土体湿胀，原先的裂缝愈合一部分，水压作用挤压裂缝上部土体也会促使裂缝愈合。铺盖由于平行于底面布置，受到水压作用使土体垂直底面变形，顶部裂缝宽度不会因此而减小。若铺盖裂缝严格垂直于底面发育，则在高水位作用下裂缝沿深度方向的各断面宽度不会因土体变形而减小，但实际过程中裂缝是曲折发育的，除顶部外，裂缝各断面会受土体的挤压而愈合，从图 3.57 也可以看出，铺盖上的裂缝表面形态未出现太大变化。在该阶段，由于水进入裂缝会带入一部分松散颗粒，这些颗粒聚集在裂缝中填充了裂缝空间，这也可看作裂缝愈合的一部分原因。

由于浸润线运动轨迹的不规则，浸润线变化的定量分析难以进行，因此对其描述仅为定性分析。从图 3.58 可以看出，存在裂缝的旱涝急转过程中斜墙浸润线不断抬高，后期透水体内水位也在上升（离心加速过程中坝后未打开排水孔）。裂缝的存在严重削弱了黏土体的防渗性，加速 2min 时浸润线已超过初期蓄水阶段的稳定状态，5～10min 时浸润线的位置无太大变化，可认为该阶段的内部渗流场处于稳定状态，但 10～15min 过程上游水流已流入坝后透水体，在 26min 时上游水位与透水体中的水位已齐平，表明黏土防渗体已完全丧失防渗性能。

(a) 模型整体　　　　　　　(b) 坝坡　　　　　　　(c) 铺盖

图 3.57　旱涝急转后模型形态

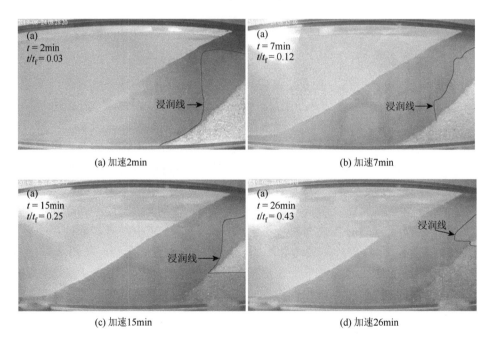

(a) 加速2min　　　　　　　　　　　　　(b) 加速7min

(c) 加速15min　　　　　　　　　　　　　(d) 加速26min

图 3.58　旱涝急转过程浸润线变化

t 表示稳定加速时长；t_f 表示稳定加速总时长

2. 孔隙水压力分析

试验中每一秒采集一个数据，图 3.59 和图 3.60 分别为初期蓄水阶段与旱涝急转阶段的模型内各部位孔隙水压力变化图。

第 3 章 极端干旱后黏土斜墙坝渗流性态模型试验

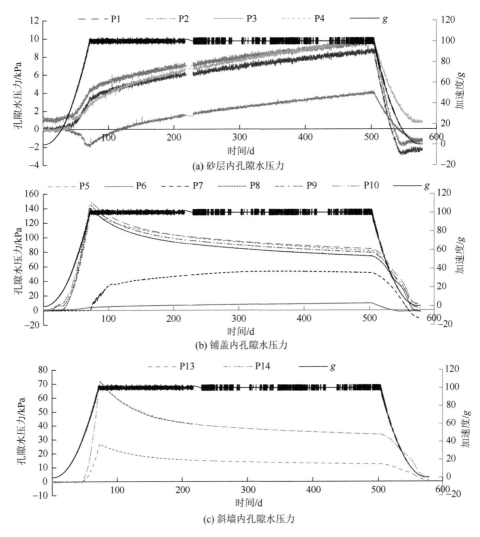

图 3.59 初期蓄水阶段模型内各部位孔隙水压力

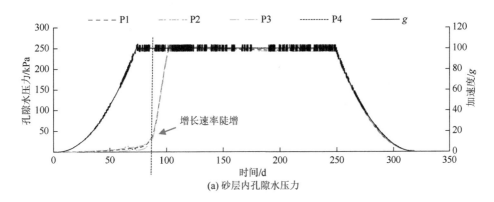

(a) 砂层内孔隙水压力

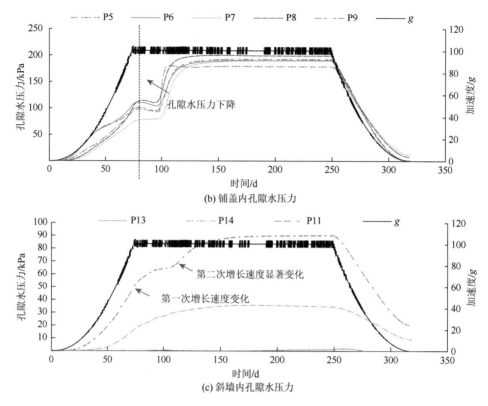

图 3.60 旱涝急转阶段模型内孔压变化

前期随着加速度逐渐增大，各部位孔隙水压力也随之增大。当加速度达到最大值 100g 时，各处孔隙水压力变化为原型水库蓄水时大坝孔隙水压力变化过程。

初期蓄水阶段，从图 3.59（a）可以看出，试验进行至 100g 加速度后砂层中的孔隙水压力呈现逐渐增大的趋势，从数值上看直至试验结束最大孔隙水压力不超过 10kPa，与试验水头相比可以忽略不计，表明防渗体防渗性能较好。由于砂层中孔隙水压力保持持续增长的趋势，促使孔隙水压力增大的水流的唯一来源为铺盖上部水体，因此认为试验模型防渗体并非完全不透水，只是渗漏量很小。从砂层孔隙水压力增长曲线可以看出，试验中期曲线斜率在不断减小，而试验后期曲线近似直线增长（斜率趋于稳定）。由于模型试验过程中不排水，随着试验进行，砂层中水位会不断抬高，曲线增长斜率的减小表明渗漏量越来越少，曲线斜率不变表明渗漏量稳定，因此从砂层孔隙水压力变化曲线可以初步看出模型整体渗流过程趋于稳定。

从图 3.59（b）可以看出，在加速度达到最大时孔隙水压力也是最大，随后加速度稳定过程中铺盖内孔隙水压力在不断减小，该现象出现的一方面原因是模型中试验水量一定，在试验过程中水流不断渗入土体，使得土体含水率增大，导致模型库区的总水量减小，水位相应地会降低，孔隙水压力降低；另一方面原因是模拟初期蓄水之前试验模型未进行固结，加速度增大后土颗粒受挤压产生超静孔隙水压力，该部分超静孔隙水压力随着试验的进行逐渐消散，测值逐渐减小。从孔隙水压力变化曲线可以看出，前期水位下降速度快，模型库区损失水量前期较大，并且超静孔隙水压力消散速率快，后失水速率降低且趋于稳定，表明模型内渗流过程逐渐稳定。由于铺盖层孔隙水压力传感器埋设在铺盖底部，其孔隙水压力值小于静水压力。图中数据显示，在加速度达到 $100g$ 时，铺盖层底部稳定孔隙水压力约为 150kPa，此时上游水位约为 13m。由于初期蓄水试验结束后可以清楚地看到斜墙下部为干土，因此认为水流从铺盖渗入透水层。根据达西定律计算模型加速度达到 $100g$ 时渗漏量见表 3.7，渗漏水流进入透水层后使水位抬升速率为 0.0151m/d，由于未考虑透水层砂土渗透系数，该计算水位抬升值将偏大。根据试验数据，计算加速度刚达到 $100g$ 时砂层中孔隙水压力增长速率为 0.137kPa/d，对应水位增长速率为 0.0137m/d，略小于 0.0151m/d，表明模型边界部位密闭性良好、无漏水现象，同时说明透水层水位增长源自铺盖层渗水，验证了前述对砂层中孔隙水压力增长的讨论。此外，从图中可以发现，有两个传感器的数值变化趋势与其他不相同，有两种可能性，其一是仪器精度问题，其二是试验过程中土体内依旧存在不饱和区域，孔隙水压力在不断增大，处于逐渐饱和的过程。

表 3.7 透水层水位抬升速率计算

参数	数值
渗透系数/(m/s)	2.8×10^{-7}
单宽面积/m	36.5
水头差/m	13
渗径/m	8
单宽渗漏量/(m²/s)	1.434
水位抬升速率/(m/d)	0.0151
砂层孔隙水压力 1/kPa	3.59
时刻 1/d	3.32
砂层孔隙水压力 2/kPa	72.68
时刻 2/d	70.71
孔隙水压力变化斜率	0.137
水位变化斜率	0.0137

斜墙中部与上部各有一个传感器因连接问题未采集数据，因此图 3.59（c）中

两个部位均只有一条曲线。图 3.59（c）显示斜墙内孔隙水压力变化与铺盖类似，加速度达到 100g 时孔隙水压力最大，后随着库水量的流失，水位降低，孔隙水压力减小且逐渐趋于稳定。斜墙上部孔隙水压力小于中部，符合一般规律。

综上，初期蓄水过程各处孔隙水压力变化表明该阶段黏土防渗体（铺盖、斜墙）防渗性能显著，模型坝体内部渗流场趋于稳定。

第二阶段的干旱过程没有进行孔隙水压力的测量，该阶段的关注重点在于裂缝的发育情况。经测量铺盖表面发育有 3 条裂缝，最大裂缝宽度为 2mm，长度为 18cm，斜墙表面裂缝较为分散，最大裂缝宽度为 1mm，长度为 25cm。

从图 3.60（a）中可以看出，第三阶段的旱涝急转过程中，砂层内孔隙水压力增长迅速，达到 100g 加速度后不久孔隙水压力值即增长至静水压力值（由于该阶段渗漏严重，最后的坝前水位为铺盖向上 12cm）。从图 3.60（a）中可以发现，当刚加速至 100g 时，砂层孔隙水压力增长速度不是很快，但约 5d 后出现陡增现象，表明从此刻开始有大量的水进入砂层，水位抬升速度变快，从而可以初步断定裂缝被贯穿，防渗体丧失防渗性能。该阶段从运行开始至结束，由于砂层中 4 个孔隙水压力传感器埋设高程相同，它们变化趋势一致。

从图 3.60（b）中可以发现，铺盖层中孔隙水压力值在前期加速度增大的过程中增长速率大于砂层，表明裂缝的出现能使铺盖层中孔隙水压力快速增大，但此时防渗体依旧具有防渗性能，限制了砂层内孔隙水压力增长。加速度达到 100g 后，铺盖层各处孔隙水压力几乎在同一时刻（第 80 天）出现下跌现象，查看此刻砂层内的孔隙水压力变化发现，就在铺盖孔隙水压力下跌时，砂层内孔隙水压力陡增[图 3.60（a）中竖直实线]，从而可以认为原先黏土防渗体上的裂缝此刻受高水压作用产生劈裂贯穿了防渗体，水流快速涌入砂层，上游水位短时间内出现陡降，表现为铺盖层孔隙水压力减小。在水流涌入砂层，砂层孔隙水压力迅速增大后，铺盖层孔隙水压力再在渗流扩展下逐渐增大。由于砂层无法排水，所测孔隙水压力为静水压力，当该部位孔隙水压力等于上游静水压力时意味着防渗体内已无法形成渗流过程，使得黏土内孔隙水压力等于静水压力值，而在砂层孔隙水压力等于静水压力之前由于渗流场还存在，铺盖内孔隙水压力依旧在增大（图 3.61 中竖直虚线）。

旱涝急转过程中斜墙中部由于位势较高，水压较小，孔隙水压力变化速率低于铺盖层，在第 80 天铺盖孔隙水压力下跌后，斜墙中部孔隙水压力增长速率有少许减缓，但由于驱动水头较小，孔隙水压力增长速率明显减慢的时刻延迟至第 90 天。斜墙上部由于位势更高，驱动水头更小，上游水位变化的短暂时间内该部位孔隙水压力基本无变化。

当防渗体上有一条裂缝形成后，由于裂缝处渗透系数极大，黏土体渗透性相较裂缝渗透性几乎可以忽略，因此可以近似认为在砂层孔隙水压力陡增直至不变的

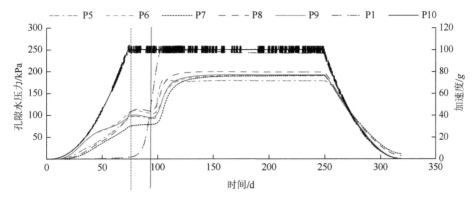

图 3.61 铺盖层与砂层同一时刻孔隙水压力变化

一段时间内，水流完全从贯穿的裂缝处进入透水层，从铺盖层渗入的水量可忽略（孔隙水压力下降时间较短，黏土体渗透系数小）。对于完整的黏土防渗体系，在渗流过程中土骨架承担一部分上部水压力，其大小可以表示为

$$\sigma_s = P - u_k \tag{3.3.8}$$

式中，σ_s 为土骨架承担的水压力，kPa；P 为静水压力，kPa；u_k 为孔隙水压力，kPa。

试验中的某一时刻，在水头 h_1 下原先产生的众多裂缝中深度最大的一条贯穿防渗体，该水头 h_1 可认为是裂缝贯穿的必要条件，然而由于上游水体总量一定，裂缝形成后水量的损失导致水头的降低，原有未贯穿的裂缝不会再承受水头 h_1 的水压，且剩余未贯穿的裂缝深度均不大于已贯穿裂缝的原先深度，所以试验中形成一条贯穿裂缝后不再具备形成第二条贯穿裂缝的条件，因此可以断定在第三阶段旱涝急转工况的模拟试验中只存在一条贯穿裂缝。此外，裂缝表面的土体内的孔隙水压力等于静水压力，表面土骨架不承受水压作用，表明裂缝表面宽度不会在水压作用下而扩张。假设出现贯穿裂缝之后黏土体的孔隙率未发生变化，那么土体内所存水量将是定值。根据质量守恒可以认为上游水位下降损失的水量 Q 即为通过裂缝进入下部透水层的水量。根据前述试验分析，铺盖层孔隙水压力出现降低的时刻 t_1 为裂缝贯穿的时刻，砂层孔隙水压力稳定的时刻 t_2 为上游水位降至最低的时刻，可以得到水量 Q 通过裂缝进入砂层的时间 $\Delta t = t_2 - t_1$。由于时间间隔 Δt 较短，可以近似认为水量 Q 匀速减小，因此流量可表示为 $q = \dfrac{Q}{\Delta t}$。由于水量计算宽度采用模型表面宽度，而裂缝宽度小于模型宽度，根据光滑平板裂缝模型渗透率计算公式[8]，裂缝中的流量可表示为

$$q_c = \dfrac{QB}{\Delta t l} \tag{3.3.9}$$

式中，q_c 为近似求解的裂缝中的流量，m²/s；B 为模型表面宽度，m；l 为裂缝长度，m。

裂缝中的渗流过程采用裂缝流量公式，根据试验数据及试验过程中的摄像记录，t_1 时刻水位换算约为 26m，t_2 时刻水位换算约为 12m，计算出渗漏水量约为 41 580m³，换算成流量约为 0.001 724m³/s。水头损失系数考虑进口与沿程水头损失，计算值为 0.7622，再根据裂缝流量公式，计算出模型试验中裂缝的宽度近似为 2.1mm。在试验第二阶段受旱过程中测量的裂缝最大宽度约为 3mm，根据试验数据反推的裂缝平均宽度近似为 2.1mm，若将裂缝考虑为倒三角或倒梯形，则可计算出裂缝底端宽度约为 1.2mm。裂缝贯穿土层的临界状态是土层底面裂缝宽度为 0，当宽度大于 0 即被贯穿，此时的土层内的孔隙水压力立即出现陡增，由于裂缝贯穿土层后水流的冲刷作用，必将会带走裂缝壁的土颗粒，导致裂缝底部宽度不断增大[9,10]，直至土颗粒不再被水流带走（铺盖与透水层之间设置反滤层能减小裂缝底部宽度的增长），试验中裂缝底部理想宽度增大至 1.2mm。严格来说，利用试验数据计算宽度时所取的流量值偏大，因为在裂缝贯穿后土层内依旧存在渗流，将上游水量的损失完全看作裂缝间的流量导致计算结果偏大。

参 考 文 献

[1] Tollenaar R N, Van Paassen L A, Jommi C. Observations on the desiccation and cracking of clay layers[J]. Engineering Geology, 2017, 230: 23-31.

[2] 司马军, 蒋明镜, 周创兵. 黏性土干缩开裂过程离散元数值模拟[J]. 岩土工程学报, 2013, 35（S2）: 286-291.

[3] Sima J, Jiang M, Zhou C. Numerical simulation of desiccation cracking in a thin clay layer using 3D discrete element modeling[J]. Computers and Geotechnics, 2014, 56: 168-180.

[4] 石北啸, 王国利, 韩华强. 考虑失水率的膨胀土裂缝开展深度计算模型[J]. 水利水电技术, 2014, 45（11）: 57-60.

[5] 李顺群, 张业民, 韩春煌, 等. 考虑抗拉强度时非饱和土的干燥裂缝深度[J]. 武汉理工大学学报, 2004, 26（2）: 37-40.

[6] Wang J J, Huang S Y. Limit of crack depth in KIC testing for a clay[J]. Engineering Fracture Mechanics, 2016, 164: 19-23.

[7] 中华人民共和国水利部. 碾压式土石坝设计规范: SL 274—2020[S]. 北京: 中国水利水电出版社.

[8] 卢占国, 姚军, 王殿生, 等. 平行裂缝中立方定律修正及临界速度计算[J]. 实验室研究与探索, 2010, 29（4）: 14-16, 165.

[9] 金仁祥. 某水库坝基渗透稳定性研究[J]. 岩土力学, 2004, (1): 157-159.

[10] 王军, 王星梅. 江苏泗阳第二抽水站工程渗透铺盖反滤层的设计[J]. 水利水电科技进展, 2002, (2): 45-47.

第4章　极端干旱后黏土斜墙坝渗流性态数值模拟

在受旱过程中，黏土体水分蒸发，出现干缩裂缝，裂缝成为水流入渗的优先通道，此时的渗流过程与无裂缝时有较大差异。在极端干旱后的降雨过程中，上游河道水流快速汇集，以及库区降雨，库水位会快速抬升。考虑整个过程中裂缝渗流情况，实则为分析降雨过程中渗流以及水位快速上升过程中的渗流，对于降雨过程的分析认为土体表面无积水出现，降雨只影响土体的含水率。

4.1　降雨条件下斜墙坝入渗过程

对于受旱后无裂缝出现渗流分为降雨初期的雨水入渗与降雨后期的积水（库区水）入渗，这两个渗流过程的渗透方式不同，对应的渗流理论也会有一定的差异。

4.1.1　降雨入渗理论

降雨入渗是指水分浸入土壤的过程，入渗实质上是水分在土壤包气带中的运动，是一个涉及两相流的过程，即水在下渗过程中驱逐空气[1]。雨水落至地表即开始入渗过程，遭遇干旱后的地表裂缝发展加剧了这一过程。雨水入渗可分为两种类型：一是降雨从地表垂直向下浸入土壤的垂直入渗；二是地表水向周围土体的侧向入渗。

根据前人的试验，Colaman 和 Bodmam 基于干土在积水条件下的垂直一维入渗试验，将含水量剖面分为 4 个区：饱和区、含水量明显降落的过渡区、含水量变化不大的传导区和含水量迅速减少至初始值的湿润区[2]，如图 4.1 所示。

降雨渗入土中的水量一般用累计入渗量 $I(t)$ 和入渗率 $i(t)$ 来进行度量，两者均为随着时间变化的物理量。累计入渗量是入渗开始后一定时间内，通过地表单位面积入渗到土中的总水量，一般用水深表示，即

$$I(t) = \int_0^L [\theta(z,t) - \theta(z,0)] \, dz \quad (4.1.1)$$

式中，L 为土层厚度，m；$\theta(z,0)$ 为土层中初始含水量的分布，%。

入渗的快慢可以用入渗率衡量，入渗率的定义为单位时间内通过地表单位面

积渗入土壤中的水量，单位为 m/s。任一时刻 t 的入渗率 $i(t)$ 与此时刻地表处的土壤水分运动通量 $q(0,t)$ 相等，即

$$i(t) = q(0,t) = \left[D(\theta)\frac{\partial \theta}{\partial z} + k_w(\theta_w) \right]_{z=0} \quad (4.1.2)$$

式中，$k_w(\theta_w)$ 为非饱和土的渗透系数，m/s；$D(\theta)$ 为非饱和土的扩散率，$D(\theta) = k_w(\theta_w)/C(\theta)$，即非饱和渗透系数与容水度 C（土中所能容纳的最大水的体积与土体积之比）的比值。

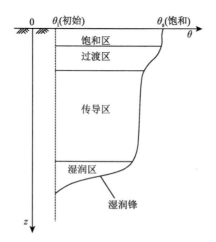

图 4.1 降雨入渗时含水量的分布和分区

累计入渗量 $I(t)$ 与入渗率 $i(t)$ 之间的关系为

$$i(t) = \frac{\mathrm{d}I(t)}{\mathrm{d}t} \quad (4.1.3)$$

结合图 4.1 可以看出，在入渗开始阶段，地表处的含水量梯度 $\frac{\partial \theta}{\partial z}$ 的绝对值很大，入渗率 $i(t)$ 很高；随着入渗的进行，$\frac{\partial \theta}{\partial z}$ 的绝对值不断减小，入渗率 $i(t)$ 也随之逐渐减低，到达一定时间段时，$\frac{\partial \theta}{\partial z} \to 0$，此时 $i(t) \to k(\theta_0)$，即入渗率趋于一稳定值，该值相当于地表含水量 θ_0 渗透系数 $k(\theta_0)$。

对于非饱和土体，降雨入渗实际上受到供水强度和土壤入渗率的共同控制。一般情况下，将降雨或者喷洒的强度称为供水强度，定义为 $R(t)$，通常分析中认为供水强度为一常数。在入渗初期 ($t < t'_p$)，土壤含水率较低，供水强度小于土壤的入渗率，因此实际发生的入渗率即为供水强度 R_0，如图 4.2 中 ab' 所示。当 $t = t'_p$

以后，供水强度大于土壤的入渗率，即 $R_0 > i(t)$，此时土体表面积水条件下的入渗率即为 $i(t)$，如图 4.2 中 $b'c'$ 所示，超过入渗率的供水形成积水。一般可以将降雨入渗过程分为两个阶段，第一阶段称为供水控制阶段，主要为无压渗流或自由渗流；第二阶段称为入渗能力控制阶段，主要表现为积水或有压渗流。两阶段的交点称为积水点，如图 4.2 所示。但是，在降雨及喷洒条件下，t'_p 以前时段未达到积水入渗条件，因此 t'_p 以后时段的入渗率不是 $i(t)$，入渗曲线不是 $b'c'$，而是 bc，实际整体入渗过程为 abc。

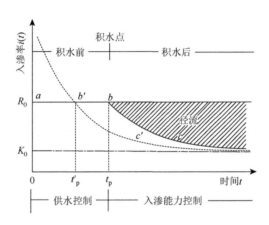

图 4.2 水流入渗与含水量的分布与分区

假设一坝坡坡面如图 4.3 所示，坡面的外法线方向为 $\boldsymbol{n}(n_x, n_y, n_z)$，降雨强度为 $R(t)$，降雨在坡面法线方向的分量为

$$q_n(t) = R(t)n_z \tag{4.1.4}$$

根据达西定律得到坡面各个方向的最大入渗能力为

$$R_j(t) = -k_j(h_w)\frac{\partial(h_w + z)}{\partial x_j} \tag{4.1.5}$$

式中，$j = x$、y、z；h_w 为压力水头（对于非饱和土是基质势），m；z 为坐标，取向上为正，m。

将其转化为法线方向的入渗率为

$$R_n(t) = R_j(t)n_j \tag{4.1.6}$$

对于坝坡而言，实际入渗量为 $q_s(t)$，认为垂直于坝坡方向，根据分析可得降雨强度与实际入渗量的关系为

当 $R_n(t) \geqslant q_n(t)$ 时，$q_s(t) = q_n(t)$
当 $R_n(t) < q_n(t)$ 时，$q_s(t) = R_n(t)$ \hfill (4.1.7)

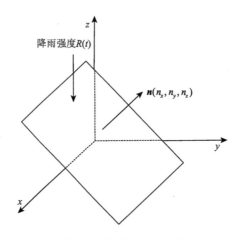

图 4.3　边坡降雨示意图

4.1.2　积水入渗理论

1. 稳定流水头分布

1) 水平入渗

饱和与非饱和稳定流的本质区别在于，饱和稳定流的水头分布是线性的，而非饱和稳定流的水头分布是非线性的。对于一维的饱和流，水流范围内任意位置处的水力梯度均相等，相应的单位距离水头损失等于流速除以渗透系数。但该法则对于非饱和渗流是无效的，因为渗透系数取决于驱动水头的绝对值。

首先研究饱和稳定流。一维饱和稳定流动系统的控制方程为达西定律：

$$q = -k_s \frac{\partial h}{\partial x} \tag{4.1.8}$$

式中，q 为单宽渗漏量，m^2/s；k_s 为饱和渗透系数，m/s；h 为水头，m；x 为水平距离，m。

对方程进行积分，并利用边界条件 $x=0, h=0$，可得到水头 h 与位置 x 沿水平方向的一个解析解：

$$h = -\frac{q}{k_s} x \tag{4.1.9}$$

模拟非饱和渗透系数函数时，采用 Gardner 单参数模型[3]：

$$k = k_s \exp(\beta h_m) \tag{4.1.10}$$

式中，β 为土的孔径分布参数，其单位为吸力水头的倒数，m^{-1}；h_m 为吸力水头，m。

相应的达西定律可表示为

$$q = -k_s \exp(\beta h_m)\frac{\partial h}{\partial x} \qquad (4.1.11)$$

重力为 0 时，$h_m = h$，对其进行积分，并运用与饱和渗流相同的边界条件，可得水头分布函数为

$$h = \frac{1}{\beta}\ln\left(1 - \frac{q\beta x}{k_s}\right) \qquad (4.1.12)$$

在常见渗流问题 $-1.0 < q\beta x \leqslant 1.0$ 范围对式（4.1.12）采用泰勒级数展开：

$$h = -\frac{1}{\beta}\left[\frac{q\beta x}{k_s} - \frac{1}{2}\left(\frac{q\beta x}{k_s}\right)^2 + \frac{1}{3}\left(\frac{q\beta x}{k_s}\right)^3 - \cdots\right] = \sum_{n=1}^{n=\infty}(-1)^n\frac{\beta^{n-1}}{n}\left(\frac{qx}{k_s}\right)^n \qquad (4.1.13)$$

从泰勒展开式可以看出第一项 $\dfrac{q\beta x}{k_s}$ 即为饱和流动时的水头分布表达式，其余表示为水头分布的线性特征。整个表达式的含义为随着吸力水头的逐渐增长，非饱和渗透系数越来越小，相应地，在相同流速下，水头损失越来越大。

2）垂直入渗

重力对水流垂直入渗提供了额外驱动力，对总水头空间分布产生了重要影响。一维垂直入渗的控制方程为

$$q = -k\frac{\partial h_t}{\partial z} \qquad (4.1.14)$$

式中，$h_t = h_m + z$ 为总水头，m。

非饱和土中液体流动由总水头梯度（非基质吸力梯度）来驱动。利用总水头的概念，可将渗流控制方程表示为基质吸力水头与位置水头的形式：

$$q = -k\left(\frac{\partial h_m}{\partial z} + 1\right) \qquad (4.1.15)$$

对式（4.1.15）进行积分，利用边界条件 $z = 0, h_m = 0$ 和 $z = Z, h_m = h$ 可得

$$z = -\int_0^h \frac{\mathrm{d}h_m(\theta)}{1 + q/k(\theta)} \qquad (4.1.16)$$

欲求解出该积分，还需知道土的渗透系数方程以及基质吸力的土水特征曲线方程，这两个方程均可以通过试验数据的离散点拟合获得。

2. 瞬态流渗流控制方程

非饱和土中的液体流动和含水量随时间和空间的改变而变化，导致其变化的两个基本机制如下：①周围环境随时间变化而变化；②土体储水能力改变。为了研究水的渗流情况，常常用区域周边环境的变化对土的边界条件进行限定。

运用质量守恒定律可得到等温条件下土中瞬态水流的控制方程。质量守恒原

理的含义是对于一个给定的土体单元，水的损失或补给率是守恒的，损失水量等于水流入与流出土单元的净流量。图 4.4 所示土单元的孔隙率 n、体积含水量为 θ，土单元中沿坐标正方向流入的总水流量为

$$q_入 = \rho(q_x \Delta y \Delta z + q_y \Delta x \Delta z + q_z \Delta x \Delta y) \tag{4.1.17}$$

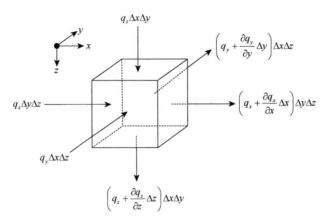

图 4.4　土单元体积与水流动连续性原理示意图

流出土体的总水流量为

$$q_出 = \rho\left[\left(q_x + \frac{\partial q_x}{\partial x}\Delta x\right)\Delta y\Delta z + \left(q_y + \frac{\partial q_y}{\partial y}\Delta y\right)\Delta x\Delta z + \left(q_z + \frac{\partial q_z}{\partial x}\Delta z\right)\Delta x\Delta y\right] \tag{4.1.18}$$

式中，ρ 为水的密度，kg/m³；q_x、q_y 和 q_z 分别为 x、y 和 z 方向的流量，m²/s。

土单元在瞬态流动过程中，水量损失或补给率可表示为

$$\frac{\partial(\rho\theta)}{\partial t}\Delta x\Delta y\Delta z \tag{4.1.19}$$

根据质量守恒定律，建立等式：

$$-\rho\left(\frac{\partial q_x}{\partial x} + \frac{\partial q_y}{\partial y} + \frac{\partial q_z}{\partial x}\right) = \frac{\partial(\rho\theta)}{\partial t} \tag{4.1.20}$$

式（4.1.20）即为瞬态流的控制方程。

4.2　水位上升条件下斜墙坝渗流过程

当干旱使得土体出现裂缝后，裂缝成为水入渗的优先通道，此时突遇降雨，土体内的渗流情况与无裂缝时存在差异。将渗流过程分为前期与后期考虑入渗过程变化，并对裂缝在高水位渗流过程中可能出现的情况进行分析。

4.2.1 初始阶段水流进入裂缝

由于裂缝的存在改变了土体水分入渗形式，原先单一介质土体变成了裂缝-土体双重介质，且土体出现干缩裂缝时，土体基质含水率较低，裂缝土体渗流有着优先流的存在。分析水流进入裂缝过程前，假设水流进入裂缝的过程中裂缝形态不变，裂缝壁光滑，且进入裂缝的水量远大于从裂缝壁渗入土体基质的水量，渗入土体基质的水量忽略不计，取裂缝一个纵断面进行分析如图 4.5 所示。模型中将直角坐标的原点设置在裂缝壁端点，x 轴为水平方向，z 轴方向与流动方向一致，y 轴方向在裂缝壁平板上与流动方向垂直，裂缝宽度为 a，深度为 d，裂缝壁夹角为 θ，土体表面裂缝长度 l 远大于宽度 a。分析中把裂缝模型简化为沿裂缝深度发育方向的一维入渗过程，沿裂缝长度方向水流速度为 0，水流为相互独立的连续体，且都处于流动状态，水流两端压强差稳定，运动状态为层流运动。

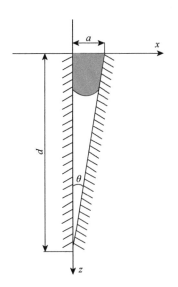

图 4.5 裂缝内水流运动模型

由于裂缝宽度随裂缝深度变化，水流在裂缝有效截面上的速度是随 z 方向有效截面面积变化而变化的，但在同一截面上它又是随 x 方向变化的，也就是说，水流在裂缝中的速度分布是 x 和 z 的函数，即 $v_z = f(x,z)$。一般裂缝壁之间夹角很小，故在推导裂缝内速度分布时设 $v_x=0, v_y=0, v_z=v$。对于单条裂缝中水的流动，以平板模型为基础，不可压缩、黏滞系数和密度恒定的流体在重力作用下的 N-S 方程为[4,5]

$$\rho \frac{\mathrm{d}v}{\mathrm{d}t} = \rho g - \Delta p + \eta \Delta^2 v \qquad (4.2.1)$$

$$\begin{cases} -g - \dfrac{1}{\rho}\dfrac{\partial p}{\partial z} + \dfrac{\eta}{\rho}\left(\dfrac{\partial^2 v}{\partial x^2} + \dfrac{\partial^2 v}{\partial y^2} + \dfrac{\partial^2 v}{\partial z^2}\right) = u\dfrac{\partial v}{\partial z} \\ -\dfrac{1}{\rho}\dfrac{\partial p}{\partial x} = 0 \\ -\dfrac{1}{\rho}\dfrac{\partial p}{\partial y} = 0 \end{cases} \qquad (4.2.2)$$

式中，ρ 为水的密度，kg/m³；v 为水的流速，m/s；g 为重力加速度，m/s²；p 为压力，kPa；η 为动力黏滞系数，kPa。

从式（4.2.2）可以看出，压强 p 与 x 和 y 无关。裂缝内水流以速度 v 沿 z 方向运动，而水流贴紧固体壁面的速度为零，由于裂缝宽度较小，裂缝内必然存在较大的速度梯度 $\dfrac{\partial v}{\partial x}$，再由不可压缩流体的连续性方程可得 $\dfrac{\partial v}{\partial z} = 0$。另外，裂缝在 y 方向的尺寸相对于 x 方向很大，则 $\dfrac{\partial v}{\partial y}$ 也很小，可忽略不计，于是方程可简化为

$$-g - \frac{1}{\rho}\mathrm{d}\frac{\mathrm{d}p}{\mathrm{d}z} + \frac{\eta}{\rho}\frac{\mathrm{d}^2 v}{\mathrm{d}x^2} = 0 \qquad (4.2.3)$$

将式（4.2.3）对 x 二次积分可得

$$v = \frac{1}{2\eta}\left(\rho g + \frac{\mathrm{d}p}{\mathrm{d}z}\right)x^2 + c_1 x + c_2 \qquad (4.2.4)$$

式中，c_1, c_2 为积分常数，可由边界条件求得，即当 $x=0$ 时，$v=0$，得 $c_2 = 0$；当 $x=b$（b 为裂缝各有效截面的宽度，$b = (d-z)\tan\theta$，最大为 a）时，$v=0$，得 $c_1 = -\dfrac{1}{2\eta}\left(\rho g + \dfrac{\mathrm{d}p}{\mathrm{d}z}\right)b$，代入式（4.2.4）得

$$v = \frac{1}{2\eta}\left(\rho g + \frac{\mathrm{d}p}{\mathrm{d}z}\right)x^2 - \frac{1}{2\eta}\left(\rho g + \frac{\mathrm{d}p}{\mathrm{d}z}\right)bx \qquad (4.2.5)$$

式（4.2.5）即为裂缝间水流压差流动时在任意有效截面上的速度分布公式。有了速度分布公式，就可进一步求得裂缝内任意有效截面上的流量：

$$q = \int_0^b \left(\frac{1}{2\eta}\left(\rho g + \frac{\mathrm{d}p}{\mathrm{d}z}\right)x^2 - \frac{1}{2\eta}\left(\rho g + \frac{\mathrm{d}p}{\mathrm{d}z}\right)bx\right)\mathrm{d}x \qquad (4.2.6)$$

求得

$$q = -\frac{b^3\left(\dfrac{\mathrm{d}p}{\mathrm{d}z} + \rho g\right)}{12\eta} \tag{4.2.7}$$

式（4.2.7）即为稳定流动情况下不同深度有效截面的流量。可以看出裂缝断面有效截面流量是有效截面宽度以及水压变化的函数。

4.2.2 后续阶段水流进入土体

1. 裂缝积水前

水流进入土体的过程包含土体表面入渗、裂缝侧壁入渗以及裂缝底部入渗。土体表面渗流看作垂直入渗，裂缝侧壁渗流为水平入渗，裂缝底部渗流为扩散型入渗，为分析各种渗流形式，需做出一些基本假设。首先假设裂缝形状为楔形，侧壁平滑，其次认为土体基质最初是均匀干燥的，在渗透过程中存在明显的湿润锋，湿润锋上平均吸力在时间和空间上保持不变，湿润锋后面的土壤在恒定的水力条件下均匀湿润，其渗透性保持一致。当土层上部提供的水量较小，降雨强度小于土体渗透性时，水直接进入土体不会形成裂缝渗流过程，因此为使三种渗流形式同时存在，需保证土层上部供水率大于土体渗透性，积水能填充裂缝，积水时间可以根据 Mein 和 Larson[6] 所提的模型得出：

$$t_\mathrm{p} = \frac{F_\mathrm{p}}{I} \tag{4.2.8}$$

$$F_\mathrm{p} = \psi_\mathrm{f}\Delta\theta/[I/K_\mathrm{f} - 1] \tag{4.2.9}$$

式中，t_p 为产生积水的时间，s；I 为供水率（降雨过程为降雨强度），m/s；F_p 为开始积水时的累计入渗量即地表饱和时的入渗量，m；ψ_f 为湿润锋处的吸力，kPa；$\Delta\theta$ 为湿润锋两侧的含水量变化；K_f 为湿润锋后的土的渗透性，m/s。

产生积水之后，根据 Green-Ampt 入渗模型[7]，由土体表面进入土体基质的入渗率可以表示为

$$f = K_\mathrm{f}\left[\frac{\psi_\mathrm{f}\Delta\theta}{F} + 1\right] \tag{4.2.10}$$

式中，f 为某时刻的入渗率，m/s；F 为任意时刻的累计入渗量，m。从而 f 可表示为

$$\frac{\mathrm{d}F}{\mathrm{d}t} = f \tag{4.2.11}$$

若供水总历时为 t_d，总累计入渗量为 F_d，通过对式（4.2.11）积分可得

$$t_d - t_p = \frac{\psi_f \Delta \theta}{K_f} \left[\frac{F_d - F_p}{\psi_f \Delta \theta} - \ln\left(\frac{\psi_f \Delta \theta + F_d}{\psi_f \Delta \theta + F_p} \right) \right] \quad (4.2.12)$$

通过牛顿-拉弗森法可以求得 F_d，从而可求出竖直方向湿润锋的扩展深度为

$$L = F_d / \Delta \theta \quad (4.2.13)$$

由于受到裂缝影响，表面裂缝附近土体同时存在着竖直与水平入渗，但为了简化计算分析过程，假设裂缝壁上的水平渗流在距离表面 L 以下的部位才会发生。

在 t_p 时间之后，水流将会积聚在裂缝中，降雨工况下裂缝中的积水量是一个逐渐增加的过程，不存在水流快速填充满裂缝的情况（此情况出现在库水位上升过程），因此限制积水量大小的唯一因素为进入裂缝的水流量。进入裂缝的水流量根据层流的假定可表示为

$$q = -\beta \frac{[(d-z)\tan\theta]^3 \left(\frac{dp}{dz} + \rho g \right)}{12\eta} \quad (4.2.14)$$

式中，g 为重力加速度，m/s^2；ρ 为水的密度，kg/m^3；η 为水的黏滞系数，kPa；β 为考虑了裂缝弯曲度、裂缝壁面粗糙度引起的水流畸变、水流扩散渗透对有效压力梯度的影响的模型系数；z 为湿润锋至土层表面的距离，m。

从而，对于一个深度为 d 的裂缝被积水填充的时间为

$$t_f = -\frac{6ad\eta}{[(d-z)\tan\theta]^3 \left(\frac{dp}{dz} + \rho g \right)} \quad (4.2.15)$$

当裂缝宽度较大时，填充过程将很短，可以直接考虑水从表面及裂缝壁渗入土体。

2. 裂缝积水后

假设裂缝对称发育，裂缝的宽度相对于深度较小，近似认为裂缝壁与水平地表垂直，以裂缝一条边壁为例，进行水分演变分析，如图 4.6 所示。

根据达西定律：

$$v = kJ \quad (4.2.16)$$

式中，v 为水流速度，m/s；k 为渗透系数，m/s；J 为渗透坡降。

本书中水流速度可以近似认为是湿润锋扩散的速度，即

$$v = \frac{dx}{dt} \quad (4.2.17)$$

在经过 $t_p + t_f$ 后，裂缝被积水填充完全，此时裂缝中存在静水压力分布，此外考虑土体内吸力水头作用，则渗流过程中总水头可以表示为

$$H = z + \psi_f \quad (4.2.18)$$

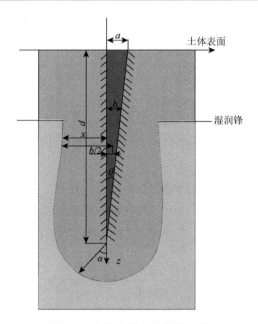

图 4.6　水在土体中的扩散过程

相应的渗透坡降可以表示为

$$J = \frac{z + \psi_f}{x - r} \quad (4.2.19)$$

式中，r 为裂缝水平界面中心至裂缝壁的距离，m。

根据 Green-Ampt 入渗模型，水流垂直渗流过程中，土中湿润锋的运动可以表示为[8]

$$\frac{dl}{dt} = \frac{P}{S} \frac{H + l + h}{l} \quad (4.2.20)$$

式中，P 为土体实际渗透性，m/s，等于单位时间内，在等于土层厚度的水头作用下，通过单位面积横截面土柱的水的体积，可以近似等于 K_f；S 为单位体积土体内水流运动占据的孔隙的体积；l 为水平入渗位置土层厚度，m；h 为考虑吸力水头的总水头，$h = \psi + l$，m；t 为时间，s；H 为土层表面覆盖水的深度，m。

从而垂直渗流过程湿润锋的变化过程可以表示为

$$\frac{dz}{dt} = \frac{K_f}{\Delta \theta} \left(\frac{H + z + \psi_f}{z} \right) \quad (4.2.21)$$

$$t = \frac{\Delta \theta}{K_f} [z - (H + \psi_f) \ln(H + z + \psi_f)] \quad (4.2.22)$$

水流水平渗流过程中，土中湿润锋的运动可以表示为

$$\frac{dx}{dt} = \frac{K_f}{\Delta\theta}\left(\frac{H+z+\psi_f}{x-\dfrac{b}{2}}\right) \quad (4.2.23)$$

$$t = \frac{\Delta\theta}{K_f}\frac{x^2-bx}{2(H+z+\psi_f)} \quad (4.2.24)$$

式中，x 为湿润锋至裂缝有效断面中心的距离，m；当处于时刻 t_p+t_f 时，$y=b/2$，b 为裂缝有效断面宽度，m。

在裂缝最底端两侧认为裂缝壁的水平渗流也存在，那么对于最尖端部分存在围绕原点的环向扩散渗流过程，土中湿润锋的运动可以表示为

$$\frac{ds}{dt} = \frac{K_f}{\Delta\theta}\left(\frac{H+d+s\cos\alpha+\psi_f}{s}\right) \quad (4.2.25)$$

$$t = \frac{\Delta\theta}{K_f}\left[\frac{1}{\cos\alpha}s - \frac{H+d+\psi_f}{\cos\alpha}\ln(H+d+\psi_f+s\cos\alpha)\right] \quad (4.2.26)$$

式（4.2.25）和式（4.2.26）中，s 为湿润锋距裂缝底端点的距离，m；α 为所选渗流路径与竖直方向的夹角，(°)。当时间 t 为某一定值时，底端湿润锋扩散形态为 α 在 $0\sim\dfrac{\pi}{2}$ 变化的曲面。

上述分析中认为湿润锋后的土体渗透性是保持不变的，且湿润锋前后土体的含水率相对固定，才能认为 $\dfrac{K_f}{\Delta\theta}$ 为定值，但实际渗流过程中越靠近裂缝壁的土体含水率也越大，越靠近湿润锋含水率越小，跃过湿润锋后土体含水率最低，因此 $\dfrac{K_f}{\Delta\theta}$ 也需看成是时间 t 的函数。

4.2.3 水力劈裂

受旱后出现干缩裂缝的土体在随后渗流过程中内部渗流为非稳定渗流，在渗流初期土体受干旱影响后渗透性很小，在高水压作用下，存在水力劈裂的可能性。水力劈裂是指水压力抬高在土体中引起裂缝发生扩展的一种物理现象。土体中已存在的局部裂缝是产生水力劈裂的重要原因[9]，同时，水压力要增加到足够大即劈裂压力要大于缝面应力时才有可能会发生水力劈裂[10-13]，即孔隙水压力大于某处的最小主应力与土体抗拉强度之和时就会开始破裂。水力劈裂为发生在最小主应力面上的拉伸破坏，裂缝既可以是垂直的，也可以是水平的，裂缝的方向则取决于试样的受力状态，水力劈裂在有效最小主应力 σ_3' 最先达到抗拉强度的地方产生，之后扩展到试样整个断面。

此外,要发生水力劈裂现象,进入裂缝或缺陷的水体尚需在裂缝或缺陷边界上形成足够大的水头梯度。这就需要裂缝或缺陷与其周围土体之间存在较大的渗透性差异[14-16],也就是防渗材料的透水性要足够低,这是水力劈裂发生必须具备的另一物质条件。

对于初始状态无水压、后续水压逐渐增大的过程,土体由非饱和转变为饱和,土体内的孔隙水压力由负变为正。对于饱和土体,在外力作用的瞬间,外荷载全部由孔隙水承担,即外荷载将引起大小与其相等的孔隙水压力(假定土体受力状态符合单向固结情况或为各向等压状态),而非饱和土由于孔隙中同时充满水和空气,在外荷载作用的瞬间,首先引起孔隙体积压缩,外荷载由孔隙水气和土体骨架两部分承担,即外荷载增大的同时引起孔隙压力和有效应力增大。

对饱和与非饱和状态中裂缝尖端土体进行受力分析,记初始孔隙水压力为 u_0,裂缝面静水压力为 P,静水压力作用产生的超静孔隙水压力为 Δu,导致水力劈裂出现的梯度水压力为 G。在非饱和土中,初始孔隙水压力可能为正或负,取决于土层零孔隙水压力线的位置,饱和土中孔隙水压力为正值。在施加静水压力的过程中,饱和与非饱和土中各力的组合如图 4.7 所示。

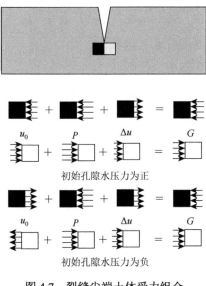

图 4.7 裂缝尖端土体受力组合

从图 4.7 可以看出,初始孔隙水压力为负时得到的使土体劈裂的梯度水压力更大,表明非饱和状态下更易发生水力劈裂。受旱过程中出现裂缝的黏土防渗体,其内部孔隙水压力为负,在旱涝急转工况中,由于黏土本身的低渗透性以及快速上升的水位,在土体未饱和之前很有可能会发生水力劈裂的现象。

对于受旱后的土体，其表层含水率小于内部含水率，其变饱和的过程是从表面向内部发展，若存在裂缝，则将从裂缝面向土体内部发展，该过程是连续的非平衡状态，静水压力 P 由 0 逐渐增大。根据前述裂缝尖端受力分析，梯度水压力 G 受到静水压力 P 以及初始孔隙水压力 u_0 的影响，u_0 的大小与土体的饱和度有关，而饱和度由受静水压力 P 影响的非饱和渗流过程控制。对应于某一时刻，孔隙水压力变化量 Δu 可考虑与初始值 u_0 结合，从而可以得到某一时刻初始孔隙水压力 u_0 与静水压力 P 的关系：

$$u_0 = g(P)$$
$$P = f(t) \quad (4.2.27)$$

其中静水压力 P 随时间变化，当 P 维持不变时，$u_0 = g(P, t)$，从而可得

$$G = P + u_0 \quad (4.2.28)$$

其中 u_0 为负。

根据 Richards 方程，建立变化的静水压力 P 作用下渗流关系，以水头表示的控制方程为

$$C(h)\frac{\partial h}{\partial t} - \frac{\partial}{\partial x}\left(K\frac{\partial h}{\partial x}\right) - \frac{\partial}{\partial z}\left(K\frac{\partial h}{\partial z}\right) - \frac{\partial K}{\partial z} - U = 0 \quad (4.2.29)$$

式中，U 为与静水压力 P 变化相关函数。

土体表面的边界条件为水头控制：

$$h(t,z)\big|_{z=0} = \frac{P}{\rho g} \quad (4.2.30)$$

裂缝面的边界条件同样为水头控制，但由于裂缝面不处于同一水平高度，设裂缝宽度为 d，深度为 h，裂缝面对称，其边界条件可表示为

$$h(t,z)\big|_{z=0} = \frac{P}{\rho g} - z \quad z \in (-h, 0) \quad (4.2.31)$$

土体的初始值为受旱后出现裂缝的状态：

$$h(t,z)\big|_{t=0} = h_0 \quad (4.2.32)$$

4.3 不同条件下黏土斜墙坝渗流性态的数值模拟分析

坝前黏土铺盖及斜墙作为主要的防渗措施在遭遇干旱时随着时间推移由饱和土变为非饱和土，且逐渐产生纵横交错的裂缝，此后水位上涨时，这些防渗体的渗流性态将产生较大改变。本次模拟的主要内容为旱涝急转情况下防渗体防渗性

第4章 极端干旱后黏土斜墙坝渗流性态数值模拟

能变化,可以将该变化理解为稳定饱和渗流、瞬态非饱和渗流与裂隙瞬态非饱和渗流的差异,因此,数值模拟主要分三种工作环境:旱前稳定饱和渗流、旱涝急转渗流和裂缝存在时渗流过程。

4.3.1 旱前稳定饱和渗流分析

1. 计算模型及工况

数值模拟计算模型几何形状与试验模型保持一致,坝高为32m,上游坡比为1:2.5,下游综合坡比为1:2。计算过程中采用的上游水位为正常蓄水位,总水头为38m,下游无水头。

2. 材料参数及边界条件

模型整体由三种材料组成,从下至上分别为基岩、砂卵石、土层、上游黏土、过渡料以及下游砂卵石,各材料的饱和渗透系数如表4.1所示。

表 4.1 材料饱和渗透系数　　　　　　　　　（单位:cm/s)

材料	饱和渗透系数
黏土	1.69×10^{-6}
过渡料	2.5×10^{-5}
砂土	5.1×10^{-3}
土层	2.0×10^{-5}

黏土铺盖面及上游水面线以下坡面作用有27.5m水头,模型底部为不透水边界,右侧及水面以上部位与大气连通。

3. 计算过程

该过程计算的是饱和稳定渗流,设置边界条件:左边界为截取黏土铺盖,可考虑为不透水面,铺盖上边界及上游坝坡边界设置为随时间变化的水头,在126 000s内达到38m(图4.8),下边界为不透水边界,假设右边界处未形成逸出渗流点,右侧边界设置为1m水头边界,当计算时长为125 880s时,计算结果如图4.9所示。

饱和渗流时段坝体能较快形成稳定渗流场,各处的孔隙水压力值符合一般渗流规律。

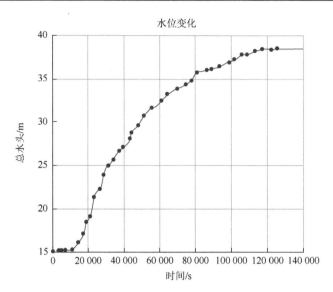

图 4.8 总水头随时间变化曲线

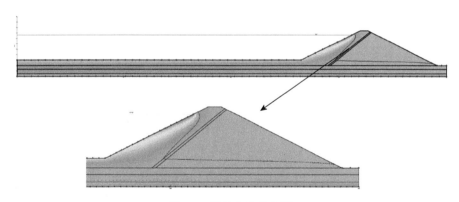

图 4.9 坝体水头分布图

4.3.2 旱涝急转渗流分析

与稳定饱和渗流不同的是该情况下坝体渗透系数并非定值，土体渗透系数随含水率不断变化。根据前述研究内容，可以根据土体土水特征曲线拟合出不同时刻、不同部位的渗透系数，再与各时刻的水位及降雨情况相对应选取渗透系数进行渗流分析计算。计算可以选取两个不同时刻：受旱后水位上涨、受旱后经历降雨同时水位上涨。计算土体可分为五个部分：坝前铺盖前端与后部，坝坡下部、中部以及上部，这五个部位赋予不同的渗透系数。计算模型如图 4.10 所示。

图 4.10 非饱和渗流模型

土水特征曲线方程为

$$\Theta = S_e = \left[\frac{1}{1+(0.107\psi)^{1.98}}\right]^{0.49} \quad (4.3.1)$$

式中，S_e 为标准化的有效饱和度；ψ 为基质吸力。

相应渗透系数方程为

$$k_r(\psi) = \frac{\left\{1-(0.107\psi)^{0.98}\left[1+(0.107\psi)^{1.98}\right]^{-0.49}\right\}^2}{\left[1+(0.107\psi)^{1.98}\right]^{0.245}} \quad (4.3.2)$$

根据前述研究分析，假设水槽模型试验中模型坝顶宽度延伸足够长，则可将其看作模型中的铺盖，从而在进行计算时坝前铺盖处的土水特征曲线可以沿用坝顶处的方程：

$$\Theta = S_e = \left[\frac{1}{1+(0.01\psi)^{2.86}}\right]^{0.65} \quad (4.3.3)$$

相应渗透系数方程为

$$k_r(\psi) = \frac{\left\{1-(0.01\psi)^{1.86}\left[1+(0.01\psi)^{2.86}\right]^{-0.65}\right\}^2}{\left[1+(0.01\psi)^{2.86}\right]^{0.325}} \quad (4.3.4)$$

据水槽模型试验数据，可以获得不同时刻的基质吸力值，结合渗透系数方程，获取数值计算中坝体不同部位的渗透系数值。

1. 受旱后水位上涨

根据前述试验研究内容，渗透系数随着基质吸力变化而不同，对于较大坝体而言，几乎每处的基质吸力都会有所差异，进行数值计算时进行简化处理，假设坝体某一块分区内的基质吸力值相同，从而确定出每一个区块的渗透系数进行求解计算。计算时坝体砂土与过渡层的渗透系数假设与原饱和渗流相同，根据铺盖与坝坡不同的渗透系数以及土水特征曲线表达式，可以确定两处的渗透系数与孔隙水压力的关系曲线，如图 4.11 和图 4.12 所示。

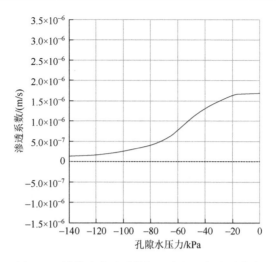

图 4.11　铺盖处渗透系数与孔隙水压力关系曲线

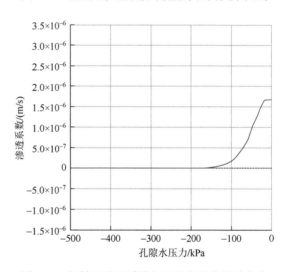

图 4.12　坝坡处渗透系数与孔隙水压力关系曲线

此次计算依旧模拟水位逐渐上涨，水位变化、各边界条件设置与饱和渗流时相同。计算时长为 125 880s，计算结果如图 4.13 所示。

计算时长为 1 000 000s 时，坝体渗流情况如图 4.14 所示。

比较饱和渗流与受旱后渗流情况可以发现，由于土的渗流变为非饱和渗流，渗透系数发生较大改变，在饱和渗流情况下早已形成稳定渗流的时段内，对于受旱后的土体，水流入渗才只进行了黏土体表面一层，距离形成稳定渗流场还需较长一段时间。而时间延长至 1 000 000s 时，铺盖内渗流基本稳定，但浸润线还将进一步变化。

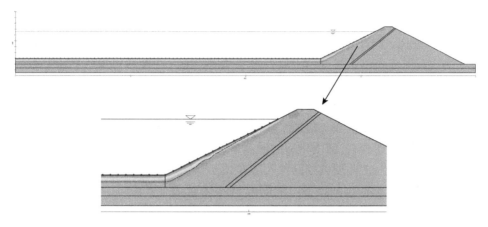

图 4.13 非饱和渗流孔隙水压力分布

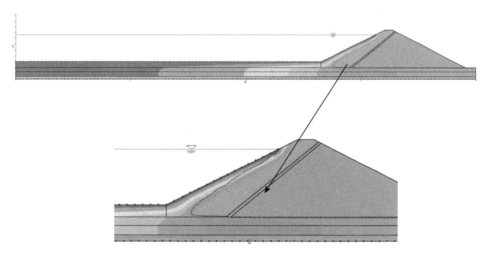

图 4.14 1 000 000s 时非饱和渗流孔隙水压力分布

2. 强降雨时渗流情况

根据国内外已有的对降雨条件下非饱和渗流影响方面的研究[17-20]，一般在处理计算入渗量时，通常有以下几种方法：①以降雨强度作为流量边界的水流计算入渗速率；②把降雨强度按一定比例降低，作为流量边界的水流计算入渗速率；③考虑降雨强度与土体渗透性的关系，决定计算入渗速率，当降雨强度高于饱和渗透系数 k_s 时，计算入渗速率按 k_s 取值，否则按降雨强度取值；④当降雨强度小于土壤表面的入渗能力时，计算入渗速率取为降雨强度；当降雨强度大于土壤表面的入渗能力时，入渗的强度就等于土壤的入渗能力[21, 22]。

根据气象部门规定，当12h 降雨量在140mm 以上即称为特大暴雨，据此进行降雨数值计算。经换算得知 140mm/12h=3.2×10^{-6}m/s，而土体的渗透系数为 1.69×10^{-6}cm/s，因此计算入渗速率取土的入渗能力。然而对于非饱和土而言，降雨入渗实际上受到供水强度和土壤入渗率共同控制，在入渗初期，土壤含水率较低，供水强度小于土壤入渗率，因此实际入渗率即为供水强度，要确定以供水强度入渗还是以土渗流能力入渗，需要了解在何时这两种入渗方式入渗值相等。因此结合土水特征曲线函数与渗透系数函数，求解得出两种入渗方式入渗值相等时铺盖含水率需达到8%，而受旱后的铺盖含水率大于8%，因此铺盖处的入渗以土体自身入渗能力为主；坝坡处两种入渗方式入渗值相等时，含水率需达到13%，而受旱后坝坡含水率为9%左右，需降雨5h左右才能使其相等，因此在5h内以供水强度入渗，随后再以土体自身入渗能力为主。

进行数值分析计算时，前5h模拟降雨强度入渗，随后的时间由于土体入渗强度小于供水强度，因此降雨会形成积水，以水位逐渐上升表示，由于有降雨的作用，水位更快达到38.5m，如图4.15所示。计算分两部分进行，第一部分坝前边界条件以降雨强度为单位流量，第二部分以第一部分的计算结果为初始孔隙水压力，且坝前边界条件设置为水位随时间上升，各部分材料参数与非饱和渗流一致，计算结果如图4.16和图4.17所示。

计算时长延伸至1 000 000s时，坝体内渗流情况如图4.18所示。

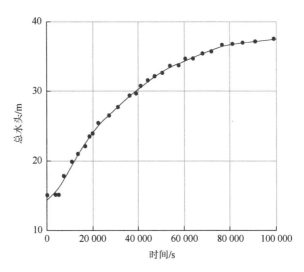

图4.15　水位随时间上升

第 4 章 极端干旱后黏土斜墙坝渗流性态数值模拟

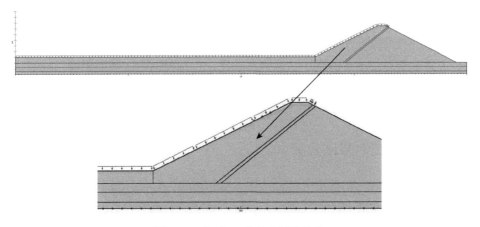

图 4.16 降雨 5h 孔隙水压力分布

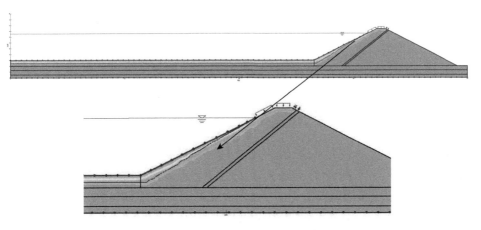

图 4.17 降雨与水位上升孔隙水压力分布

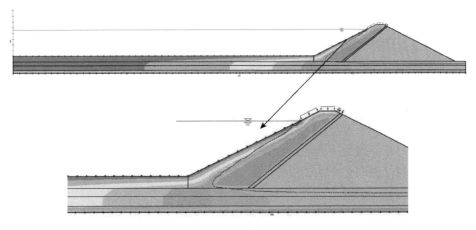

图 4.18 1 000 000s 时降雨渗流孔隙水压力分布

对于有降雨情况的水位上涨，由于前期降雨过程使得表面土体的含水率变大接近饱和，在水位上涨时渗流发展更快一些，但达到一定深度后，渗流发展至非饱和区域又变为非饱和渗流，渗流发展较慢，相同时间内，黏土层会形成较深的饱和区，并且在斜墙底部饱和区会延伸至坝底。当渗流进行至 1 000 000s 时，坝体内的渗流场与饱和渗流时相接近。

4.3.3 裂缝存在时渗流分析

经历极端干旱后防渗体不可避免地会产生纵横交错的裂缝，此时水的入渗可以分为两种不同的情形：第一种是无积水入渗，防渗体表面的水直接入渗土体中，裂隙中不存在积水，裂隙的存在对整个非饱和渗流没有明显的影响，这种情况下可以忽略裂隙影响，直接采用无裂隙土体的非饱和入渗模型，引入边界条件求解即可；第二种是有积水入渗，由于水的积聚强度大于入渗能力，多余的水在地表形成积水或产生坡面径流，此时可以认为雨水充满于竖向裂隙中，渗流场由原来的表面入渗变为表面与裂隙的两个侧面共同入渗，由于入渗边界的显著改变，相应的非饱和渗流场也发生明显的变化。对此，进行数值计算时，根据实际情况，对于比较细微的裂缝可以忽略其影响，而宽度较大的裂缝需加以考虑其对渗流的影响。

对于需要考虑的裂缝，通常的处理方法有两种[23]：①视裂缝两侧为边界。这种处理方法把裂隙两侧看作土坡的一部分边界。在数值计算时，重新调整网格的部分范围，把裂隙从所研究的空间中去除，使其两侧壁变为边界，引入边界条件，就可以实现考虑裂隙对入渗过程影响的目的。由于有限元方法能够考虑边界复杂的边界条件，这种处理裂隙的方法非常适合于用有限元来求解。②等效渗透系数法。其基本思想是先按不考虑裂隙进行整个区域的离散化划分，在裂隙所在位置按照裂隙的大小把裂隙剖分为一系列小的薄层单元或网格，将裂隙本身的渗透性等效为薄层的渗透性，当然这一薄层单元或网格小区域的竖向渗透性远大于周围土体的渗透性，在计算中给其很大的渗透系数。当水流入渗时，积水迅速沿薄层入渗，很快就可充满这一区域，并向周围土体扩散，这种处理也比较符合实际情况，特别是不需要改变非饱和土的渗流方程及边界条件，只需调整某些单元的渗透性即可实现，是一种处理非饱和土中裂隙渗流的简单有效的方法。在本次的数值计算中，对于开度较大的裂缝采用第②种处理方法。

土中裂缝的选取由 3.2 节和 3.3 节试验模拟中裂缝的开展位置决定，分别在铺盖与斜墙连接处、斜墙下游段、斜墙中部与上部，其中连接段与斜墙中部的裂缝宽度较大且发展较深，其余部分虽未形成较宽裂缝，但细纹裂缝较密集，因此计算时设置为较小的裂缝单元。考虑裂缝的计算模型如图 4.19 所示。

第 4 章 极端干旱后黏土斜墙坝渗流性态数值模拟

图 4.19 裂缝存在非饱和渗流计算模型

模型计算参数与前述非饱和渗流一致,此处只需对裂缝进行材料赋值。考虑到裂缝区块并非完整的土体或孔洞,而是土体与孔隙交错而成,因此将裂缝区块的渗透系数设置为 0.01m/s,含水率为 80%,水位变化与饱和渗流相同,计算时长为 125 000s 时的结果如图 4.20 所示。

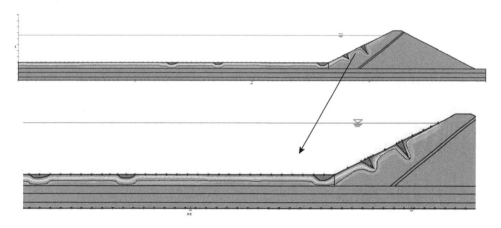

图 4.20 裂缝存在时孔隙水压力分布

计算时长延伸至 250 000s 时,坝体内渗流情况如图 4.21 所示。

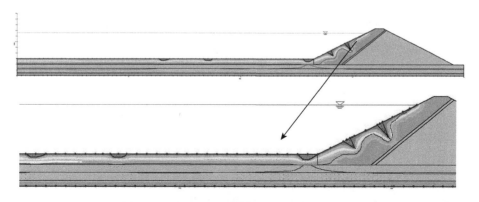

图 4.21 250 000s 时裂缝渗流孔隙水压力分布

计算时长延伸至 1 000 000s 时，坝体内渗流情况如图 4.22 所示。

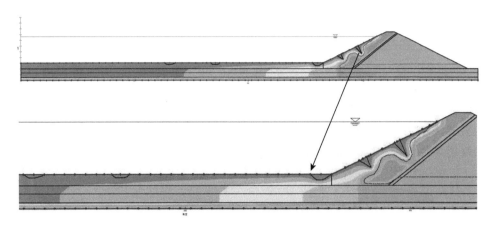

图 4.22　1 000 000s 时裂缝渗流孔隙水压力分布

在有裂缝发育的情况下，裂缝成为水流的入渗通道，在裂缝周围较容易形成饱和区，并由此向外扩散，裂缝的存在使得土体内的浸润线不再是一条光滑的曲线。随着渗流时长延伸至 1 000 000s 时，斜墙段的浸润线已接近过渡层，黏土斜墙的防渗性能明显降低，渗流安全得不到保障。

4.3.4　计算成果与试验对比分析

根据数值计算结果选出铺盖中部、铺盖后端、斜墙下部、斜墙中部以及斜墙后砂土的孔隙水压力值与试验结果进行分析，分别比较旱前稳定饱和渗流阶段与旱涝急转阶段的孔隙水压力大小。

1. 旱前稳定饱和渗流

旱前稳定饱和渗流与水槽试验中第一阶段相比较，结果如表 4.2 所示。

表 4.2　旱前稳定饱和渗流结果比较　　　　　　　　（单位：kPa）

结果	铺盖中部	铺盖后端	斜墙下部	斜墙中部	斜墙后砂土
试验结果	5.2	4.2	4.0	0.7	3.3
计算结果	263.22	192.51	166.35	12.53	23.47

由表 4.2 中的数据可以看出，形成稳定渗流场时铺盖中部孔隙水压力最大，

斜墙中部孔隙水压力最小，斜墙后砂土内的孔隙水压力小于铺盖中部与后端及斜墙下部，数值计算结果与试验结果相一致。

2. 旱涝急转渗流

由于旱涝急转初期水流入渗困难，水槽试验中的渗压计难以量测数据，待有数据显示时已入渗一段时间，此时与数值计算结果相比较。

各部位孔隙水压力值如表 4.3 所示。

表 4.3　旱涝急转渗流结果比较　　　　　　　　　（单位：kPa）

结果	铺盖中部	铺盖后端	斜墙下部	斜墙中部	斜墙后砂土
试验结果	2.3	1.0	0.8	0.5	0.5
计算结果	31.41	156.23	123.38	39.51	5.12

由表 4.3 中的数据可以看出，试验中铺盖中部孔隙水压力大于铺盖后端，而数值计算结果却小很多，这主要是由于试验中水流可以由铺盖前端渗入，而数值计算时铺盖前端即左边界设置为不透水；试验与计算中，铺盖后端孔隙水压力均大于斜墙下部孔隙水压力，试验中斜墙中部的孔隙水压力值最小；斜墙后砂土层中孔隙水压力值在试验中表现得更大一些，主要是试验中有降雨，雨水在坝后积聚但未能及时排出，导致积水回流至斜墙后部使孔隙水压力上升。总体而言，试验模拟与数值计算结果有较好的一致性。

参 考 文 献

[1]　孙冬梅，朱岳明，张明进. 非饱和带水-气二相流数值模拟研究[J]. 岩土工程学报，2007，29（4）：560-565.

[2]　张芳枝，梁志松，周秋娟. 非饱和土性状及其边坡稳定性[M]. 北京：中国水利水电出版社，2011.

[3]　Gardner W R. Some steady state solutions of the unsaturated moisture flow equation with application to evaporation from a water table[J]. Soil Science，1958，85（4）：228-232.

[4]　吴侃. 裂缝扩展注水模拟研究[D]. 北京：中国石油大学，2010.

[5]　赵强. 裂缝流固耦合渗流机理研究[D]. 成都：西南石油大学，2015.

[6]　Mein R G，Larson C L. Modeling infiltration during a steady rain[J]. Water Resources Research，1973，9（2）：384-394.

[7]　朱昊宇，段晓辉. Green-Ampt 入渗模型国外研究进展[J]. 中国农村水利水电，2017，（10）：6-12，22.

[8]　Liao J X，Guo Y，Feng W T，et al. Development of a full 3D numerical model to investigate the hydraulic fracture propagation under the impact of orthogonal natural fractures[J]. Acta Geotechnica，2020，15（2）：279-295.

[9]　Jaber T S，Amir G，Mohammad A S N. Numerical study of influence of hydraulic fracturing on fluid flow in natural fractures[J]. Petroleum，2019，5（3）：321-328.

[10]　Lu Y Y，Wang L，Ge Z L，et al. Fracture and pore structure dynamic evolution of coals during hydraulic fracturing[J]. Fuel，2020，（259）：116272.

[11] Salam A R, Jalal F. Fluid flux throughout matrix-fracture interface: Discretizing hydraulic fractures for coupling matrix darcy flow and fractures non-Darcy flow[J]. Journal of Natural Gas Science and Engineering, 2020, (73): 103061.

[12] Shi X, Zhang W D, Xu H X, et al. Experimental study of hydraulic fracture initiation and propagation in unconsolidated sand with the injection of temporary plugging agent[J]. Journal of Petroleum Science and Engineering, 2020, (190): 106813.

[13] 王翔南, 李全明, 于玉贞, 等. 基于XFEM的土体水力劈裂模拟[J]. 岩土工程学报, 2020, 42 (2): 390-397.

[14] 孔宪勇. 土石坝心墙料水力劈裂特性试验研究[D]. 武汉: 长江科学院, 2009.

[15] 冯晓莹. 黏土心墙水力劈裂机理试验及数值分析研究[D]. 大连: 大连理工大学, 2008.

[16] 肖耀廷. 黏土心墙土石坝水力劈裂的有限元数值仿真研究[D]. 西安: 西安理工大学, 2008.

[17] 石振明, 沈丹祎, 彭铭, 等. 考虑多层非饱和土降雨入渗的边坡稳定性分析[J]. 水利学报, 2016, 47 (8): 977-985.

[18] 李秀珍, 何思明, 王震宇, 等. 降雨入渗诱发斜坡失稳的物理模型适用性分析[J]. 灾害学, 2015, 30 (1): 34-38.

[19] 李宁, 许建聪. 基于ABAQUS的三维边坡降雨入渗模块的开发及其应用[J]. 岩土工程学报, 2015, 37 (4): 667-674.

[20] 蒋中明, 熊小虎, 曾铃. 基于$FLAC^{3D}$平台的边坡非饱和降雨入渗分析[J]. 岩土力学, 2014, 35 (3): 855-861.

[21] 武丽. 降雨入渗对边坡渗流特性及稳定的影响研究[D]. 南京: 河海大学, 2005.

[22] 潘宗俊. 膨胀土公路路堑边坡工程性状研究[D]. 西安: 长安大学, 2006.

[23] 刘青水. 降雨对矿区膨胀性软岩边坡的稳定性影响分析[D]. 昆明: 昆明理工大学, 2015.

第5章　极端干旱下黏土斜墙坝脆弱性与恢复力

极端气候事件对黏土斜墙坝造成诸多不利影响，但由于不同设计、施工质量，大坝的脆弱性及恢复力会有不同。大坝脆弱性与恢复力评价是大坝工程系统对外界干扰变化影响的敏感程度及系统对这种影响的适应能力的综合评价。大坝在遭遇极端事件时，可能会由于某个部位的某个项目不满足要求而使整个工程的脆弱性被激发，甚至直接导致失事的严重后果。如对于土石坝，"防洪标准""渗流安全"等关键性因子不满足要求，则在遭遇洪水时就会对大坝脆弱性造成严重影响，此时大坝的恢复力是在遭遇极端事件后的自愈或可修复能力。

5.1　大坝脆弱性与恢复力

5.1.1　大坝脆弱性

1. 脆弱性概念

脆弱性概念的使用具有不同的研究传统，由于研究背景的差异，对脆弱性的理解也不同，因此脆弱性的概念不十分明确。这里对与本书研究相关的灾害脆弱性做简单介绍。

灾害学的脆弱性研究中，由于在解释人类社会对灾害表现出的不同脆弱性时各自理论基础不同，产生了许多学派和对脆弱性的不同解释。主要有权利理论、人类生态学理论和压力释放模型等。其中比较经典的是 Cutter 等[1,2]把脆弱性研究分为三种类型：第一类把脆弱性理解为一种暴露状况，即使人或地区陷入危险的自然条件；第二类是把脆弱性看成各种社会因素，衡量其对灾害的抵御能力（弹性）；第三类则是把可能的暴露与社会弹性在特定的地区结合起来。目前，又出现将环境心理感知因素和社会方面的风险因素引入灾害研究中，将环境风险和人类的反应整合起来的研究趋势。

气候变化中的脆弱性评估主要源于气候变化的影响评价、灾害和粮食安全等研究领域。这里的脆弱性评价使用更为广泛的工具，系统地考察哪些地区是脆弱的，它们对什么脆弱和为什么脆弱等问题。联合国政府间气候变化专门委员会（IPCC）的 2001 年评估报告中，把脆弱性定义为"脆弱性是指系统容易遭受和有没有能力对付气候变化（包括气候变率和极端气候事件）的不利影响的程度"。

它是系统对所受到的气候变化的特征、幅度和变化速率及其敏感性、适应能力的函数[3]。

2. 大坝脆弱性描述

从以上脆弱性的定义及描述中可以看出，系统脆弱性是暴露状况、敏感性和适应能力等各个组成部分在不同空间尺度下相互作用的复杂关系[4, 5]。其作为一个物理概念具有3个方面的含义：①它是物质自身的一种客观属性；②它通过外力作用而表现出来；③外力消失后难以恢复原状。

按照脆弱性的一般描述，水库大坝的脆弱性与敏感性、灾害暴露程度以及应对极端事件的各种能力相关，但水库大坝工程是一个人为管理参与度较高的复杂系统，其脆弱性不仅受自然条件及自身抵抗力综合作用，还应包含人的因素。因此，大坝脆弱性应强调工程本身与相关管理综合系统的非线性动态特征、多阈值、不确定性和突变等特征，以及渐变与突变相互作用、多时空尺度交叉影响的动态变化过程。从其脆弱性形成因素来看，可将脆弱性分为如下三部分。

1）环境脆弱性

环境脆弱性指大坝所处环境要素所形成的固有的影响工程安全性或敏感性的因素，表现为不可抗力因素。例如，影响大坝的环境脆弱性主要有台风、暴雨、干旱、地震等自然环境事件。对于台风而言，环境脆弱性影响因子包括台风中心气压、风速及其半径、风向、湍流强度以及与水利工程距离等；对于暴雨而言，环境脆弱性影响因子包括暴雨中心位置、强度、历时等；对于干旱而言，环境脆弱性影响因子包括温度、干燥度、历时等；对于地震而言，环境脆弱性影响因子包括震源、震级、方位角等。总地来说，大坝的环境脆弱性主要是指系统所遭受的外部作用。

2）承载脆弱性

承载脆弱性指工程应对外部作用或扰动所形成的维持自身安全和稳定的适用性或敏感性。承载脆弱性是由系统结构所形成和决定的，表现出大坝脆弱性的静态性特征。其影响因素主要有涉及工程质量、防洪、结构、渗流、抗震等性能的单个或综合指标。工程区近地特征（地形、地质条件等）对外部作用也有重要影响作用，因此也属于大坝的承载脆弱性。总地来说，大坝的承载脆弱性主要是指系统自身所能承受外部作用的能力。

3）管理脆弱性

管理脆弱性指系统受人为管理因素改变自身状态所形成的维持其安全和稳定的适用性或敏感性，表现出大坝脆弱性的动态性特征。影响管理脆弱性的因素主要有管理设施、管理制度、调度规程、应急预案及管理结构人员素质等。管理脆弱性受环境脆弱性和承载脆弱性的综合影响，表现为若工程的承载脆弱性优于环境脆弱性，则管理脆弱性体现不明显；若工程的承载脆弱性劣于环境脆弱性，则管理脆弱性将有明显体现。

3. 大坝脆弱性特点

脆弱性是大坝复杂系统的基本属性，始终伴随着工程存在，并不会因为系统的进化或外界环境变化而消失。通过对大坝脆弱性定义的描述，得到其如下一些特性。

1）隐藏性

大坝的脆弱性在平时并不表现出来，是不为人们直接所认知的（需要通过分析认知），只有在受到足够强度的外部干扰作用时才表现出来。随着工程运行环境的不断变化，脆弱性被激发的可能性也随之变化；尤其是随着运行年限的增加以及其性态的不断老化，工程脆弱性被激发的可能性也越来越大。

2）伴随性

仅当一定的外界干扰作用于大坝这个复杂系统中的一部分（系统），并且在一定条件之下使之崩溃后，其他与这个崩溃的系统有脆弱性联系的系统，也会因为伴随的脆弱性而发生崩溃，以及串联子系统的连锁性崩溃。

3）作用结果的多样性

由于大坝作为开放的复杂系统，其自身的变化方式以及外界环境均复杂多变，因此其脆弱性的状态变化多端，激发脆弱性方式也多种多样，脆弱性使系统产生损失的结果也不同。例如，溃坝就是大坝从有序到无序，从正常工作状态到混乱工作状态的过程，溃坝模式也不是固定的。

4）作用结果的严重性

工程的脆弱性一旦被激发，系统就有崩溃的危险（溃坝），在一定的时间段内是有危害性的。大坝安全往往关系到国计民生，一旦崩溃，后果十分严重。

5）延时性

大坝为复杂系统，具有一定的自组织性，当系统受到外部冲击力作用时，会尽力维持原有状态，因此从遭受外荷到系统崩溃有一段延时。

6）整合性

脆弱性是大坝作为一个整体复杂系统才有的属性，如果只在微观上考虑一个子系统，则是难以体现脆弱性的。

5.1.2 大坝恢复力

1. 恢复力定义

恢复力研究起始于国外，恢复力一词在牛津英语辞典中的解释：一是回跳和反弹的动作；二是伸缩性。从纯力学概念理解，恢复力是指材料在未断裂或完全变形的情况下，因受力而发生形变并存储恢复势能的能力。20世纪70年代后，恢复力被引申描述承受压力的系统恢复和回到初始状态的能力。Holling[6]首先把恢复力引入生态学领域中，作为生态系统吸收改变量而保持能力不变的测度。据此，Handmer和Dovers[7]认为稳定性强的系统不会有大的扰动而是会快速恢复正常；高恢复力系统很不稳定。Pimm[8]提出了另一种不同观点，即恢复力是系统在遭受扰动后恢复到原有平衡态的速度。这两种观点的共同点都关注系统的结构和功能的维护，但区别在于Holling强调系统能承受的扰动量，即稳定性，不关心系统是否处在平衡态；而Pimm以平衡态为基础，关注系统受扰动后恢复、抵抗、持续和变化的综合能力。

随着全球对灾害的关注日益增加和灾害研究的不断深入，恢复力作为衡量灾害系统的一个属性被引入灾害学领域。Klein等[9]以海岸带大城市的气象灾害为例，论述了自然灾害恢复力概念、发展过程及其在灾害预防和恢复方面的重要性。Tobin[10]认为可持续性和恢复力已成为当前灾害规划的指导思想，随后其在减灾模型、恢复模型和结构认知模型三个理论模型的基础上，提出了可持续性和恢复力的分析框架。Buckle等[11]在澳大利亚应急管理（EMA）的报告书中，详细阐述了个体和社区灾害脆弱性和恢复力的原理、策略和行动，其中将脆弱性定义为团体或组织对灾害损失和破坏的敏感性，将恢复力定义为团体或组织抵抗潜在损失或损失、破坏发生后恢复的能力。Pelling[12]集中研究人类（个体）的脆弱性，把对自然灾害的脆弱性分解为暴露性、抵抗力和恢复力三部分。联合国国际减灾战略（UNISDR）也采用恢复力术语，并特别考虑到自然灾害，对恢复力做如下定义：系统、社区或社会抵抗或改变的容量，使其在功能和结构上能达到一种可接受的水平。这由社会系统能够自组织的能力、增加学习能力和适应能力（包括从灾害中恢复的能力）的容量决定，且包含了恢复力联盟提到的三方面特征。一个有恢复力的系统具备三方面的特性，系统被打击的可能性减低、打击破坏的程度减小、恢复时间缩短。Rose和Liao[13]在研究地震的经济恢复力时，将恢复力定义为灾后的条件和响应，而与灾前通过减灾减少潜在损失的行为区分开对待，并从概念、操作和经验三个层次对经济恢复力进行了研究。

总体而言，恢复力研究主要侧重于减灾项目改造的模拟评价等方面，对恢复力的形成机制、影响等研究甚少。且脆弱性和恢复力缺乏统一明确的定义，对两者的理解和应用彼此交叉混淆，Foike等[14]认为恢复力和脆弱性是同一事物的两面，脆弱性是承灾体被破坏的可能性，它的反面是承灾体抵御破坏和恢复的能力即恢复力。显然，用互反性概括脆弱性和恢复力的关系并不合理，如某水利工程频繁受到水淹，损失颇大即水灾脆弱性大，但灾后及时得到除险加固等，故其恢复能力强，很快进入灾后正常的生产生活。可见，该工程的脆弱性和恢复力之间并没有呈现必然的反向关系。事实上，恢复力和脆弱性都是由多个复杂因素的相互作用形成的，它们同是事物的属性但不是全部，在这些因素中对恢复力起主导作用的因素包括减灾资源的可获取性和经济安全性以及解决问题或进行决策的知识和技能。获取系统的恢复力是一种积极的减灾行为，减少脆弱性只是由此产生的一种反应性结果。脆弱性和恢复力两者就像一个双螺旋结构，在不同的社会层面和时空尺度中交叉，所以它们是不可分离的，但也不能简单地视其为硬币的正反两面，应该强调两者之间直接且紧密的联系。

恢复力包含广义和狭义两方面的内容。广义恢复力包括系统抵抗致灾因子打击的能力（静态部分）和灾后恢复的能力（动态部分）两个方面。狭义灾害恢复力则只包括系统灾后调整、适应、恢复和重建的能力，可以由恢复速度、恢复到稳定水平所需时间和恢复后水平等变量表征。确定恢复后水平时应动态考虑灾前水平在恢复时间段内若以原来正常发展速度应达到的水平，而不是静态地和灾前水平比较。就其狭义的内涵而言，脆弱性是一种状态量，反映灾害发生时系统将致灾因子打击力转换成直接损失的程度，所以脆弱性研究主要是为灾前的减灾规划服务；恢复力则是一种过程量，反映了灾情已经存在的情况下，系统如何自我调节从而消融间接损失并尽快恢复到正常的能力（即恢复力是以灾情为起始点来发挥其作用的），所以恢复力研究主要用于灾后恢复重建计划的制定，主要目的是确定如何恢复以达到事半功倍的效果，即找出恢复力建设的薄弱环节及灾后高效恢复的措施和途径。需要说明的是，恢复力概念在系统未被完全损坏前适应，而在完全损坏时则用重建能力表征。

2. 大坝恢复力

灾害恢复力的研究必须在灾害系统中来进行。本书总结归纳灾害系统的各个要素之间的相互关系如下：大坝在灾害发生前存在着潜在的脆弱性，脆弱性越高意味着风险越大，可能造成的灾害损失也越大；而恢复力大小决定了实际的灾情，恢复力大的工程能够降低可能的灾害损失，及时从灾害中恢复到正常状态，恢复力小的地区则正好相反。另外由于系统调整、适应和学习能力的存在，恢复力对下一次灾害也将产生正面影响，有助于更好地做好备灾响应、改进减灾规划和应急预案，从而进一步降低风险，即恢复力对灾害系统存在一种正反馈机制。所以脆弱性和恢复力可看成是承灾体的两个重要的品质属性，二者互相影响，贯穿于灾前、灾中、灾后各个环节。由于时空分布差异的存在，脆弱性和恢复力差异十分明显，这使得具有相同致灾强度的致灾因子发生后，造成的影响不同。明确识别风险和客观量度区域承灾体的脆弱性和恢复力，可使管理者有足够的科学依据来规划如何避免或尽量减小灾害造成的不利后果。

5.2 极端干旱中黏土斜墙坝脆弱性

5.2.1 受旱过程中黏土体脆弱性

1. 土水特征曲线分析

土体在受旱过程中最主要的变化是含水率的降低，在含水率不断降低的过程中产生干缩裂缝，因此研究土体的抗旱能力可以从土体的持水能力角度进行分析。土壤的持水曲线又可以称为土水特征曲线，因此，可根据土水特征曲线分析土体抗旱性能。土水特征曲线基于前述研究干湿循环次数对土体裂缝影响试验中的基质吸力变化获取。

土水特征曲线中包含两个基本参数，分别为进气值与残余饱和度。土体在脱湿过程中，当吸力增加到一定值时，土体外空气将冲破水膜进入土体，此时的吸力值成为进气值。理论上讲，进气值表征了引起土体内部最大孔隙中产生减饱和所需的水、气压力差。通过将土水特征曲线中斜率恒定部分延长并与饱和度100%时的吸力轴相交，交点对应的吸力值即为进气值。随着土体基质吸力的增大，其饱和度连续减小，至一定值时，饱和度的继续减小需增加很大的吸力，该值定义为残余饱和度。残余饱和度可认为是液相开始变得不连续时的饱和度，它代表了一个含水量值。当减饱和到此值后，土样中的水会越来越难于通过吸力的增大而排出，即吸力对减饱和的作用大幅下降，而此后只有通过蒸发才能有效排水[15]。进气值与残余饱和度在土水特征曲线中的获取如图 5.1 所示。

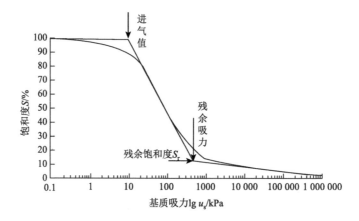

图 5.1 土水特征曲线

影响土体持水性能的因素有很多，包括土的矿物成分、孔隙结构、土颗粒应力状态等，不同种类的土体有着不同的土水特征曲线（图 5.2），矿物成分对土水特征曲线影响较大，土体的黏粒含量越高，土体的持水性能越强，脱水速度就越慢。孔隙比对土水特征曲线的进气值和储水能力有较大影响。孔隙比较大的土体进气值较小，孔隙比较小的土体含水量变化较小，表现出较好的持水能力[16]。

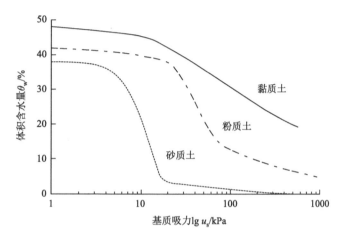

图 5.2　不同土质的土水特征曲线

当土体内的基质吸力达到进气值时，空气开始进入土体孔隙，此时土体开始受到干旱的影响，进气值越大，代表土体越晚受干旱的影响。当基质吸力达到残余吸力时，土体进入残余收缩阶段，此时受干旱影响产生的干缩裂缝已停止发育，表明土体受干旱影响已达到极限。根据 2.1 节对裂缝发育的研究，土体内的基质吸力是裂缝扩展的主要驱动力，残余吸力越大，裂缝扩展时间越长，代表土体受干旱影响时间越长。

基于前述干湿循环试验中的基质吸力分析结果，获取模型不同部位的土水特征曲线。土体在经历多次极端干旱后会产生纵横交错的裂缝，为雨水提供了良好的入渗通道，使得土体基质吸力快速降低。对于均质土坝，正常情况下坝脚一般完全浸没于库水下，坝底也不会受到外部环境的影响，只有上游坝坡中部和坝顶与外界环境接触，因而只分析上游坝坡中部和坝顶的土水特征曲线，如图 5.3 所示。

在保证模型填筑质量、坝体各处孔隙均匀的前提下，可以由土水特征曲线直接得到土的进气值与残余饱和度。根据试验可以得出坝坡处进气值约为 40kPa，坝顶面处进气值约为 80kPa，进气值大小是与该处颗粒的疏密程度有关的，进气值越高、颗粒孔径越小，持水能力越强，坝顶面的进气值为坝坡处的 2 倍，说明坝坡中部相较于坝顶更早受干旱的影响,且经历干湿循环后上游坝坡中部裂隙易发育,使得土体疏松,持水能力差。对比两条土水特征曲线的残余吸力可以看出,坝顶处的残余吸力大于坝坡中部,表明坝顶处受干旱影响时间更长。坝顶水平层可近似看作水平铺盖的一段,从而可以认为,当铺盖与斜墙同时裸露于外时,斜墙更易出现裂缝,但铺盖裂缝更为发育,结果与离心模型试验中观察到的现象一致。

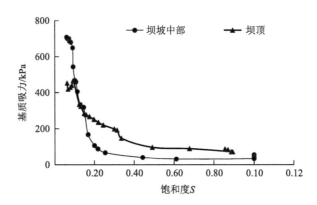

图 5.3 上游坝坡中部和坝顶的土水特征曲线

2. 比水容量分析

土体的比水容量是指土体吸力变化一个单位时土体含水量的变化值,是土体释水能力的量化指标,土体的比水容量可作为土壤抗旱性的指标。

非饱和土中的液体流动和含水量随时间和空间的改变而变化,导致其变化的两个基本机制如下:①周围环境随时间变化而变化;②土体储水能力。

考虑渗透系数与吸力或吸力水头之间的如下函数关系,达西定律可推广解决非饱和土渗流问题:

$$q_x = -k_x(h_m)\frac{\partial h}{\partial x}, q_y = -k_y(h_m)\frac{\partial h}{\partial y}, q_z = -k_z(h_m)\frac{\partial h}{\partial z} \quad (5.2.1)$$

式中,h_m 为基质吸力水头,m,$k(h_m)$ 为非饱和渗透系数函数,m/s。

将总水头看作基质吸力水头与位置水头之和,则控制方程可表示为

$$\frac{\partial}{\partial x}\left[k_x(h_m)\frac{\partial h_m}{\partial x}\right] + \frac{\partial}{\partial y}\left[k_y(h_m)\frac{\partial h_m}{\partial y}\right] + \frac{\partial}{\partial z}\left[k_z(h_m)\left(\frac{\partial h_m}{\partial z}+1\right)\right] = \frac{\partial \theta}{\partial t} \quad (5.2.2)$$

式中,z 坐标方向附加的一项是由位置水头引起的。

将式(5.2.2)等号右边应用链式法则进行变换,采用基质吸力水头表示:

$$\frac{\partial \theta}{\partial t} = \frac{\partial \theta}{\partial h_m}\frac{\partial h_m}{\partial t} \quad (5.2.3)$$

式中，$\dfrac{\partial \theta}{\partial h_{\mathrm{m}}}$ 表示体积含水量预计值-吸力水头关系曲线的斜率，该斜率称为比水容量 C，比水容量通过土水特征曲线获取，根据 Gardner 提出的拟合模型：

$$u_{\mathrm{s}} = a\theta^{-b} \tag{5.2.4}$$

得到含水量为因变量的关系式：

$$\theta = a^{\frac{1}{b}} \cdot u_{\mathrm{s}}^{-\frac{1}{b}} \tag{5.2.5}$$

令 $A = a^{\frac{1}{b}}, B = \dfrac{1}{b}$，则

$$\theta = A u_{\mathrm{s}}^{-B} \tag{5.2.6}$$

对式（5.2.5）进行微分计算，可得出比水容量：

$$C = -\mathrm{d}\theta / \mathrm{d}u_{\mathrm{s}} = A \cdot B u_{\mathrm{s}}^{-(B+1)} \tag{5.2.7}$$

计算出两条土水特征曲线的比水容量为

坝坡中部：$C = 3.148 u_{\mathrm{s}}^{-1.144}$

坝顶：$C = 3.211 u_{\mathrm{s}}^{-1.196}$

一般认为[17-19]，比水容量 10^{-2} 级的出现标志着土体已处于难释水范围，可根据比水容量 10^{-2} 级出现的吸力值大小对土体的释水能力和抗旱能力进行评价。在不同基质吸力条件下，计算土体比水容量，计算结果见表 5.1。

表 5.1 比水容量计算结果

部位	基质吸力/kPa				
	10	50	100	150	200
坝坡中部	2.25×10^{-1}	3.58×10^{-2}	1.62×10^{-2}	1.02×10^{-2}	7.33×10^{-3}
坝顶	2.04×10^{-1}	2.98×10^{-2}	1.30×10^{-2}	8.01×10^{-3}	5.68×10^{-3}

由表 5.1 可以看出，两处的比水容量均在基质吸力达到 50kPa 时出现 10^{-2} 级，表明土体已较难释水，且坝顶处比坝坡中部的比水容量更小，表明坝顶更难释水，随着干旱过程的持续，坝顶处将出现更大的基质吸力才能使水分释出。同样将水平坝顶类比成水平铺盖，可以得出斜墙更易出现裂缝，但铺盖裂缝更为发育，结果与离心模型试验中观察到的现象一致。

3. 二次干旱对土体影响

土体内孔隙的大小、形状及分布是土的结构组成的重要因素，测定或估算孔

隙物理性能的方法对预测土体强度、压缩性和渗透性也有着深远的影响。土体的孔隙变化直观表现在土体脱水-饱水中的缩胀行为上,交错产生的极端干旱与强降雨使得这种变化更为显著。因此有必要进行干旱-降雨循环对坝体土体孔隙变化影响的定量计算研究。通过理论推导分析受旱过程中土体孔隙体积的变化,再基于前述干湿循环过程对大坝裂缝影响试验获取坝坡模型不同部位土水特征曲线,依据试验结果提取计算所需参数,结合理论计算得出干旱-降雨循环过程中土体孔隙体积的变化。

1)计算分析变量

研究干湿循环对土体孔隙的影响可以从分析孔隙体积变化方面考虑。根据开尔文方程将基质吸力与孔径联系起来,开尔文方程表示为

$$\mu_1 - \mu_0 = -RT \ln\left(\frac{u_{v1}}{u_{v0}}\right) = \frac{2T_s v_w \cos\alpha}{r} \tag{5.2.8}$$

式中,$\mu_1 - \mu_0$ 为毛细管内因气-水交界面的弯曲而产生的水蒸气化学势能的变化量,J/mol;R 为通用气体常数,J/(mol·K);T 为热力学温度,K;u_{v0} 为温度 T 条件下与自由水达到平衡时的饱和蒸汽压值;u_{v1} 为毛细管中的当前蒸汽压值;T_s 为表面张力,J/m²;v_w 为水蒸气的偏摩尔体积,m³/mol;α 为土体颗粒与孔隙之间的接触角,(°);r 为土体孔隙半径,m。

土体孔隙中的水-土交界曲面上的总压力变化 $(u_a - u_w)$ 可用式(5.2.9)表示:

$$u_a - u_w = \frac{2T_s \cos\alpha}{r} \tag{5.2.9}$$

式中,u_a、u_w 分别为气压与水压,kPa。

将式(5.2.8)代入式(5.2.9)可得

$$u_a - u_w = -\frac{RT}{v_w} \ln \text{RH} \tag{5.2.10}$$

式中,RH 为相对湿度,%。

整理式(5.2.10)可得相对湿度表达式:

$$\text{RH} = \exp\left(-\frac{(u_a - u_w)v_w}{RT}\right) \tag{5.2.11}$$

毛细半径 r_k(开尔文半径)可用表面张力 T_s、接触角 α 以及相对湿度 RH 的函数关系表示:

$$r_k = -\frac{2T_s v_w \cos\alpha}{RT \ln \text{RH}} = \frac{2T_s \cos\alpha}{u_a - u_w} \tag{5.2.12}$$

依据测量的毛细压力对土体孔隙几何形态概化,需要多种变量关系,包括孔

隙体积、平均孔隙半径、土体固体颗粒吸附水膜的厚度、孔隙体积与土颗粒表面积的比率[20]。将变量以微小增量的形式表示，对已知的土水特征曲线进行分析，便可确定各变量的每一步微小增量。

孔隙体积变化量 ΔV_p^i 可定义为

$$\Delta V_p^i = \frac{\Delta w^i}{\rho_w} \quad (5.2.13)$$

式中，质量含水量 w^i 可从土水特征曲线中直接获得。

实际孔隙半径 r_p^i 为开尔文半径与水膜厚度之和，开尔文半径如式（5.2.12）所示，水膜厚度为

$$t^i = \tau \left[-\frac{5}{\ln \text{RH}^i} \right] \quad (5.2.14)$$

式中，τ 为吸附质分子的有效直径，m。

$$\tau = \frac{v_w}{AN_A} = \frac{18 \times 10^{-6} \text{ m}^3/\text{mol}}{(10.8 \times 10^{-20} \text{ m}^2) \times (6.02 \times 10^{23} \text{ mol})} = 2.77 \times 10^{-10} \text{ m} \quad (5.2.15)$$

式中，A 为液体水分子所占区域的横截面的面积，m^2；N_A 为 Avogadro 常数，$6.02 \times 10^{23}/\text{mol}$。

实际孔隙半径即可表示为

$$r_p^i = r_k^i + t^i \quad (5.2.16)$$

在孔隙几何形态已知的条件下，可用孔隙的体积与面积的比率来确定吸力在第 i 步增量时所对应的比表面积的变化量。本书计算定义孔隙为球体，比表面积的增量可表达为

$$\Delta S^i = \frac{3\Delta V_p^i}{r_p^i} \quad (5.2.17)$$

2）计算过程

（1）将土水特征曲线中的基质吸力转换成相对湿度；
（2）将质量含水量转换成每单位质量固体内水填充孔隙的体积；
（3）用式（5.2.12）计算开尔文半径；
（4）用式（5.2.14）计算水膜厚度；
（5）用式（5.2.16）计算实际孔隙半径；
（6）在给定相对湿度变化量的情况下（如考虑沿着脱湿曲线降低的情形），计算每单位质量固体内孔隙体积的减少量；
（7）计算孔隙体积减小过程中的平均开尔文半径；
（8）计算孔隙体积减小过程中的平均孔隙半径；

（9）在假定孔隙几何形态的条件下，用式（5.2.17）计算比表面积的增量；
（10）将前述的孔隙体积增量相加，计算每单位质量内的累积孔隙体积。
3）孔隙分析结果
用土水特征曲线确定孔径分布的计算过程见表 5.2 和表 5.3。

表 5.2 用土水特征曲线确定孔径分布计算表格（坝坡中部）

u_a-u_w/kPa	w/(g/g)	RH/%	V_p/(cm³/g)	r_k/10^{-10}m	T/10^{-10}m	r_p/10^{-10}m	ΔV_p/(cm³/g)	$(r_k)_{avg}$/10^{-10}m	$(r_p)_{avg}$/10^{-10}m	Δs/(m²/g)	$\sum V_p$/(cm³/g)
33.8	0.580	1.0	0.580	42 603.6	2.847	42 606.4	—	—	—	—	—
31.9	0.354	1.0	0.354	45 141.1	2.847	45 143.9	0.225	43 872.3	43 875.2	0.150	0.225
40.5	0.256	1.0	0.256	35 555.6	2.847	35 558.4	0.098	40 348.3	40 351.2	0.083	0.323
66.9	0.147	1.0	0.147	21 524.7	2.847	21 527.5	0.109	28 540.1	28 543.0	0.152	0.433
88.3	0.126	1.0	0.126	16 308.0	2.847	16 310.9	0.021	18 916.4	18 919.2	0.039	0.228
106.8	0.116	1.0	0.116	13 483.1	2.847	13 486.0	0.010	14 895.6	14 898.4	0.022	0.463
167.3	0.098	1.0	0.098	8607.3	2.847	8610.1	0.018	11 045.2	11 048.1	0.063	0.482
318.3	0.085	1.0	0.085	4524.0	2.847	4526.9	0.013	6565.7	6568.5	0.084	0.494
333.4	0.076	1.0	0.076	4319.1	2.847	4322.0	0.010	4421.6	4424.4	0.068	0.504
405.9	0.067	1.0	0.067	3547.7	2.847	3550.5	0.008	3933.4	3936.3	0.071	0.512
460.5	0.063	1.0	0.063	3127.0	2.847	3129.9	0.004	3337.4	3340.2	0.040	0.517
468.0	0.060	1.0	0.060	3076.9	2.847	3079.8	0.003	3102.0	3104.8	0.027	0.519
544.2	0.055	1.0	0.055	2646.1	2.847	2648.9	0.006	2861.5	2864.4	0.063	0.525
649.0	0.053	1.0	0.053	2218.8	2.847	2221.6	0.001	2432.4	2435.3	0.019	0.526
680.0	0.048	1.0	0.048	2117.6	2.847	2120.5	0.006	2168.2	2171.1	0.079	0.532
686.0	0.043	1.0	0.043	2099.1	2.847	2102.0	0.004	2108.3	2111.2	0.060	0.536
700.0	0.042	1.0	0.042	2057.1	2.847	2060.0	0.001	2078.1	2081.0	0.020	0.538
702.0	0.036	1.0	0.036	2051.1	2.847	2054.0	0.006	2054.2	2057.1	0.082	0.543
708.0	0.035	1.0	0.035	2033.9	2.847	2036.7	0.001	2042.6	2045.4	0.021	0.545
—	—	—	—	—	—	—	0.035	—	—	1.143	0.580

表 5.3 用土水特征曲线确定孔径分布计算表格（坝顶）

u_a-u_w/kPa	w/(g/g)	RH/%	V_p/(cm³/g)	r_k/10^{-10}m	T/10^{-10}m	r_p/10^{-10}m	ΔV_p/(cm³/g)	$(r_k)_{avg}$/10^{-10}m	$(r_p)_{avg}$/10^{-10}m	Δs/(m²/g)	$\sum V_p$/(cm³/g)
71.6	0.518	0.999	0.518	20 123.0	2.847	20 125.8	—	—	—	—	—
89.8	0.393	0.999	0.393	16 042.8	2.847	16 045.6	0.125	18 082.9	18 085.7	0.234	0.125
96.6	0.284	0.999	0.284	14 913.0	2.847	14 915.9	0.109	15 477.9	15 480.7	0.218	0.234

续表

u_a-u_w/kPa	w/(g/g)	RH/%	V_p/(cm³/g)	r_k/10^{-10}m	T/10^{-10}m	r_p/10^{-10}m	ΔV_p/(cm³/g)	$(r_k)_{avg}$/10^{-10}m	$(r_p)_{avg}$/10^{-10}m	Δs/(m²/g)	$\sum V_p$/(cm³/g)
147.3	0.195	0.999	0.195	9778.6	2.847	9781.5	0.090	12 345.8	12 348.7	0.275	0.323
192.5	0.182	0.999	0.182	7482.1	2.847	7484.9	0.013	8630.3	8633.2	0.051	0.211
198.7	0.174	0.999	0.174	7248.6	2.847	7251.4	0.008	7365.3	7368.2	0.035	0.344
220.1	0.141	0.999	0.141	6543.7	2.847	6546.5	0.032	6896.1	6899.0	0.148	0.377
235.1	0.127	0.999	0.127	6126.1	2.847	6128.9	0.014	6334.9	6337.7	0.069	0.391
251.4	0.115	0.999	0.115	5728.8	2.847	5731.7	0.013	5927.5	5930.3	0.066	0.403
266.8	0.102	0.999	0.102	5398.1	2.847	5401.0	0.013	5563.5	5566.3	0.070	0.416
277.6	0.092	0.999	0.092	5188.1	2.847	5190.9	0.010	5293.1	5295.9	0.057	0.426
283.9	0.087	0.999	0.087	5072.9	2.847	5075.8	0.006	5130.5	5133.3	0.033	0.431
323.7	0.077	0.999	0.077	4449.1	2.847	4452.0	0.010	4761.0	4763.9	0.066	0.441
334.4	0.073	0.999	0.073	4306.7	2.847	4309.6	0.004	4377.9	4380.7	0.029	0.445
467.9	0.055	0.999	0.055	3077.8	2.847	3080.7	0.018	3692.3	3695.1	0.177	0.463
440.4	0.050	0.999	0.050	3270.1	2.847	3272.9	0.004	3173.9	3176.8	0.038	0.468
429.3	0.046	0.999	0.046	3354.6	2.847	3357.5	0.004	3312.3	3315.2	0.038	0.472
419.1	0.039	0.999	0.039	3436.3	2.847	3439.1	0.007	3395.4	3398.3	0.061	0.479
453.5	0.036	0.999	0.036	3175.6	2.847	3178.4	0.003	3305.9	3308.8	0.026	0.482
—	—	—	—	—	—	—	0.036	—	—	1.690	0.518

表 5.2 和表 5.3 的计算结果显示，坝坡中部的单位质量累积孔隙体积增量为 0.580 cm³/g，坝顶下部为 0.518 cm³/g。在传感器埋设时，坝坡中部的传感器贴近坡面，而坝顶传感器相对位于模型内部，在干湿循环过程中，坝坡面相对于内部而言受外部环境影响较大。一般而言，在干燥过程中，随着土体饱和度的降低，基质吸力增大使得试样发生收缩变形[21-23]，但从实验结果看出，经过干湿循环，受外部环境影响更大的坝坡区域的孔隙体积大于模型内部，在初始孔隙率相同的情况下，内部土体收缩相对坡面较大，对于土体均匀收缩时该现象与已有研究不相符，实际上对于坝体模型而言，土体收缩并非各向同性，不同部位的土体收缩方向不一致，当收缩量较大时，这种不一致性的直观表现即为产生裂缝。裂缝的出现使得土体基质吸力快速增大，加速了土体的收缩，土体内部相应产生更为交错的裂缝，土体的收缩量反映在裂缝长度、宽度、深度及条数的增大上，土体的收缩相应减小。由于土体内部尚未出现裂缝，土体的收缩表现为孔隙的减小，导致试验中发现的内部土体收缩量大于外部土体。

根据计算，对比分析两次干湿循环过程中土体孔隙变化，结果见表 5.4。

表 5.4 两次干湿循环过程中土体孔隙体积变化

部位	循环次数	$\Delta V_p/(\text{cm}^3/\text{g})$	$\sum V_p/(\text{cm}^3/\text{g})$
坝顶	1	0.035	0.580
	2	0.072	0.662
坝中	1	0.036	0.518
	2	0.083	0.597

进行两次干湿循环对比分析时认为，土体受旱过程中产生的裂缝在加湿过程中已愈合，从计算结果可以看出，第二次的干湿循环土体的单位质量累积孔隙体积增量均变大，若认为受旱过程均是从同一基质吸力值开始，那么意味着土体可用于收缩的土体孔隙增大，即经历过干湿循环后土体孔隙体积比未经受干湿循环之前大。对于未产生裂缝的土体，在干湿循环过程中虽未产生宏观上的土体断裂，但土颗粒之间的连接减少。当饱和度再次增大时，原先收缩的体积膨胀，此时的整体体积将增大，循环次数增加将会导致这种体积增大量变大，且受干湿循环条件影响越大的部位，体积增大量也会越大，这种变化正如试验结果显示，即坝坡中部土体的单位质量累积孔隙体积大于内部土体。因此可以认为干湿循环会增大土体的孔隙体积，降低土体的密实度。

根据计算结果分析，经受过一次干旱后的土体，无论是否产生裂缝，在饱水过程中土体孔隙体积均出现增大，且第二次的干旱降雨过程会使孔隙体积进一步增大，因此，坝坡土体在受旱后不适宜再承受第二次干旱。

5.2.2 旱涝急转工况下黏土斜墙坝脆弱性

旱涝急转工况下黏土斜墙坝的脆弱性主要表现在干缩裂缝对渗流的影响以及可能出现的水力劈裂情况。在 4.3 节中已进行了裂缝对渗流的影响分析，同时基于实例进行水力劈裂计算，本部分所讨论的黏土斜墙坝脆弱性主要指的是不同情况下发生水力劈裂的可能性。

1. 裂缝性状对水力劈裂的影响

在分析水力劈裂情况之前先确定土体自然状态下的应力分布，计算土体干密度为 1.6g/cm^3，结果如图 5.4 所示，可以看出在无水压作用下，土体内应力按自重分布，裂缝底部土体由于两侧土压力作用，内部压应力略大于同一高程其他部位。将土体自重应力作为初始条件纳入随后的渗流计算过程。计算中水位变化分两种情况考虑，第一种是恒定水位 24m，第二种为逐渐增长的水位，水位增长时间为 7d，最初水位为 4m，随时间变化如图 5.5 所示，两种工况计算土体应力分布如图 5.6 和图 5.7 所示。

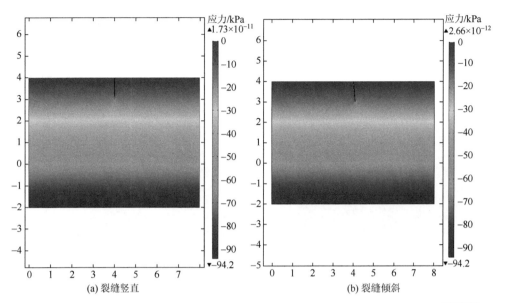

图 5.4 土体自重应力分布

横轴代表水平距离（m）；纵轴代表高程（m）

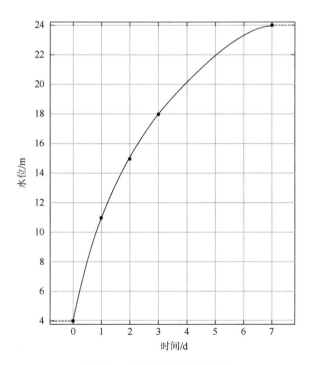

图 5.5 水位随时间变化过程

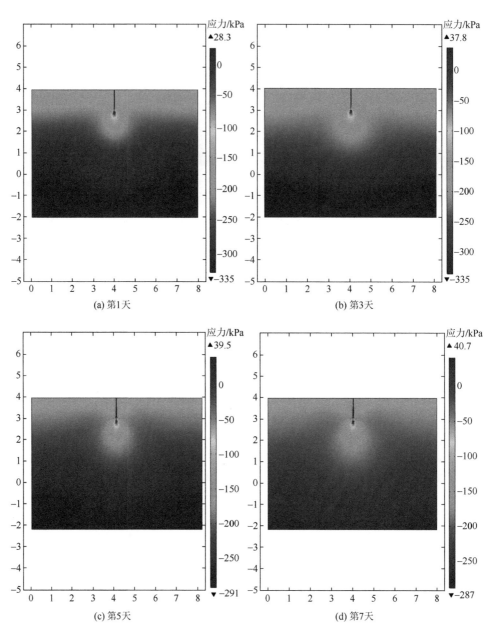

图 5.6 恒定水位下应力分布

横轴代表水平距离（m）；纵轴代表高程（m）

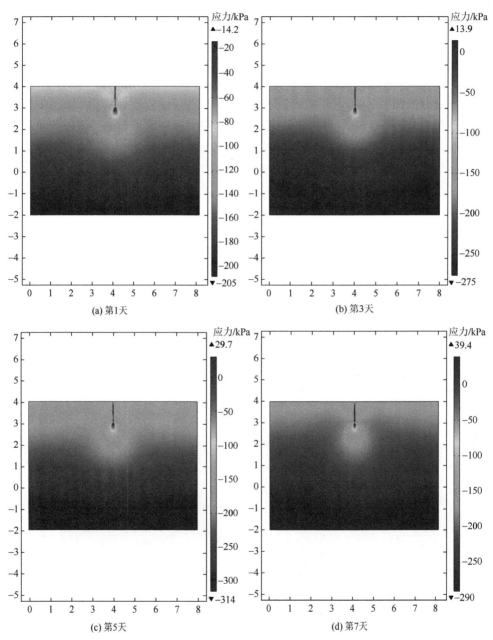

图 5.7 变化水位下应力分布

横轴代表水平距离（m）；纵轴代表高程（m）

对比分析两种水位情况下土体内部应力分布可以发现,在水位逐渐增长的情况下,裂缝底部土体应力由压应力转变为拉应力,而水位恒定时裂缝底部土体在初始时刻即表现为拉应力,但当水头增长至相同时,土体内的渗流情况基本相同,裂缝底部拉应力大小一致。对于水位恒定情况,在初期阶段[图 5.6(a)、(b)],渗流过程尚未影响到底部土体,此时底层应力为土体重力与水体重力之和,可以看作总应力。随着渗流过程的不断发展,底层土体中水压力承担了一部分总应力,土体有效应力降低,底层土体内应力逐渐减小。对于水位变化情况,水位不断增大,使得总应力变大,导致初期土层底部土体应力也在增大,当渗流过程发展至下部时,土体有效应力在减小。对于裂缝底部土体,同样由于孔隙水压力增大,土体有效应力减小,最终由压应力转变为拉应力。

从图 5.4 可以看出,自然状态下裂缝底部土体内应力分布受到裂缝发育方向的影响,因此考虑裂缝发展方向对渗流过程中土体内部应力分布的影响,水位考虑逐渐上升工况,计算结果如图 5.8 所示。对比图 5.8 与图 5.7 中不同裂缝发育方向时土体内应力分布可以看出,当裂缝方向倾斜时,裂缝底部土体在高水位时产生的拉应力略小于裂缝竖直发育时的拉应力,且裂缝底部土体左半部分的拉应力区更大,产生水力劈裂后裂缝扩展方向将向左偏移,即与原裂缝发育方向相反,主要原因是原裂缝发育方向改变后,裂缝底部受到的土压力改变,使得偏向裂缝发育方向一侧的土体受到更大的压应力,相应地在水压作用下产生的拉应力也较小,水力劈裂时裂缝扩展不易向该侧发展。

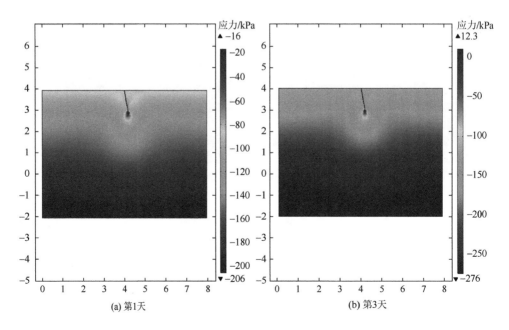

(a) 第1天 (b) 第3天

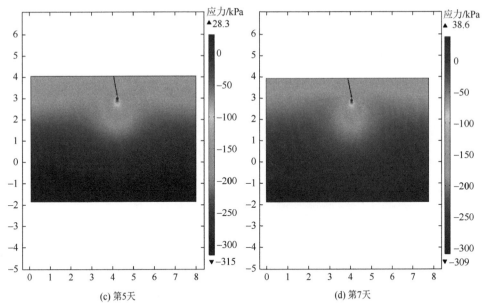

(c) 第5天　　　　　　　　　　(d) 第7天

图 5.8　倾斜裂缝渗流过程应力变化

横轴代表水平距离（m）；纵轴代表高程（m）

计算不同裂缝深度时土体内应力分布情况，水位考虑逐渐上升工况，计算结果如图 5.9 和图 5.10 所示。从图 5.9 与图 5.10 可以看出，裂缝深度增大后，裂缝底部土体内的应力并未出现大的变化，主要原因是裂缝深度增大后，底部土体虽然受到的水压增大，但土体自重在底部的土压力也增大，即初始状态的有效应力也增大。根据土压力计算公式 $\sigma_s = \gamma_s h K_a$，以及水压力计算公式 $\sigma_w = \gamma_w h$，两者增大量的比较在于 $\gamma_s K_a$ 以及 γ_w，计算中 K_a 为 0.38，γ_s 为 26 kN/m³，二者的乘积略小于 γ_w，因此表现出裂缝深度增大后底部应力并不明显变化。当土体干密度较小时，裂缝深度增大会导致土压力增长小于水压，使得高水位时裂缝底部拉应力更大。

考虑裂缝宽度不同时土体应力分布计算结果如图 5.11 所示。在渗流初期，当宽度增大后裂缝底部土体内的应力有所减小，主要由于裂缝宽度范围内土压力减小。当渗流发展至土层底部后，裂缝底部土体应力基本与 3cm 宽度时应力一致，因此可以认为裂缝宽度并不会影响土体渗流过程内部应力分布，但当土层在水力劈裂作用下被贯穿后，裂缝部位成为敞开的渗漏通道，此时裂缝宽度对渗漏量有较大影响。

考虑了裂缝自身的差异，还需分析土体结构形态的差异，主要分析裂缝存在时斜坡与地表水平土体在渗流过程中应力分布的不同，调整水位增长曲线使裂缝处有相同的水头变化，计算结果如图 5.12～图 5.14 所示。由于地表倾斜，土体内

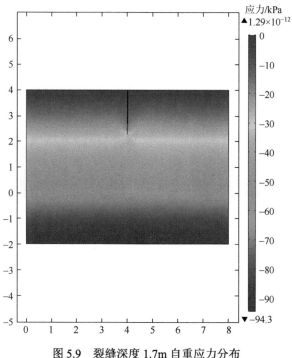

图 5.9 裂缝深度 1.7m 自重应力分布

横轴代表水平距离（m）；纵轴代表高程（m）

部自重应力分布基本平行于土体表面。渗流过程中，由于斜坡裂缝右侧土体在裂缝底部产生的土压力增大，裂缝底部初始阶段压应力大于地表水平时的压应力，且后期产生的拉应力小于地表水平时的拉应力。当斜坡坡度增大后，初期阶段裂缝底部土体内的压应力更大，后期阶段裂缝底部一直未出现拉应力。土层坡度虽然改变，但水位增长是从坡脚开始的，裂缝左半部分土体先受到水压作用，当水位超过裂缝顶部后裂缝右半部分土体开始受到水压作用，裂缝两侧受到的水压大小存在差异，但由于水位增长速度较快，且相对于水头，这种高程差异可以忽略，计算中并未反映出来。当水位超过土层高度后，土体整体受到的水压作用是向下的，与裂缝发展法向相交，一定程度上使裂缝底部压应力更大，该现象在地表水平裂缝倾斜时也有所表现，但在斜坡土体中表现出的压应力更大。

2. 土体干密度影响

对于同一种土体参数的分析包含很多，如干密度、黏聚力、内摩擦角、变形模量等，在本次分析中考虑土体产生水力劈裂可能性即分析裂缝底部土体应力状态时，涉及的参数主要有干密度以及对水平自重应力产生影响的黏聚力和内摩擦角，当土体干密度确定后可以认为黏聚力与内摩擦角在一定范围内取值，因此以土体干密度作为考虑影响参数。在分析应力变化过程中考虑了孔隙水压力作用,孔隙水压力变化受土体渗透性的影响,而土体渗透性与土体干密度相关联,因此不将渗透性纳入考虑影响因素范围。综上,考虑土体参数对水力劈裂影响时只分析土体干密度影响。

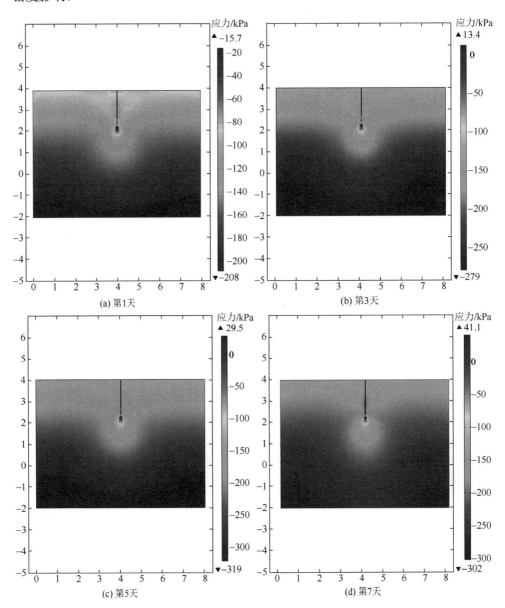

图 5.10 裂缝深度 1.7m 渗流过程应力分布

横轴代表水平距离(m);纵轴代表高程(m)

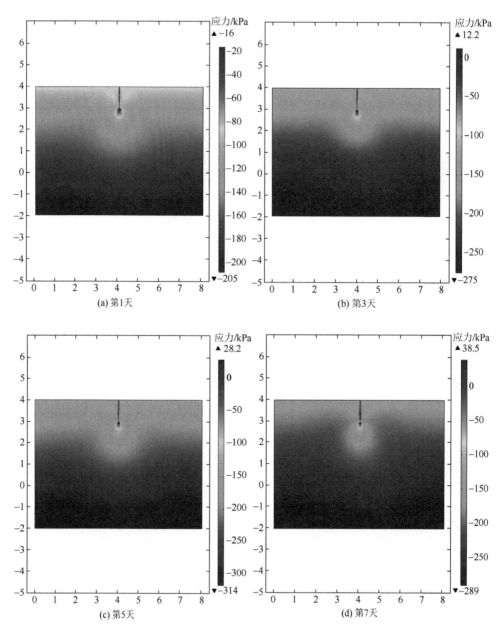

图 5.11 裂缝宽度 5cm 渗流过程应力分布

横轴代表水平距离（m）；纵轴代表高程（m）

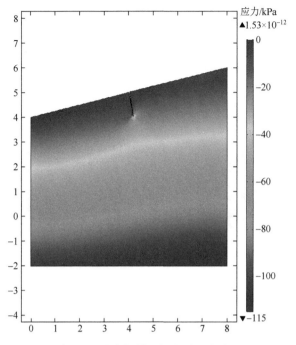

图 5.12 地表倾斜土体自重应力分布

横轴代表水平距离（m）；纵轴代表高程（m）

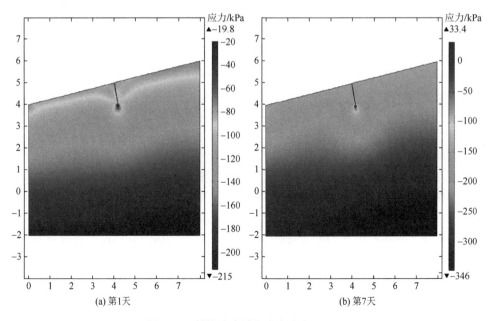

图 5.13 斜坡渗流过程应力分布（一）

横轴代表水平距离（m）；纵轴代表高程（m）

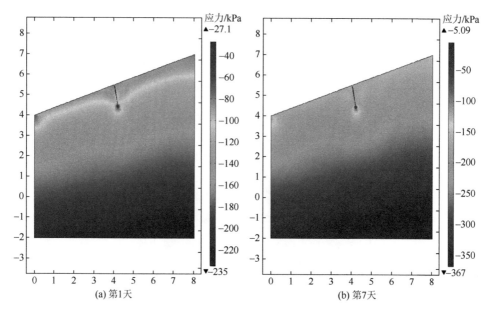

图 5.14 斜坡渗流过程应力分布（二）

横轴代表水平距离（m）；纵轴代表高程（m）

前一部分计算中的土体干密度为 1.6g/cm³，接下来计算土体干密度为 1.4g/cm³ 与 1.2g/cm³ 时土体自重应力与渗流应力，结果如图 5.15～图 5.17 所示。

对比三种干密度时土体自重应力分布可以看出，随着干密度的增大，土体同一高程土体应力也在增大。在渗流初期，第 1 天水位增长至 11m 时，干密度分别为 1.2g/cm³、1.4g/cm³、1.6g/cm³ 的土体裂缝底部表现为压应力，压应力大小分别为 21.1kPa、17.5kPa、14.2kPa，应力大小随着干密度的增大而减小，渗流后期表现为拉应力，大小分别为 72.0kPa、61.3kPa、39.4kPa，拉应力大小随干密度增大而减小。由于各干密度计算分析中采用的水位增长曲线相同，因此土体承受上部水体施加的总应力相同，而在渗流初期，土体含水率较低，渗透系数较小，且干密度越大的土体，渗透系数越小，使得同一水位时土体内能分担总应力的孔隙水压力随干密度的增大而减小，因此土骨架受到的水体压力（即有效应力）随干密度的增大而增大，对于远离裂缝底部的部位，有效应力使土体内压应力更大，但对于裂缝底部土体，由于裂缝壁土体内有效应力方向与裂缝垂直，且两侧裂缝方向相反，有效应力越大使得裂缝底部土体内拉应力越大，对于原本是受压状态的裂缝底部土体内有效应力表现出应力随土体干密度的增大而减小的趋势。在渗流后期，由于裂缝底部土体基本已完全饱和，各密度土体内孔隙水压力基本相等，此时有效应力的大小主要与密度相关，干密度越大，压应力越大，转换成的拉应力越小。为分析各干密度情况下裂缝底部土体内有效应力由压应力转变为拉应力的差异，选取裂缝底部同一点分析应力随时间的变化，结果如图 5.18 所示。

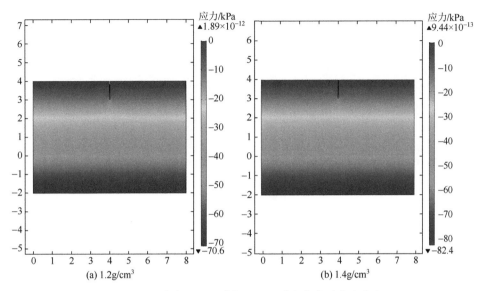

图 5.15 干密度 1.2g/cm³ 与 1.4g/cm³ 土体自重应力分布

横轴代表水平距离（m）；纵轴代表高程（m）

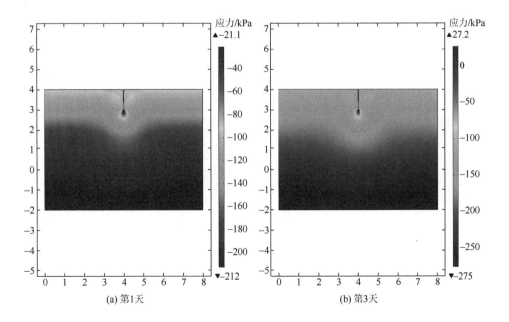

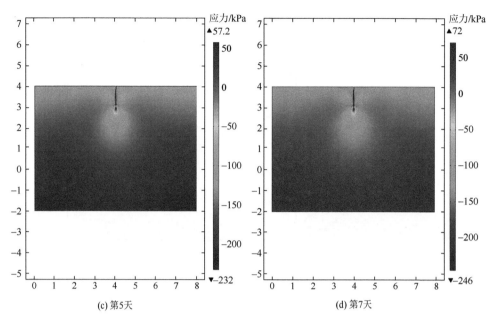

(c) 第5天　　　　　　　　　　　　　　(d) 第7天

图 5.16　1.2g/cm³ 土体渗流应力分布

横轴代表水平距离（m）；纵轴代表高程（m）

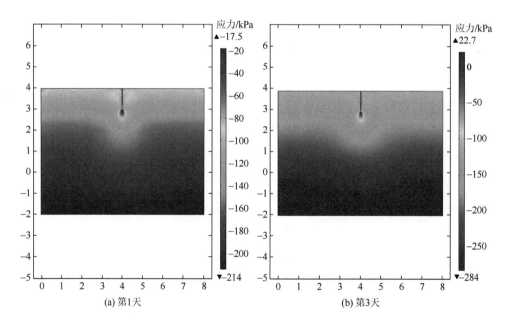

(a) 第1天　　　　　　　　　　　　　　(b) 第3天

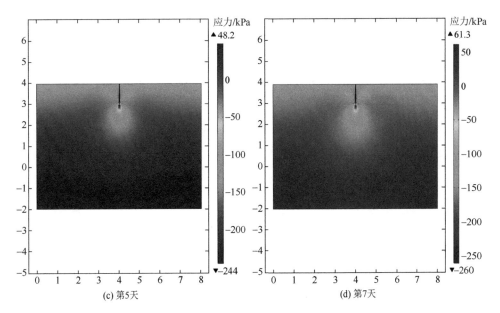

(c) 第5天　　　　　　　　　　(d) 第7天

图 5.17　1.4g/cm³ 土体渗流应力分布

横轴代表水平距离（m）；纵轴代表高程（m）

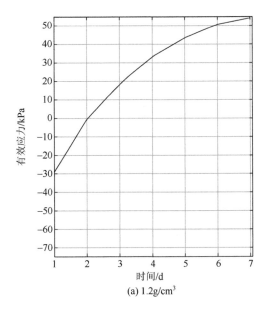

(a) 1.2g/cm³

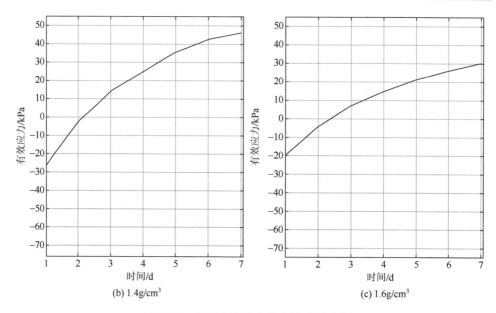

图 5.18 裂缝底部土体应力随时间变化

对于不同土体干密度计算过程中,在同一时间点时上部水位相同,土体承受水压相同,差别在于土体中孔隙水压力的变化。从图 5.18 中可以看出,干密度低的土体渗透性较大,表现为有效应力降低速度较快。当裂缝底部土体内有效应力等于 0 时,各干密度土体出现拉应力所需时间随干密度的增大而减小,即表明干密度越大的土体能承受越大的水压力而不出现拉应力。观察土体应力变化曲线可以发现,干密度小的土体应力变化曲线斜率更大,主要由于该点两侧土体受到的水压增长幅度较快,当水压大于小主应力时,土体出现拉应力,干密度越小的土体,裂缝底部越早出现拉应力。

3. 裂缝变形分析

在高水压作用下,土骨架承受一部分水压力产生变形。由于裂缝两侧边壁土体受力方向相反,裂缝会出现扩张,同时整个土层受到向下的水压作用,土体会出现沉降即固结,为此分析在高水头作用下的土体裂缝变化情况,分析不同干密度土体及不同裂缝宽度、深度、发展方向的裂缝变化情况。

首先计算不同干密度情况下的裂缝变化情况,第 1 天与第 7 天计算结果如图 5.19 所示。由于裂缝形成后土体基本已经完成自主收缩过程,因此在水压作用下裂缝两侧土体的变形量并没有失水收缩阶段大,干密度较小时裂缝顶部最大位移量为 2.51cm。较大的土体干密度意味着土体较小的孔隙比,在受力变形过程中干密度大的土体变形量较小,因此在水压作用下,裂缝壁位移量随着干密度的增大而减小。在竖直方向上,水压自裂缝顶部至底部逐渐增大,绘制各裂缝右侧边壁水平位移随高程的变化曲线,如图 5.20 所示。从图 5.20 中可以看出,裂缝顶部为位移最大部位,且越接近顶部,位移量随高程接近于线性增长。由于渗流不断向土体底部发展,底部土层中的孔隙水压力逐渐增大,使得土骨架承受的有效应力减小,但由于总水头增大,其内部有效应力也在增大,然而从图中可以发现,随着水位的增长,土体位移增量却在减小,主要原因在于土骨架已逐渐接近稳定状态,土体孔隙难以继续减小。从图 5.21 中可以清楚地看出裂缝顶部位移量随时间的变化,由于水位增长过程为 0～7d,7d 之后水位保持不变,当水位不变之后,裂缝壁位移量也保持不变。

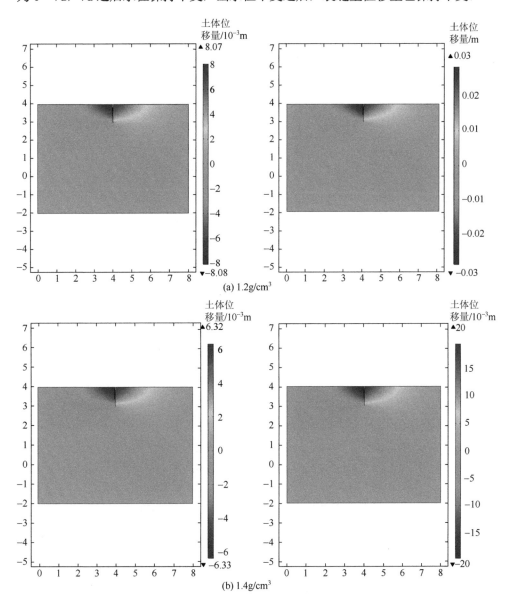

(a) $1.2g/cm^3$

(b) $1.4g/cm^3$

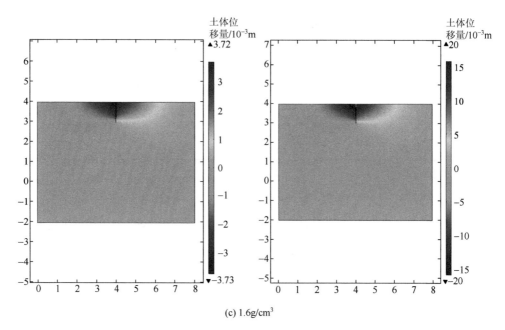

(c) 1.6g/cm³

图 5.19 不同干密度土体水压作用下裂缝水平变形

横轴代表水平距离（m）；纵轴代表高程（m）

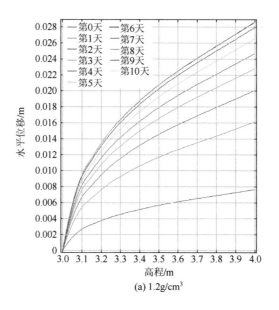

(a) 1.2g/cm³

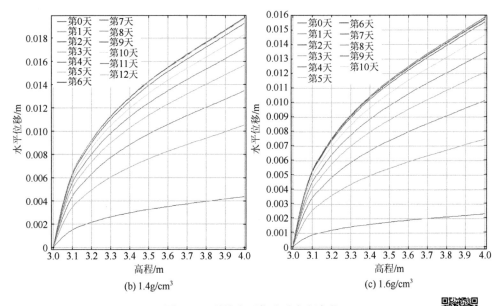

图 5.20 裂缝水平位移随高程变化

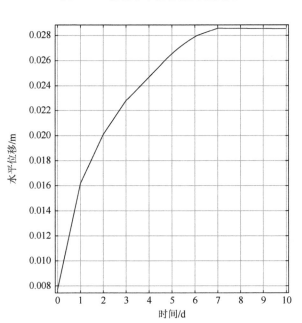

图 5.21 裂缝顶端位移随时间变化

由于裂缝扩展与土体整体变形有关,且裂缝顶部位移量叠加在底部位移之上,因此分析裂缝位移需考虑裂缝深度的影响,选取同一干密度土体不同裂缝深度进行计算,结果如图 5.22 所示。从图 5.22 中可以看出,深度增大后裂缝壁水平位移量也随之增大，且干密度越小，增长幅度越大。前述分析内容表明土层内应力的大小不受裂缝宽度的影响，因此不用考虑裂缝宽度变化对高水头作用下的裂缝壁土体位移的影响。

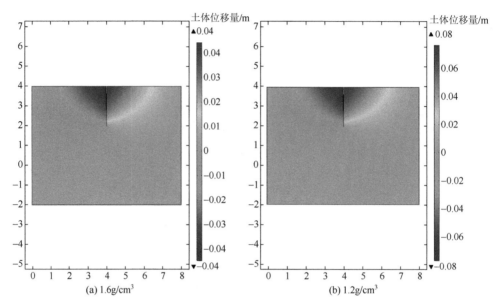

图 5.22　深度增大后裂缝变形（裂缝深度 2m）

横轴代表水平距离（m）；纵轴代表高程（m）

对于斜坡土层中的裂缝考虑坡度变化对裂缝变形的影响，以干密度 1.4g/cm³ 土体为例进行计算。根据前述对斜坡土体裂缝的分析，斜坡上裂缝发展方向处于竖直与跟土层表面垂直之间，因此裂缝的变形需要考虑水平与竖直两个方向，计算结果如图 5.23 所示。从计算结果看，裂缝左右两侧裂缝壁均是向右侧移动，左侧位移小于右侧，最大位移量约为 0.53cm，水平方向还是呈现扩展的趋势。在渗流开始时刻，土体受到的水压方向向下，但渗流过程为从土体左上方向右下方发展，在渗流驱动作用下可以认为土体内部受力方向与渗流方向一致（图 5.24），因此裂缝左侧边壁出现向右的位移，但左侧裂缝壁受到向左的水压作用，使得其位移量小于右侧裂缝壁。对比地表水平时的裂缝变化，地表倾斜时位移量明显较小。观察裂缝壁竖向位移，在水压作用下整体位移向下，左右两侧位移量存在差异，左侧位移小于右侧，竖向最大位移约为 4cm，位移方向与裂缝发展方向相交，竖向位移产生之后裂缝表层宽度会减小，且裂缝发展方向越接近于与表面垂直，裂缝宽度越小。结合裂缝壁竖向与水平位移可以看出，斜坡土体在高水压渗流作用下裂缝呈现愈合趋势。

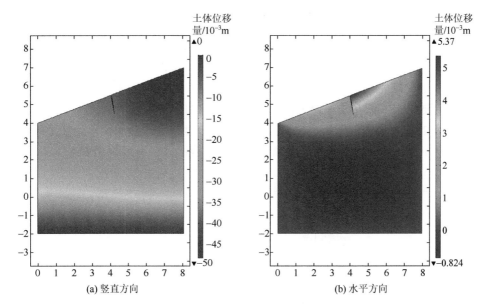

图 5.23 斜坡土体高水头作用裂缝变形

横轴代表水平距离（m）；纵轴代表高程（m）

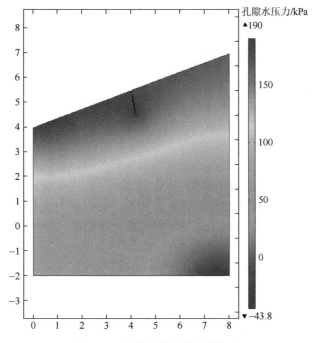

图 5.24 斜坡土体渗流发展方向

横轴代表水平距离（m）；纵轴代表高程（m）

当斜坡坡比改变时，计算裂缝变形结果如图 5.25 所示。由于土体表面坡度减小，渗流方向相对于坡度较大时更偏向于向底部渗流，左侧裂缝壁受向左的水压作用明显，使得其位移方向向左，右侧裂缝壁位移依旧向右，整体位移量大于坡度较大时的位移量。竖直方向的位移量在坡度减小后表现为增大，最大位移量为6cm，主要原因依旧在于渗流方向的差异，更偏向土层底部的渗流使土体承受的竖直方向的分力更大，若裂缝发育方向一致，坡度较小时竖向位移促使的裂缝愈合量越大。综上，斜坡土体在承受高水压作用后裂缝表面宽度将出现减小的趋势。

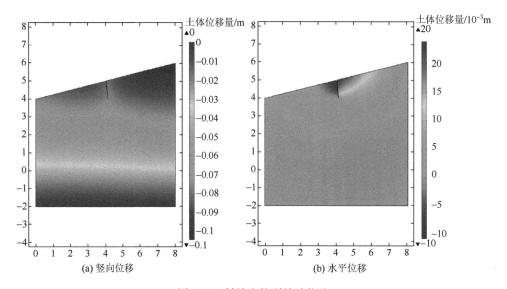

(a) 竖向位移　　　　　　　　(b) 水平位移

图 5.25　斜坡土体裂缝壁位移

横轴代表水平距离（m）；纵轴代表高程（m）

结合前述对降雨过程中裂缝逐渐愈合的分析，可以发现裂缝愈合产生的位移小于高水位下裂缝扩展出现的位移，即表明高水头作用下裂缝不会愈合。由于以上分析内容均是在裂缝未被贯穿的情况下讨论，裂缝壁土颗粒不存在冲刷，但当裂缝贯穿土层后，水流在裂缝中流动时会不断冲刷裂缝，使裂缝宽度不断增大。

5.2.3　旱后正常运行期黏土斜墙坝脆弱性

干旱过程中的运行期黏土斜墙坝脆弱性分析主要是对 2014 年受旱的河南省昭平台水库进行副坝坝坡稳定计算分析（工程相关情况见 7.1 节）。结合实测资料，采用有限元法计算分析当前工况、各种可能工况及可能遭遇的极端工况（极端干旱、旱涝急转）下的上、下游坝坡稳定性。同时，为更好地反映大坝的实际运行性态，根据实际库水位动态变化过程和渗流分析结果，确定坝体的孔隙水压力分布，以此为依据，耦合渗流分析结果，采用有效应力法计算复核各种工况下上游和下游坝坡的稳定性。

1. 计算参数

综合副坝坝身、地基条件，选取具有代表性的断面进行坝坡稳定分析计算，计算断面选取台地段和河槽段的典型断面。有限元法计算指标参数见表5.5。

表5.5 副坝稳定分析选用物理力学指标参数表

典型坝段	土料分区	物理指标		抗剪强度指标			
		湿容重/(kN/m^3)	饱和容重/(kN/m^3)	总应力强度指标		有效应力强度指标	
				黏聚力/kPa	内摩擦角/(°)	黏聚力/kPa	内摩擦角/(°)
台地段	①斜墙	19.6	20.5	35	14.5	28	13.0
	②坝壳、排水砂带及砂卵石	18.2	20.3	0	33（水上）30（水下）	0	33（水上）30（水下）
	③砾质土	19.6	20.6	18	22.6	14.4	20.3
	④块石	18.5	21.5	0	40	0	40
	⑤坝基土	18.4	19.5	15	16	12	14.4
	⑥坝基泥卵石	18.2	20.3	0	33（水上）32（水下）	0	33（水上）32（水下）
	⑦基岩	25.0	26.0	0	40	0	40
河槽段	①斜墙	19.6	20.5	35	14.5	28	13.0
	②坝壳、排水砂带及砂卵石	18.2	20.3	0	33（水上）30（水下）	0	33（水上）30（水下）
	③砾质土	19.6	20.6	18	22.6	14.4	20.3
	④块石	18.5	21.5	0	40	0	40
	⑤坝基泥卵石	18.2	20.3	0	33（水上）32（水下）	0	33（水上）32（水下）
	⑥基岩	25.0	26.0	0	40	0	40

2. 工况选取和成果

坝坡稳定分析计算工况在渗流分析的工况上增加极端干旱工况，即计算工况包括2014年动态变化、当前水位、死水位、动用死库容、动用死库容后库水位急剧上涨、极端干旱6种。下游水位近似取下游排水沟底或地面高程，在稳定渗流期以及库水位快速降落期，孔隙水压力根据渗流分析确定。

分别采用图5.26和图5.27的有限元模型，计算得到6种计算工况下副坝台地段、河槽段典型断面上、下游边坡的整体抗滑稳定安全系数,具体如表5.6所示。典型计算工况相应的潜在滑动体信息(启动点、滑弧和切出点)见图5.26~图5.31。

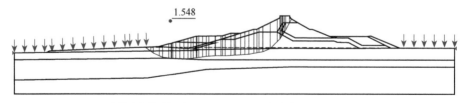

有效应力法[圆心点(130.534, 305.371),切出点(97.4804, 158.961)]

图5.26 副坝台地段典型断面死水位下的上游坡稳定计算结果

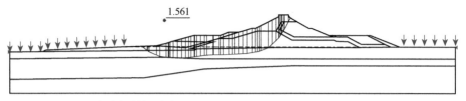

上游坡,有效应力法[圆心点(130.534, 305.371),切出点(97.0537, 158.946)]

图5.27 副坝台地段典型断面动用死库容的上游坡稳定计算结果

表5.6 副坝结构稳定计算成果表

典型断面	坝坡		运用条件	边坡抗滑稳定安全系数		
				有效应力法	总应力法	允许安全系数
台地段	上游	工况1	2014年动态变化	1.545	1.602	1.35
		工况2	当前水位159.60m+相应下游水位,稳定渗流	1.587	—	1.35
		工况3	死水位159.00m+相应下游水位,稳定渗流	1.548	—	1.35
		工况4	库水位由159.00m降至158.50m+相应下游水位,历时共7d	1.561	—	1.35
		工况5	旱涝急转,库水位由158.50m上涨到174.00m,历时共7d	1.638	—	1.35
		工况6	极端干旱	—	1.723	1.35
	下游	工况1	2014年动态变化	—	1.699	1.35
		工况4	旱涝急转,库水位由158.50m上涨到174.00m,历时共7d	—	1.324	1.35
河槽段	上游	工况1	2014年动态变化	1.382	1.657	1.35
		工况2	当前水位159.60m+相应下游水位,稳定渗流	1.520	—	1.35
		工况3	死水位159.00m+相应下游水位,稳定渗流	1.385	—	1.35
		工况4	库水位由159.00m降至158.50m+相应下游水位,历时共7d	1.380	—	1.35
		工况5	旱涝急转,库水位由158.50m上涨到174.00m,历时共7d	1.682	—	1.35

续表

典型断面	坝坡	运用条件	边坡抗滑稳定安全系数		
			有效应力法	总应力法	允许安全系数
河槽段	上游	工况6　极端干旱	—	1.620	1.35
	下游	工况1　2014年动态变化	—	1.553	1.35
		工况4　旱涝急转，库水位由158.50m上涨到174.00m，历时共7d	—	1.461	1.35

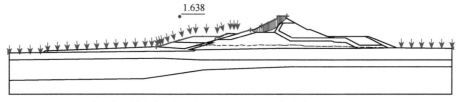

(a) 上游坡,有效应力法[圆心点(185.007, 192.755),切出点(179.507,172.053)]

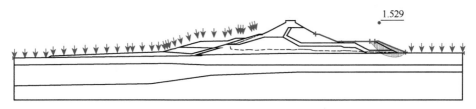

(b) 下游坡,总应力法[圆心点(272.893, 171.756),切出点(283.221, 159.047)]

图 5.28　副坝台地段典型断面动用死库容后旱涝急转的坝坡稳定计算结果

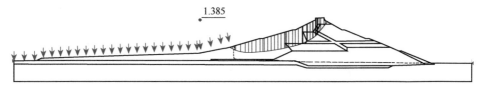

有效应力法[圆心点(196.241, 271.146), 切出点(176.508, 157.835)]

图 5.29　副坝河槽段典型断面死水位下的上游坡稳定计算结果

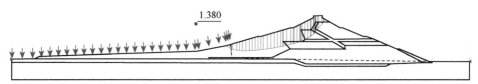

有效应力法[圆心点(196.241, 271.146), 切出点(175.099, 157.427)]

图 5.30　副坝河槽段典型断面动用死库容的上游坡稳定计算结果

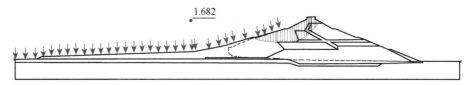

(a) 上游坡,有效应力法[圆心点(212.349, 249.674), 切出点(201.204, 164.997)]

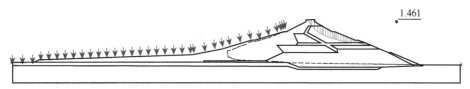

(b) 下游坡,总应力法[圆心点(292.178, 220.336), 切出点(300.262, 160.829)]

图 5.31　副坝河槽段典型断面动用死库容后旱涝急转的坝坡稳定计算结果

3. 稳定安全复核成果分析

昭平台水库主要建筑物为 2 级，根据《碾压式土石坝设计规范》（SL 274—2020），正常运用条件下坝坡抗滑稳定最小安全系数不小于 1.35；非常运用条件下应不小于 1.25；非常情况为 1.15。

从表 5.6 可看出，各工况下的上、下游坝坡整体安全系数均大于规范允许值。其中，库水位下降过程中，当水位接近死水位或动用死库容时，计算得到的上游边坡抗滑稳定安全系数值接近于规范允许值的极限值。总体来看，库水位为死水位和动用死库容时，是坝体运行的较危险水位。

同时，从监测资料分析和计算分析可以看出，水位持续下降阶段，坝体黏土斜墙内的水位下降速度小于库水位下降速度。坝体内黏土孔隙水来不及变化，导致产生不稳定流，不稳定流形成的渗流力降低了土体的有效应力，使水位持续下降阶段的安全系数略小于稳定渗流时相同水位下的安全系数。

综上分析，当前库水位已接近大坝运行的危险水位，安全系数余度较小。当库水位继续下降时，应加强巡查和监测，密切监视潜在滑移体的启动点和切出点的变形，发现裂缝和渗流异常，及时处理。

5.3　极端干旱后黏土斜墙坝恢复力

5.3.1　裂缝愈合分析

1. 极端干旱致灾因子

大坝在遭遇极端事件时，可能会由于某个部位的某个项目不满足要求而使整个工程的安全性减弱，甚至直接导致失事的严重后果。例如，对于土石坝，"防洪标准""渗流安全"等关键性因子不满足要求，则在遭遇洪水时就会对大坝安全性造成严重影响。这类影响工程整体安全性的特殊项目即为致灾因子。由此，大坝致灾因子是指导致工程安全性发生变化的主要环境、物理和管理因素，是影响大坝安全性变化的主要动力因素。

工程的安全性影响因素，按照是否有利于其安全性状况的保持，可以划分为"有利因素"和"不利因素"。例如，洪水、浪涌冲刷、大坝龄期过大、监控不力等属于"不利因素"，会对坝体结构造成隐患和病害；而对大坝的补强加固、监控系统的完善、应急管理等属于"有利因素"。

本书是针对极端气候事件对土石坝运行安全的影响，主要分析极端干旱对土石坝运行的影响，因此提取的致灾因子为极端干旱造成的裂缝。以裂缝参数变化作为自变量，相应的因变量选取大坝渗透坡降以及水力劈裂发生的可能性。

2. 裂缝愈合计算

1）愈合机理分析

在分析裂缝愈合过程时，为方便裂缝宽度计算，假设裂缝形状为规则楔形，此外对于较为宽广的区域，土体的体积膨胀忽略竖向变形，土体体积的增长近似等于裂缝体积的减小。土体体积膨胀变化分为两部分，首先是土体含水率增长至饱和含水率，假设土体含水率增长过程中受到均匀作用于土颗粒上的膨胀力作用，膨胀力的大小与相应时刻含水率相关；其次是土体含水率达到饱和，此时的土体体积变化过程与饱和时体积收缩类似，但所受驱动力不同[24]。

若土体处于自然膨胀状态，那么在第一阶段，土体体积变化包括两个因素：双电层作用和毛细水（吸力势）作用。双电层存在于土颗粒与孔隙水接触面，在土颗粒表面所带电荷的静电作用之下，水分子按一定的排列被约束集聚在黏土颗粒周围，形成水化膜。随着含水率不断增大，结合水膜不断加厚，使固体颗粒间距增大，宏观表现为土体积膨胀[25, 26]。同时，非饱和土体中吸力的存在会使土颗粒或集聚体间的接触或结合更为紧密。含水率增大时，弯液面曲率半径增大，吸力逐渐减小，理论上相当于给土颗粒间或集聚体间施加一个拉力，引起土颗粒的弹性效应，土体产生膨胀，体积增大[27-29]。两种作用力的共同作用使得土体体积增大，这两种力的大小均与土体含水率相关，且均是作用于土颗粒上，因此分析中不区别对待两种作用力，两种力的综合作用效果定义为膨胀力，作用于土颗粒上，受土体含水率影响。

分析裂缝愈合的过程首先假设在无约束条件下，黏土体吸水自由膨胀，给定含水量的变化 $\theta(x,t)$，x 为位置坐标，t 为时间，在弹性范围内的总应变为

$$\varepsilon'_{ij} = \alpha \delta_{ij} \theta \tag{5.3.1}$$

式中，ε'_{ij} 为含水量变化 θ 时产生的应变；α 为湿度膨胀系数；δ_{ij} 为 Kornecker 记号。

在有约束条件下黏土吸水时，ε'_{ij} 不能自由发生，会产生膨胀应力，膨胀应力也要产生附加应变。因此，总应变变化为

$$\varepsilon_{ij} = \varepsilon'_{ij} + \varepsilon''_{ij} \tag{5.3.2}$$

式中，ε''_{ij} 为附加应变，与膨胀应力之间服从胡克定律，则总应变可表示为

$$\varepsilon_{ij} = \frac{1+\mu}{E}\sigma_{ij} - \frac{\mu}{E}\delta_{ij}\sigma_{kk} + \alpha\delta_{ij}\theta \tag{5.3.3}$$

相应的总应力形式为

$$\sigma_{ij} = \frac{\mu E}{(1+\mu)(1-2\mu)}\delta_{ij}\varepsilon_{kk} + \frac{E}{1+\mu}\varepsilon_{ij} - \alpha\frac{E}{1-2\mu}\delta_{ij}\theta \tag{5.3.4}$$

式（5.3.3）和式（5.3.4）中，E、μ 分别为弹性模量与泊松比，均为含水量的函数；σ_{kk}、ε_{kk} 分别为应力合力与体应变。

式（5.3.4）为弹性状态下的总应力表达式，等式右边前两项即为用 E-μ 型模型表达的弹性模型，最后一项 $\alpha\dfrac{E}{1-2\mu}\delta_{ij}\theta$ 为膨胀效应产生的膨胀应力附加项，$\dfrac{E}{1-2\mu}$ 可认为是膨胀效应时膨胀模量。

结合在莫尔-库仑模型中，当应力超过剪切、拉伸屈服准则，则进行塑形修正，其中剪切、拉伸屈服准则与膨胀岩土的强度参数 c,φ 有关，均为含水量的函数。剪切准则、拉伸准则及拉伸强度表示如下。

$$f^s = \sigma_1 - \sigma_3 N_\varphi + 2c\sqrt{N_\varphi} \tag{5.3.5}$$

$$N_\varphi = \frac{1+\sin\varphi}{1-\sin\varphi} \tag{5.3.6}$$

$$f^t = \sigma_3 - \sigma^t \tag{5.3.7}$$

$$\sigma^t_{max} = \frac{c}{\tan\varphi} \tag{5.3.8}$$

式（5.3.5）～式（5.3.8）中，f^s、f^t、σ^t 分别表示剪切准则、拉伸准则以及拉伸强度。

式（5.3.5）～式（5.3.8）再加上相关的边界条件、协调方程以及几何方程等就构成了非饱和土湿度弹塑性本构方程[30]。

对于处于土层中的某一块土体单元(裂缝壁)可取为代表单元体积(representative elementary volume, REV)，其所受外力包括上部土压力、侧向土压力及自身重力，如图 5.32（a）所示。

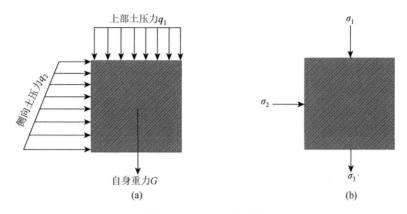

图 5.32 REV 受力分析

上部土压力可表示为
$$q_1 = \gamma h \tag{5.3.9}$$
式中，γ 为上部土层的容重，为土体含水率的函数 $\gamma = \gamma(\theta, t)$；$h$ 为上部土层的厚度，m。

侧向土压力随深度的增大而逐渐增大，但 REV 是很小的单元体，因此侧向土压力可表示为
$$q_2 = \gamma h K_{\text{au}} \tag{5.3.10}$$
式中，K_{au} 为主动土压力系数。

非饱和土中主动土压力系数为
$$K_{\text{au}} = K_{\text{a}} - \frac{2c'\sqrt{K_{\text{a}}}}{\gamma h} - \chi \frac{u_{\text{s}}}{\gamma h}(1 - K_{\text{a}}) \tag{5.3.11}$$
式中，K_{a} 为饱和主动土压力系数，$K_{\text{a}} = \tan^2\left(\dfrac{\pi}{4} - \dfrac{\varphi'}{2}\right)$，$\varphi'$ 为有效内摩擦角，(°)；c' 为有效黏聚力，kPa；u_{s} 为基质吸力，kPa；χ 为有效应力参数，可表示为
$$\chi = \frac{S - S_{\text{r}}}{1 - S_{\text{r}}} \tag{5.3.12}$$
式中，S 为饱和度；S_{r} 为残余饱和度。

REV 自身重力可表示为
$$G = \gamma$$

REV 应力分析如图 5.32（b）所示，其中：
$$\begin{cases} \sigma_1 = \gamma h \\ \sigma_2 = \gamma h K_{\text{au}} \\ \sigma_3 = \gamma \end{cases} \tag{5.3.13}$$

式（5.3.13）中所有关于 θ 与 t 的变量均可通过 Richards 方程计算非饱和渗流过程进行提取。

2）裂缝愈合模拟

（1）单条裂缝

以干密度 1.4g/cm^3 的土体进行裂缝演变过程分析，以干旱第 7 天的结果作为渗流过程的初始时刻（图 5.33）。

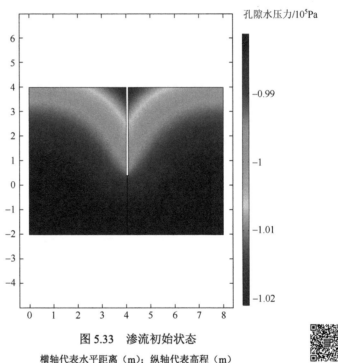

图 5.33　渗流初始状态

横轴代表水平距离（m）；纵轴代表高程（m）

计算过程中保留土体各部位体积含水率数据用于裂缝愈合分析，裂缝那个变化过程如图 5.34 所示。

从图 5.34 中可以看出，在渗流过程中，随着土体含水率的增大，裂缝两侧土体产生位移，渗流过程持续 1d 后，裂缝表面闭合宽度约为 22mm，4d 后裂缝闭合宽度约为 26mm，渗流过程持续 21d 后，裂缝闭合宽度约为 34mm，此时若裂缝原宽度小于 34mm，则土体表面裂缝已完全闭合，若裂缝原宽度大于 34mm，则从土体表面依旧可看到裂缝的存在。取土体表面裂缝边缘一点进行分析，查看其在整个渗流过程中位移趋势，如图 5.35 所示。

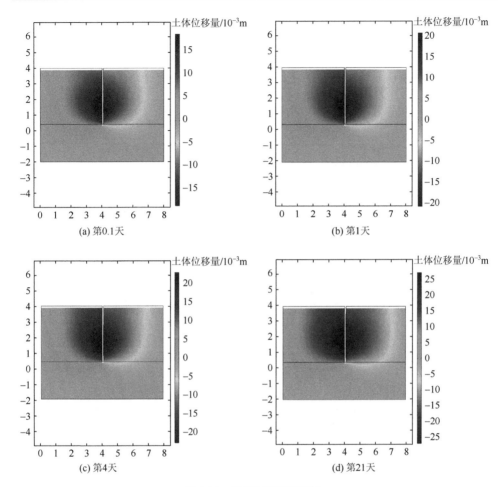

图 5.34 渗流过程裂缝变化

横轴代表水平距离（m）；纵轴代表高程（m）

从图 5.35 中可以看出，随着渗流的发展，裂缝一侧土体位移量不断加大，在 16d 后位移量达到最大值约 17.2mm，随后位移量保持稳定。根据黏土膨胀应力应变关系，其膨胀应力的大小与膨胀系数以及土体变化含水率相关，在渗流开始后表层土体含水率快速增长至饱和含水率，含水率变化速度快使得土体膨胀速率快，对应于图 5.35 中的初期位移快速增长阶段。当土体含水率达到饱和含水率之后，土体的含水率变化量为 0，即表明此时该部位土体的膨胀应变 $\varepsilon'_{ij} = \alpha\delta_{ij}\theta = 0$，然而从图中看出，即使土体达到饱和，位移量依旧不断增大。在计算过程中，裂缝面设置为自由面，且土体不产生相对位移，因此表层土体的后续位移量的增大可看作内部土体产生位移牵引所致。随着土体内部各处含水率逐渐变大，能影响到土体表层位移的土体范围内的位移量逐渐趋于稳定，土体表层位移不再发生变化。

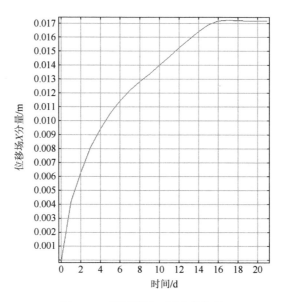

图 5.35　表面裂缝一侧土体位移

同时对比分析裂缝表面、中部与底部边壁土体的位移量（图 5.36）可以发现，裂缝边壁土体的位移并不是随着裂缝深度的变化而呈单调性变化，裂缝底部的位移

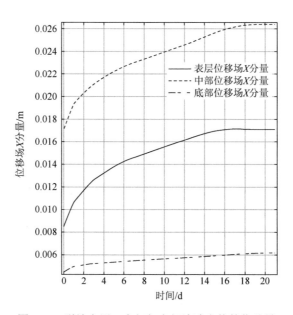

图 5.36　裂缝表层、中部与底部边壁土体的位移量

量最小，但最大的位移量出现在裂缝的中部。由于裂缝中存在水，裂缝周边土体均可看作表层土体，而表层土体在渗流过程中能很快达到饱和，表明其因自身膨胀产生的变形能很快完成，然而从图 5.36 中可以看出，裂缝表面及中部的土体在渗流初期增长速率很大且基本一致，而底部土体增长速率却很小，表明裂缝底部土体的膨胀受到未产生裂缝土层的限制。结合裂缝壁土体位移变化沿高程分布图可以看出，裂缝壁中部土体的位移量大于表层土体位移量。

为反映裂缝壁土体位移变化沿高程的分布，绘制图 5.37。从图 5.37 中可以发现，在渗流过程中，最大位移部位处于裂缝中部。分析沿裂缝深度方向受底部未产生裂缝土体限制变形影响较小的区域，根据土压力的分布情况，随深度的增加，土压力逐渐增大，相应的位移也逐渐增大，与该变化趋势不同的部位即为受影响较大的区域，从第 1 天计算结果可以看出，受影响较小的区域约为 2.5m 深度范围。由于裂缝的出现，裂缝两侧的土体出现临空面，土体受到土压力作用。对于表层土体，其位移量包括自身膨胀作用与下层土体变形产生的牵引作用，而裂缝底部土体由于其处于裂缝的最底端，其下部为不产生变形的土层，因而其不会受到牵引而产生位移，并且在自身产生膨胀之外还受到未产生裂缝的土体对其变形的限制作用，从而裂缝表面土体的位移量远大于底层土体。对于裂缝中部，土压力作用产生的位移最为明显，虽然底部土体内的土压力最大，但其受到的限制作用最大，因而中部裂缝会产生最大的位移量。

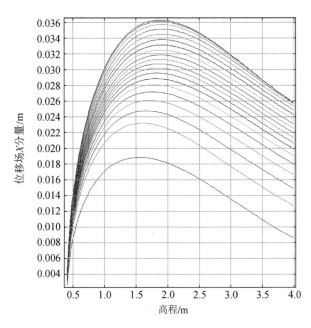

图 5.37 裂缝壁土体位移变化沿高程分布

图 5.38 所示为不同裂缝深度时裂缝壁土体的位移量，从图中可以发现，在初始时刻渗流尚未进行，表明土体的自身膨胀过程尚未产生，此时土体的位移是在重力与土压力共同作用下产生的。随着裂缝深度的减小，裂缝产生最大位移的部位逐渐由裂缝中部转移至裂缝表面，但裂缝表面的位移量却逐渐减小，即表明愈合程度越来越低。各深度裂缝表面愈合程度见图 5.39。

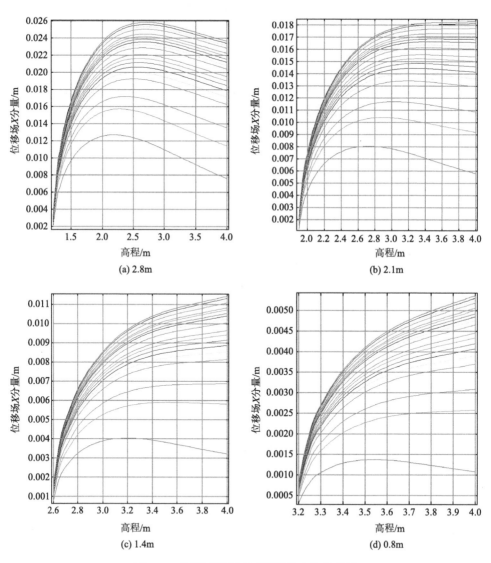

图 5.38　不同裂缝深度时裂缝壁土体位移量

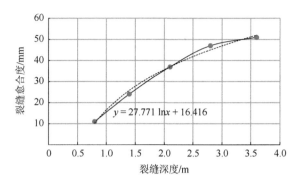

图 5.39　各深度裂缝表面愈合程度

上述内容是通过计算土体表层裂缝壁的位移值分析裂缝是否闭合,实际上对于表层土体而言,其含水率能快速达到饱和,表明该区域土体能快速完成膨胀变形,随后的位移均是下部土层变形导致的,因此可以认为表层土体位移量的大小主要受到下部土体的控制。从图 5.38 中也能看出裂缝深度较大时,裂缝壁的最大位移发生在裂缝中部,当裂缝中部无法产生位移后,上部土层的位移量也会相应停止增加。综上,裂缝深度较大时以裂缝最大位移处的位移量确定愈合状态,裂缝深度较小时以土体表面裂缝壁位移量确定愈合状态。

(2) 多条裂缝

土体中存在两条裂缝时,渗流过程中裂缝的愈合情况如图 5.40 所示。

图 5.40 中从左至右依次为①号、②号、③号裂缝,裂缝深度依次为 2.8m、3.6m、2.5m。首先对①号裂缝进行分析,绘制①号裂缝位移变化图,如图 5.41 所示。

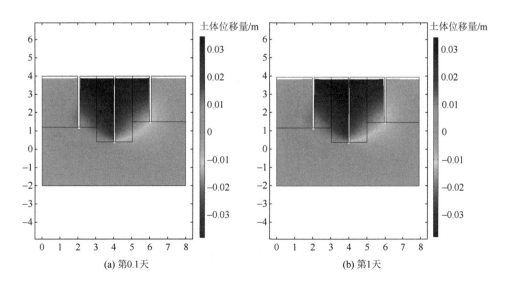

(a) 第0.1天　　　　　　　　　　　(b) 第1天

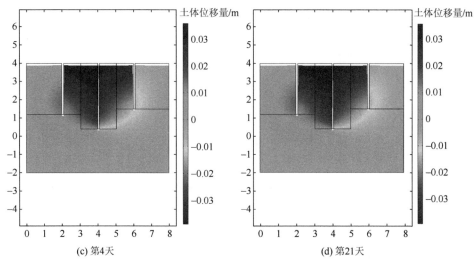

(c) 第4天　　　　　　　　　　(d) 第21天

图 5.40　多条裂缝时裂缝愈合情况
横轴代表水平距离（m）；纵轴代表高程（m）

从图 5.41 中可以发现，①号裂缝左侧位移远小于右侧，位移方向一致，该裂缝的愈合状态通过两侧土体位移的差值表示。在渗流初期，①号裂缝左侧土体向右移动了约 0.004m，而右侧土体向右移动了 0.034m，裂缝整体表现为开口扩大。在随后的渗流过程中，裂缝开口宽度基本保持不变。从图 5.41（b）、（c）可以看出，裂缝左侧最大位移发生在裂缝中部偏下部位，与单条裂缝变化规律一致，裂缝右侧最大位移发生在裂缝表层，与单条裂缝变化规律不一致，主要原因为介于①号与②号裂缝之间的土体整体向②号裂缝倾倒。

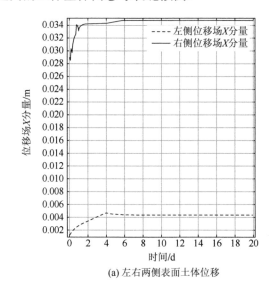

(a) 左右两侧表面土体位移

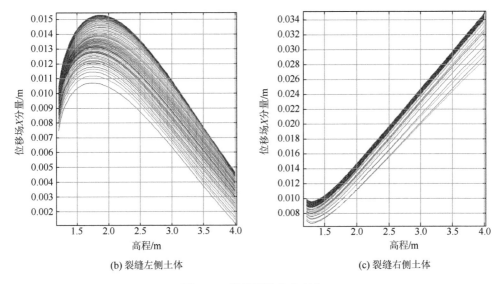

(b) 裂缝左侧土体 (c) 裂缝右侧土体

图 5.41 ①号裂缝位移变化

图 5.42 所示为②号裂缝的变化情况，从图中可以发现裂缝表层土体左右两侧的位移量达到 74mm，大于单条裂缝时的表面位移量，且裂缝两侧始终都是表层土体产生最大的位移量。当表层裂缝两侧土体产生的位移量和等于裂缝宽度时，从表面看裂缝已经愈合，但实际裂缝内部并未完全闭合。与单条裂缝中部位移达到裂缝宽度不同，此时裂缝表层土体并不是下部土层位移的主要驱动力，表层土体停止愈合后，下部土层依旧会产生位移促使裂缝愈合。

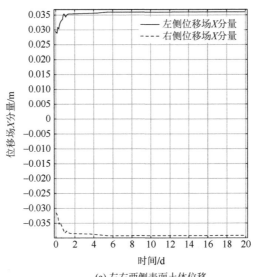

(a) 左右两侧表面土体位移

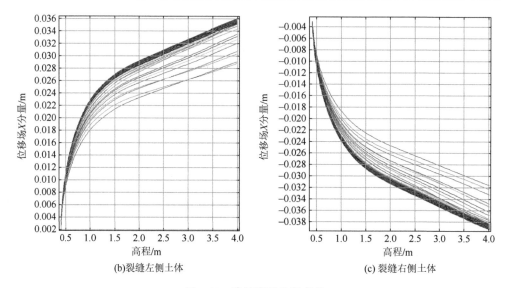

(b) 裂缝左侧土体　　　　　　　　　(c) 裂缝右侧土体

图 5.42　②号裂缝位移变化

③号裂缝的变化情况与①号裂缝类似，不再进行分析。由于②号裂缝深度最大，两侧土体均会向裂缝处倾倒，使得中间最深的裂缝出现愈合趋势，而两侧裂缝呈现扩张的趋势。当最深的裂缝不处于中间时，各条裂缝壁的位移形式发生变化。结合图 5.43 和图 5.44 分析，①号裂缝为最深的裂缝，②号裂缝为深度最小的裂缝，发生最大位移的部位处于最深的①号裂缝两侧，左侧裂缝壁最大位移出现在中下部（变化情况与单条裂缝相同），右侧裂缝壁最大位移出现在表面（变化情况与单条裂缝不同），出现此变化差异的原因为①号裂缝左侧为完整土体，除了自身膨胀产生位移，主要受土压力作用变形，因而中下部位移量较大。①号裂缝右侧存在深度相对浅的裂缝，使得整块土体有向①号裂缝倾覆的趋势，从而裂缝顶部表层位移量大，也使得②号裂缝左侧裂缝壁向远离②号裂缝的方向运动[图 5.43（b）]。②号裂缝右侧最大位移部分在裂缝表层，由于右侧存在更深的裂缝，随着渗流的发展，右侧土体向③号裂缝移动。③号裂缝左右两侧土体的位移情况与单条裂缝时基本一致，最大位移部位处于裂缝中下部，该裂缝判断渗漏过程中是否闭合的方式与单条裂缝相同，而①号裂缝由于左右侧土体分别在中部与表层位移最大，其判断是否闭合的标准是直接比较位移最大值与相应部位的裂缝宽度。②号裂缝由于一侧土体背离裂缝方向位移，其裂缝宽度将会变大。

在上述分析过程中可以看出，最深的裂缝左右两侧土体最大位移部位的确定看似与裂缝的位置有关，但实际上取决于两侧土层是否有向该裂缝倾覆的趋势，若存在倾覆的趋势，则裂缝最大位移出现在表层，而该倾覆趋势实际上取决于该土块的宽高比。图5.45为5条裂缝渗流过程裂缝变化，图5.46为各条裂缝壁位移量沿高程变化，设置5条裂缝，从左到右编号为①~⑤。

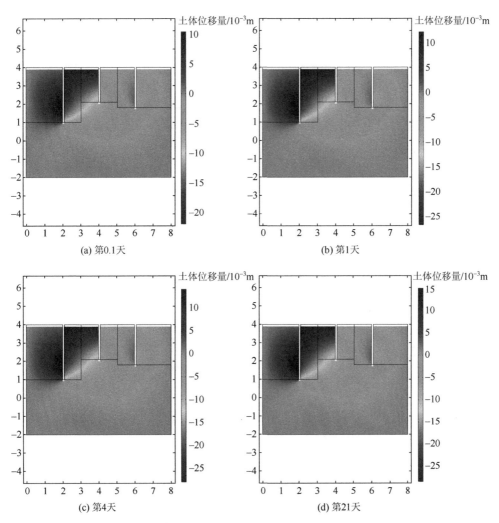

图5.43 裂缝深度变化时位移变化
横轴代表水平距离（m）；纵轴代表高程（m）

从图5.46可以看出，处于土体两侧的裂缝（①号裂缝左侧与②号裂缝右侧）均可认为土层无限后，裂缝壁最大位移处于中下部，其余各部位变化统计见表5.7（位移最大部位指向裂缝中心位移最大），从表5.7中可以发现，当宽高比大于0.60时，裂缝壁最大位移出现在裂缝中底部，该类裂缝在渗流过程中内部会愈合，表面是否愈合再根据内部位移量达到此处裂缝宽度时的表层位移量确定。当宽高比小于 0.60 时，裂缝最大位移出现在表层，该类裂缝是否愈合根据表层与内部具体位移量确定。

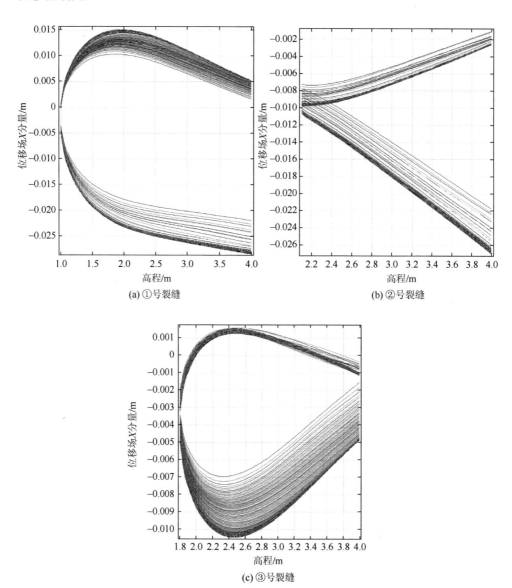

图 5.44　各裂缝两侧土体位移量沿高程分布

第 5 章　极端干旱下黏土斜墙坝脆弱性与恢复力

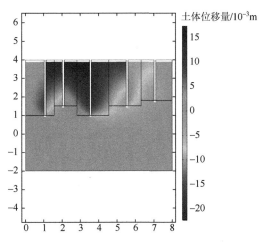

图 5.45　5 条裂缝渗流过程裂缝变化

横轴代表水平距离（m）；纵轴代表高程（m）

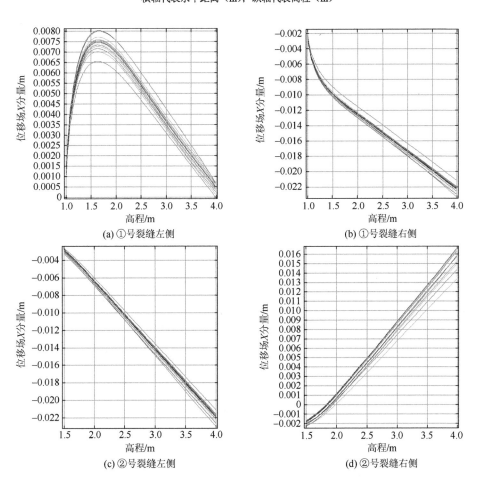

(a) ①号裂缝左侧

(b) ①号裂缝右侧

(c) ②号裂缝左侧

(d) ②号裂缝右侧

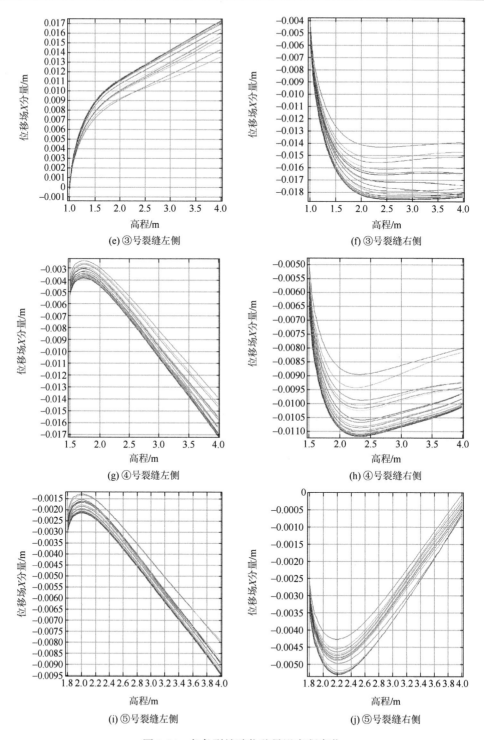

图 5.46 各条裂缝壁位移量沿高程变化

表 5.7　各裂缝位移最大部位统计表

项目	①号裂缝右侧	①号裂缝左侧	②号裂缝右侧	③号裂缝左侧	③号裂缝右侧	④号裂缝左侧	④号裂缝右侧	⑤号裂缝左侧
最大位移部位	表层	表层	表层	表层	中部	表层	中底部	中底部
宽高比	0.33	0.40	0.56	0.50	0.67	0.80	0.60	0.83

对于斜坡土层，由于土压力的变化，裂缝的愈合形式也会有所改变。选取干密度 1.4g/cm³ 的各斜坡形式进行裂缝愈合计算，结果如图 5.47 和图 5.48 所示。

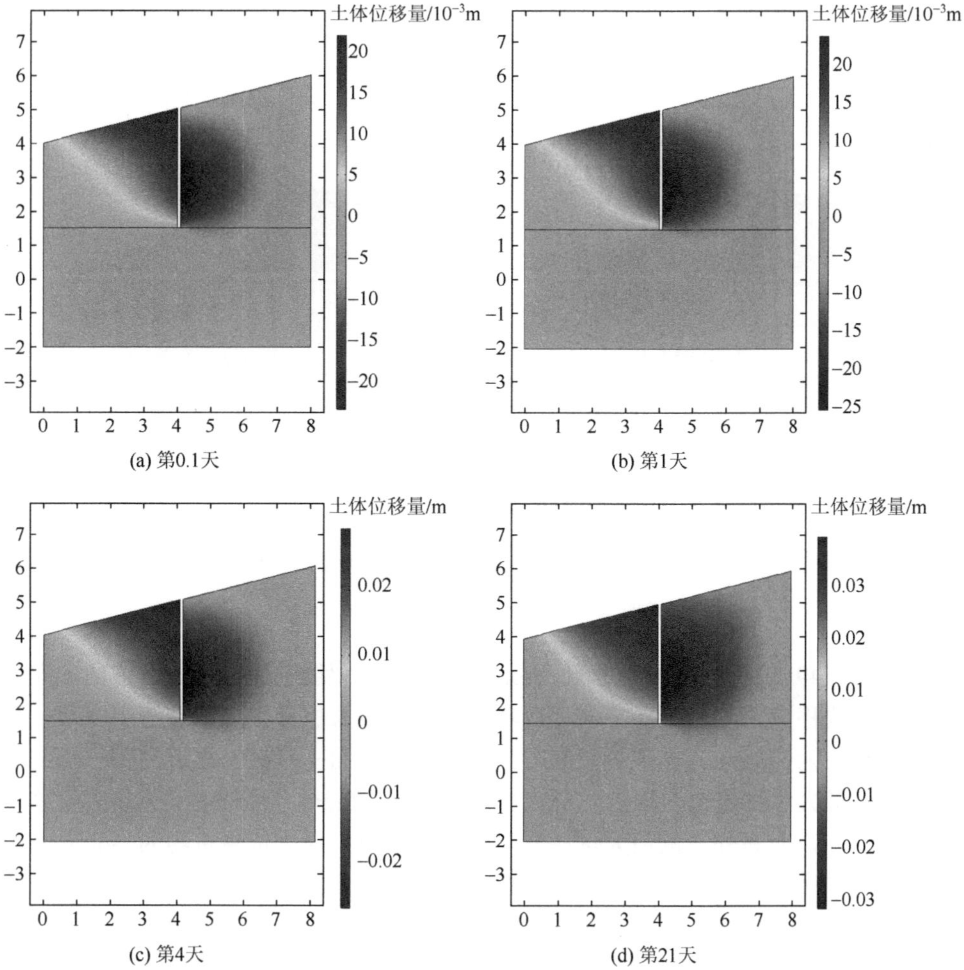

图 5.47　斜坡竖直裂缝愈合

横轴代表水平距离（m）；纵轴代表高程（m）

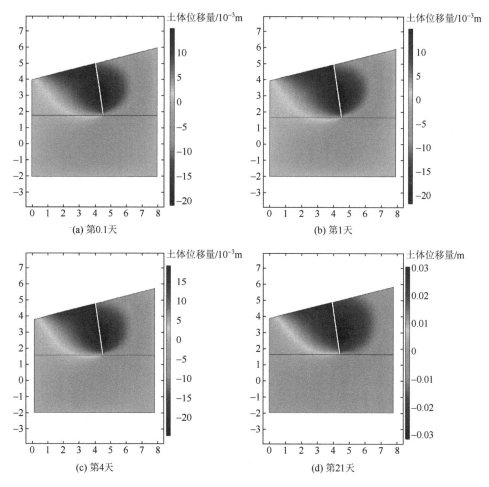

图 5.48 斜坡倾斜裂缝愈合

横轴代表水平距离（m）；纵轴代表高程（m）

从图 5.49 与图 5.50 可以看出，靠近坡脚一侧的裂缝壁土体最大位移出现在顶部，最大位移量约为 37mm，而远离坡脚的一侧最大位移出现在裂缝中下部，最大位移量约为 36mm。当裂缝发展方向趋近于与表面垂直时，靠近坡脚一侧的裂缝壁土体最大位移出现在顶部，最大位移量约为 29mm，此时中下部最大位移量约为 26mm，而另外一侧最大位移依旧处于中下部，最大位移量约为 36mm，可以看出此时靠近坡脚一侧位移最大部位呈现向中下部转变的趋势，而另一侧位移最大部位基本无变化。相对于表面水平的土体，两侧裂缝壁的最大位移均处于裂缝中下部，而表面倾斜后由于近坡脚的土体厚度较薄，中下部受渗流影响的土压力相对减小，使得位移量减小。表层位移主要受到土体膨胀作用影响，受下层土体限制，而裂缝发展方向变化使得起限制作用的土层发生变化，相对于竖直方向而言，接近垂直时土层厚度更大，对表层的限制作用更大，从而使得表层位移量减小，另外，由于土层厚度的增大，受渗流作用影响的土压力也增大，即中下部的位移量增大。对比表面水平土体，在裂缝深度相同时，斜坡裂缝在渗流过程中的愈合量更大，本次计算中裂缝竖直发育的斜坡表层愈合量为 51mm，裂缝接近垂直表面时愈合量为 49mm，裂缝中下部的最大位移量为 62mm，而此时裂缝宽度为 57mm（现场测量宽度），表明干密度为 1.4g/cm^3 时，渗流过程中斜坡上的裂缝表面不能完全愈合，但中下部能愈合。

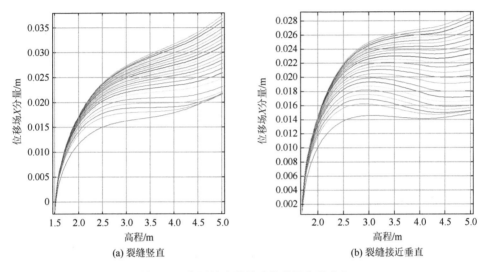

图 5.49 靠近坡脚裂缝壁位移沿高程分布

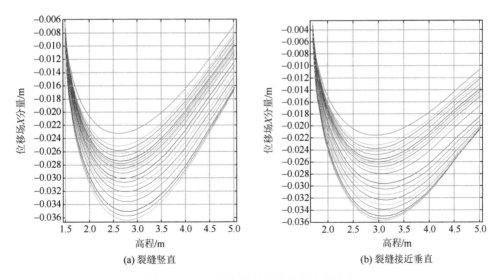

图 5.50 远离坡脚裂缝壁位移沿高程分布

考虑不同坡比时的斜坡裂缝愈合情况如图 5.51 所示。

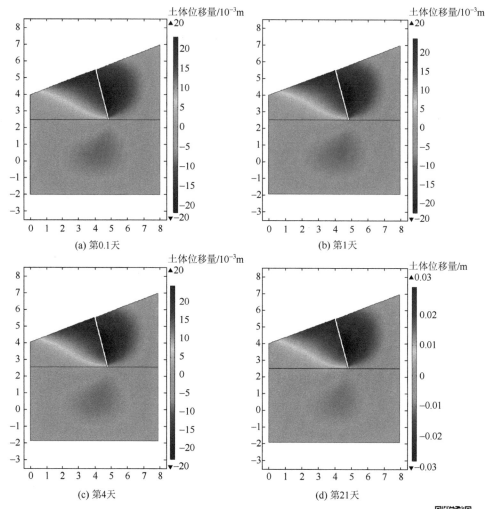

(a) 第0.1天　　(b) 第1天　　(c) 第4天　　(d) 第21天

图 5.51　倾角改变时裂缝愈合情况

对比坡比未改变相同裂缝发展方向时，靠近坡脚侧裂缝壁顶部位移量基本一致，约为 29mm，但中下部的位移量有所减小（图 5.52）。由于坡比增大，而裂缝发展方向与表面接近垂直，坡比改变后土层厚度相对减小，在渗流作用下的土压力也会减小，因此中下部的位移量会减小。对于远离坡脚的一侧，坡度较小时最大位移量约为 36mm，坡比增大后最大位移量为 28.5mm。由于坡度增大，而开裂点均处于中间部位，裂缝发育深度相同，裂缝发展更远离坡脚，从而使得远离坡脚一侧的土层较薄，相应地渗流过程中的超载土压力更小，继而远离坡脚一侧的最大位移量也减小。当坡比增大后，斜坡表层裂缝最大愈合度为 48mm，中部最大愈合度为 49mm，整体愈合度小于坡度较小时。

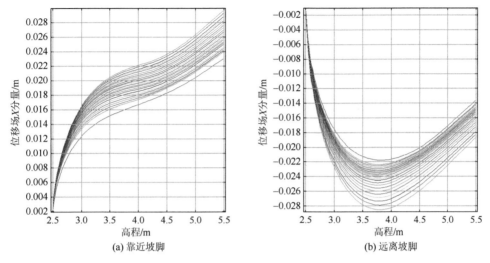

(a) 靠近坡脚

(b) 远离坡脚

图 5.52　倾角改变时裂缝壁位移沿高程分布

5.3.2　裂缝愈合后渗流计算

由于裂缝自然愈合是裂缝两侧土体挤压形成的结果，已愈合处的土体密度明显小于碾压而成的土体密度，因此渗流计算过程中，将裂缝部位考虑成两部分：①未愈合的裂缝所占的体积；②已愈合的裂缝所占的体积。愈合处的材料参数按蓬松土体选取，其他条件与前述渗流计算保持一致。计算结果如图 5.53 所示，渗透坡降计算结果见表 5.8。

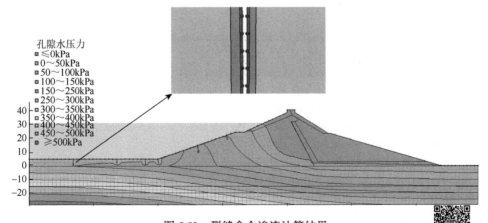

图 5.53　裂缝愈合渗流计算结果

表 5.8 渗透坡降计算结果

裂缝情况	裂缝深度/m		坝体
	2	4.4	
裂缝未愈合	0.621	0.815	0.610
裂缝部分愈合	0.607	0.798	0.521

通过对比发现，坝坡裂缝自然愈合一部分后，坝体渗透坡降有一定的降低，而铺盖层裂缝处渗透坡降并未有明显的降低，主要原因是坝坡裂缝周边土体在湿化过程中在重力作用下会不断挤压裂缝，此时裂缝愈合处的土体抗渗性明显优于铺盖处，使得坝体渗透坡降降低较多，但总体而言，裂缝自我修复对提高工程安全性的作用不大。在实际工程中，由于水体中含有较多泥沙，随着泥沙的沉积，裂缝会呈现出完全愈合的状态，但此时裂缝中填充的土体同样有较大的渗透性，只有当沉积的土体经过长时间固结后才具有一定的抗渗性。因此，仅依靠裂缝自然愈合与土体沉积填充裂缝并不能显著提高土体的防渗性能，需采取一定的裂缝治愈措施。

参 考 文 献

[1] Cutter S L.Vulnerability to environmental hazards[J].Progress in Human Geography，1996，20（4）：529-539.

[2] Cutter S L，Boruff B J，Shirley W L. Social vulnerability to environmental hazards[J]. Social Science Quarterly，2003，84（2）：242-261.

[3] 方修琦，殷培红. 弹性、脆弱性和适应——IHDP 三个核心概念综述[J]. 地理科学进展，2007，26（5）：11-22.

[4] 邹君，杨玉蓉，谢小立. 地表水资源脆弱性：概念、内涵及定量评价[J]. 水土保持通报，2007，27（2）：133-135，145.

[5] 沈珍瑶，杨志峰，曹瑜. 环境脆弱性研究述评[J]. 地质科技情报，2003，22（3）：91-94.

[6] Holling C S. Resilience and stability of ecological systems[J]. Annual Review of Ecology and Systematics，1973，4（1）：1-23.

[7] Handmer J W，Dovers S R. A typology of resilience：Rethinking institutions for sustainable development[J]. Organization and Environment，1996，9（4）：482-511.

[8] Pimm S .The complexity and stability of ecosystems[J]. Nature，1984：307.

[9] Klein R J T，Smit M J，Goosen H，et al. Resilience and vulnerability：Coastal dynamics or dutch dikes? [J]. The Geographical Journal，1998，164（3）：259-268.

[10] Tobin G A. Sustainability and community resilience：The holy grail of hazards planning?[J]. Global Environmental Change Part B：Environmental Hazards，1999，1（1）：13-25.

[11] Buckle P，Marsh G，Smale S. Assessing Resilience & Vulnerability：Principles，Strategies & Actions[R]. Emergency Management Australia，Department of Defence Project 15/2000，2001.

[12] Pelling M .The Vulnerability of Cities：Natural Disasters and Social Resilience[M]. London：Earthscan，2003.

[13] Rose A，Liao S Y. Modeling regional economic resilience to disasters：A computable general equilibrium analysis of water service disruptions[J]. Social Science Electronic Publishing，2005，45（1）：75-112.

[14] Foike C, Carpenter S, Elmqvist T, et al. Resilience and Sustainable Development: Building Adaptive Capacity in a World of Transformations[R]. Environmental Advisory Council to the Swedish Government, Stockholm, Sweden, 2002.

[15] 李志清, 胡瑞林, 王立朝, 等. 非饱和膨胀土 SWCC 研究[J]. 岩土力学, 2006, 27 (5): 730-734.

[16] 沈思渊, 席承藩. 淮北主要土壤持水性能及其与颗粒组成的关系[J]. 土壤学报, 1990, 27 (1): 34-42.

[17] 武天云, 邓娟珍, 王生录, 等. 覆盖黑垆土的持水特性及抗旱性研究[J]. 干旱地区农业研究, 1995, 13 (3): 33-37.

[18] 陈勇, 苏剑, 谈云志, 等. 循环脱吸湿与加卸载耦合作用下土体持水性能试验研究[J]. 岩土力学, 2019, 40 (8): 2907-2913.

[19] Lowell. S. Introduction of Powder Surface Area[M]. New York: Wiley, 1979.

[20] 栾茂田, 汪东林, 杨庆, 等. 非饱和重塑土的干燥收缩试验研究[J]. 岩土工程学报, 2008, 30 (1): 118-122.

[21] Liang B H, Péron H, Hueckel T, et al. Desiccation shrinkage of non‐clayey soils: Multiphysics mechanisms and a microstructural model[J]. International Journal for Numerical & Analytical Methods in Geomechanics, 2013, 37 (12): 1761-1781.

[22] Bronswijk J J B. Relation between vertical soil movements and water-content changes in cracking clays[J]. Soil Science Society of America Journal, 1991, 55 (5): 1220-1226.

[23] Abou Najm M, Mohtar R, Weiss J, et al. Assessing internal stress evolution in unsaturated soils[J]. Water Resources Research, 2009, 45 (5): W00C11.

[24] 蔡国庆, 王亚南, 周安楠, 等. 考虑微观孔隙结构的非饱和土水-力耦合本构模型[J]. 岩土工程学报, 2018, 40 (4): 618-624.

[25] Wang J J, Zhang H P. Experimental study on self-healing of crack in clay seepage barrier[J]. Engineering Geology, 2013, 159: 31-35.

[26] Miller G A, Khoury C N, Muraleetharan K K, et al. Effects of soil skeleton deformations on hysteretic soil water characteristic curves: Experiments and simulations[J]. Water Resources Research, 2008, 44 (5): W00C06.

[27] 缪协兴, 杨成永, 陈至达. 膨胀岩体中的湿度应力场理论[J]. 岩土力学, 1993, 14 (4): 49-55.

[28] 李朝阳, 谢强, 康景文, 等. 基于摩尔-库仑准则的膨胀土弹塑性本构模型及其数值实现[J]. 土木建筑与环境工程, 2017, 39 (2): 92-99.

[29] Luo Z F, Zhang N L, Zhao L Q, et al. Seepage-stress coupling mechanism for intersections between hydraulic fractures and natural fractures[J]. Journal of Petroleum Science and Engineering, 2018, 171: 37-47.

[30] Xu T, Ranjith P G, Au A S K, et al. Numerical and experimental investigation of hydraulic fracturing in Kaolin clay[J]. Journal of Petroleum Science and Engineering, 2015, 134: 223-226.

第6章 极端低水位下水库运行安全综合处置措施

极端干旱对黏土斜墙坝结构方面的影响主要体现在干缩裂缝方面，对工程运用的影响主要是持续的低水位运行。面对极端干旱气候导致的水库以极端低水位运行，需提出相应的应急处置措施，在保障水库安全的同时最大限度地发挥水库效益。保障水库安全主要体现在对干旱中产生的干缩裂缝的治理，发挥水库效益主要体现在制定极端低水位运行的应急决策措施（包含水库调度、工程监测及巡视检查等方面的内容）。

6.1 干缩裂缝检测与探测

6.1.1 土体开裂部分检测

黏土受旱后裂缝的出现具有随机性，裂缝通常发生在表面缺陷处，在这些缺陷处会发生收缩变形和应力集中。根据应变能累积计算公式[式（2.1.24）]可以看出，应变能与孔径成正比，相对于土颗粒自然聚集产生的孔隙，压实土体中的填筑缺陷的孔径更大，因此缺陷部位的应变能更大，受旱过程中缺陷部位更容易开裂。

对于土石坝而言，黏土体中的缺陷部位大多数情况下属于填筑不密实区域，可通过高密度电阻率法（multi-electrode resistivity method）进行探测。高密度电阻率法是一种阵列勘探方法，它以岩、土导电性的差异为基础，研究人工施加稳定电流场的作用下地中传导电流分布规律，通过积分变换、迭代反演法、基于圆滑约束最小二乘法、基于 Gauss-Newton 最优化非线性最小二乘算法、目标相关法、模拟退火法等来进行数据反演，重建地质体内部结构图像，从而探明地下地质结构，实际上其是一种阵列式电阻率勘探方法。野外测量时只需将全部电极（几十至上百根）置于观测剖面的各测点上，然后利用程控电极转换装置和微机工程电测仪便可实现数据的快速和自动采集，当将测量结果送入微机工程电测仪后，还可对数据进行处理并给出关于地电断面分布的各种图示结果[1]。

假设在均匀半无线的空间表面上，距一个点电源为 R 处的电势：

$$U = \frac{\rho I}{2\pi} \frac{1}{R} \tag{6.1.1}$$

电极布置如图 6.1 所示，A、B 电极为供电电极，M、N 为测量电极。由供电电极输入电流 I，根据两个异性点电流源的电流场分布特性，由叠加原理可得到 M、N 两点的电势，进而求出两点电势差：

$$\Delta U = \frac{\rho I}{2\pi}\left(\frac{1}{AM} - \frac{1}{AN} - \frac{1}{BM} + \frac{1}{BN}\right) \quad (6.1.2)$$

由此可求出电阻率 ρ：

$$\rho = K\frac{\Delta U_{MN}}{I} \quad (6.1.3)$$

式中，K 为装置参数。

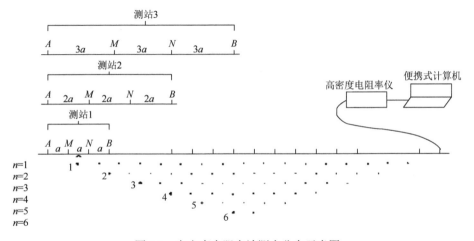

图 6.1　高密度电阻率法测点分布示意图

由于地层介质的电阻率与岩土性质、含水性等因素有关，当坝体坝基存在渗漏水时，对应检测区域会出现明显的低阻异常区，由此可以初步判别大坝渗漏情况。

采用高密度电阻率法在实际工程中进行填筑不密实区域探测，测量断面选取三处，分别如下。

断面 1：大坝下游侧上部，距坝顶路面 1m，平行于坝轴线方向，测线长 64m，测线中心位于输水洞正上方。共布置电极 64 支，各支间距 1m。

断面 2：大坝下游侧中部，距断面 1 的坡面距离为 27.5m，平行于坝轴线方向，测线长 64m，测线中心较断面 1 向河床方向平移 10m。共布置电极 64 支，各支间距 1m。

断面 3：大坝下游侧上部，距坝顶路面 1m，平行于坝轴线方向，测线长 128m，测线中心位于大坝河床部位。共布置电极 64 支，各支间距 2m。

检测采用日本 OYO 公司生产的 McOHMProfiler-4 高密度电法仪（图 6.2），该仪器是一款多通道的高密度电法仪，系统内置 32 电极转换功能，4 通道同步接收电路。供电电路发射最大 400V（峰值 800V）/120mA 的电流。检测中同时使用 Power Booster 升压装置，使得电流值可达 1A。

图 6.2 高密度电法仪

由于大坝下游面土质较为松软，为保证电极导电及接收情况，在现场检测过程中，通过敲击使得电极入地深度达到 20cm 以上。

成果分析步骤：数据格式转换→坏点删除→反演计算→添加地形→电阻率剖面成图→成果解译，检测结果如图 6.3～图 6.5 所示。

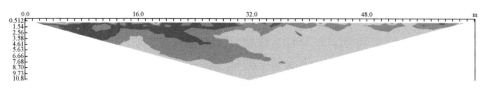

(a) 测量视电阻率拟断面

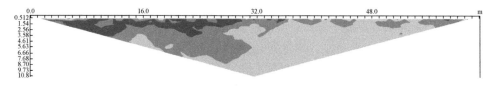

(b) 计算视电阻率拟断面

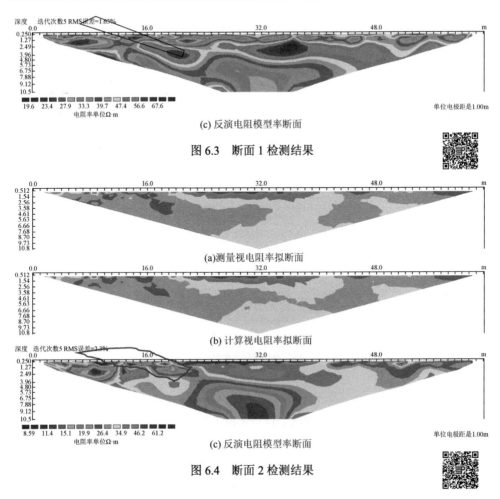

(c) 反演电阻模型率断面

图 6.3　断面 1 检测结果

(a) 测量视电阻率拟断面

(b) 计算视电阻率拟断面

(c) 反演电阻模型率断面

图 6.4　断面 2 检测结果

测量断面的布置长度决定着所能检测的深度，断面 1 布设长度为 64m，检测深度约为 11m，断面 3 布设达到 128m，因此检测深度也相对较深，达到了 21m 以上。

从图 6.3 可以看出，该断面右半部分土体分层性较好，布线 0+10m 距离坝顶 3m 范围内大坝存在封闭低阻区域，大坝表面及纵向局部电阻明显较低，说明此类区域土壤含水量较高，可能是雨水的主要下渗通道。布线 32~40m 范围距离坝顶 3m 处存在异常高阻区，表明该处填筑较为松散，但上部土体密实，雨水无法渗入该区域。整体看来，大坝距坝顶 2.5~6m 范围内存在填筑质量问题，土层不密实，大坝坝体质量存在不均一现象，可能是由于大坝除险加固工程中加厚部分土质填筑质量一般，大坝表层土体较为疏松，降雨后雨水下渗进入表层土体内，并沿着此类渗流通道[如图 6.3（c）左侧标识框所示]向大坝内部渗流。根据勘探资料，勘探期间发现坝顶断续有 11 条裂缝，累计长度达到 83m，占坝体长度的 19%，另外在钻孔 C1 处深度 1.7m 发现有直径 20cm 大小的孔洞，勘探结果与高密度电阻率法监测结果吻合。

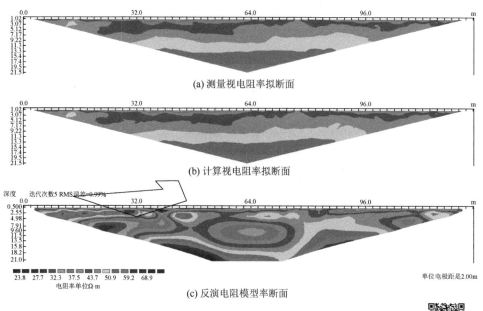

图 6.5 断面 3 检测结果

与断面 1 类似，断面 2 检测结果也显示出大坝填筑质量不均一的情况。布线中段顶部附近土体高阻明显，土体松散；左侧部位存在明显低阻区域，如图 6.4（c）中标识框的位置，也存在自坝体表面至坝体内部的渗流通道，可能使得降雨流向坝体内部。此外，断面 2 中值得关注的是布线中段距顶部 9m 以下部位存在明显封闭低阻区域，可能该处土体含水率过大，但水从何处流至此处需结合其他断面综合分析。

从图 6.5 中可以看出，大坝存在明显的自表层至深层的低阻区域，表明下游坡上部填土较为松散，且有雨水渗入，存在降雨下渗路径。根据反演电阻率分析结果，左岸部位布线 32～40m 处存在向坝体内部渗水的路径，渗流通道最深达到距坝顶 10m 处。布线中部 60～68m 范围内，距坝顶 8～13m 处存在封闭低阻区域，且结合图 6.3 中结果发现断面 1 中部距坝顶 10m 左右也存在封闭低阻区域，图 6.4 中断面中部距坝顶 10m 左右封闭低阻区域更为明显，联系三个断面结果可以推断大坝中部距坝顶 10～13m 处存在自上游延伸至下游的渗流路径。此外图 6.5 检测结果显示，断面 3 低阻区域主要位于深度 17m 以内，而 17m 以下深度内高阻明显，表明坝体填筑质量问题应主要存在于此深度区间内，土体不够密实，但该区域处于浸润线之上，土体含水率较低。

根据高密度电阻率法检测结果，可确定受旱中的坝体重点监控部位，密切关注该部位裂缝的发育情况。

6.1.2 裂缝深度探测

裂缝是水工建筑物病害中最普遍的一种，对于混凝土性质裂缝的无损检测，采用超声波法可检测被测物内部尺寸较小的裂缝，能较准确地识别裂缝的深度位置，裂缝内没有填充物时，应用该方法是有效的，但裂缝内往往积有灰尘或杂物，超声波法就无能为力，检测者也就无法辨别裂缝底部的具体位置。目前，雷达波法也用于裂缝检测，该方法是基于电磁波脉冲波的传播原理对地下或物体内不可见的目标体或界面进行定位的广谱电磁技术。但是该方法只适用于宏观的裂缝检测，对于宽度小于 5mm 的裂缝，就难以分辨。探地雷达的探测精度和深度受到主观条件和客观条件的限制，前者影响因素主要为仪器设备的工作频率、发射功率、收射灵敏度、抗干扰能力和天线与大地的匹配耦合效应；后者影响因素则主要为地电条件，特别是介质导电性。导电介质中电磁波的衰减系数与工作频率成正比，对于一定工作频率的探地雷达而言，其探测深度与地表导电率成反比，严重影响探测精度。

示踪-雷达融合诊断检测技术（图 6.6）充分利用了同位素示踪剂具有强反射的优点，以及雷达电磁波的高敏感接收特性。根据电磁场理论，电磁波在传播过程中遇到不同电性介质时，在其界面将发生反射和折射现象，从而改变电磁波的传播方向。通过沿剖面同步移动发射天线（T）和接收天线（R），可获得由反射记录组成的雷达剖面，其同相轴分布与目标体埋深和形态有直观的对应关系。灌浆前，根据调查的堤坝裂缝的外部特征，选择最具有代表性的裂缝位置作为示踪剂灌入点；灌浆后，在灌浆孔附近垂直裂缝走向布置测线，以追踪示踪剂的流向和渗入深度，根据探地雷达的检测结果分析并确定裂缝的实际深度[2]。

图 6.6 示踪-雷达融合诊断检测

6.2 综合决策方法

综合决策是指一项决策中有多个决策目标,且各目标之间存在着某种矛盾性,因而必须综合考虑各种情况,同时解决多个相互关联问题的决策。为此,提出应对持续干旱、低水位工况的水库运行应急综合决策方法,主要包括现状库容估算、基于实测资料的大坝安全评判、基于数值仿真计算的大坝安全预测及综合决策等[3]。

针对极端干旱、持续低水位下水库运行的综合调度方法(图6.7),提出包括基于历史汛期洪水资料的库容曲线估算、基于实测资料的工程安全性态评判、基于数值分析的工程安全性态预测的综合决策方法,为持续低水位工况下水库综合调度决策提供参考,具体内容在第7章结合具体工程进行分析应用。

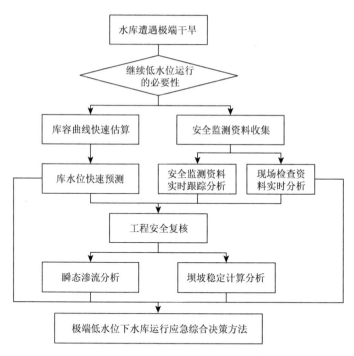

图6.7 极端低水位下水库运行应急综合决策方法

6.3 渗流安全预警指标

6.3.1 常规渗流安全预警指标

提出渗流安全预警指标首先需要明白何为预警。大坝安全预警又区别于安全预测，预测是根据过去和现在的已知因素，运用已有知识、经验和科学方法，对未来环境进行预先估计，并对事物未来的发展趋势做出估计和评价。预警是指在灾害或灾难（渗透破坏）以及其他需要提防的危险发生之前，根据以往总结的规律或观测得到的可能性前兆，向相关部门发出紧急信号，报告危险情况，以避免危害在不知情或准备不足的情况下发生，从而最大限度地减轻危害所造成的损失的行为。预警可为决策部门提供判断与决策。目前对于土石坝预警系统的研究较多，预警的方式主要有指标预警法、统计预警法和模型预警法，其中指标预警法具有简单方便、实用性强和评估快速的特点，是统计预警法和模型预警法的基础。指标拟定方法包括：设计指标方法、经验指标方法、理论指标分析方法、实测资料分析方法等。对研究对象发展过程的充分认识是构建预警模型的基础和前提，对于可能发生的警情，先研究其警源形成原因及影响至关重要。

土石坝的安全预警系统错综复杂，危及其安全的因素众多，既有内部因素也有外部因素，既有自然因素也有人为因素。各个因素又受到其子因素的影响，层层叠加构建起预警指标体系。预警指标的确定需针对土石坝不同的破坏模式，深入研究大坝破坏过程中各要素的影响。土石坝渗透破坏内部因素主要与坝基和坝身的材料特性有关，如土料级配、黏粒含量、饱和度以及干密度等，砂土、砂壤土等渗透系数较大的材料较黏土、壤土更容易发生渗透变形。水荷载作为土石坝最基本的荷载，是影响土石坝安全最重要的外部因素。在汛期高水位作用下，坝基和坝身渗流加大，这是产生渗透破坏的动力，是土坝发生渗透破坏的主要外部因素。针对土石坝的特点，在既要兼顾多方面的因素影响，又要突出重点的原则下，层层筛选影响土石坝安全的统计指标和安全监控指标，从土石坝渗透破坏特性角度建立起土石坝渗流安全预警指标体系，如图6.8所示[4]。

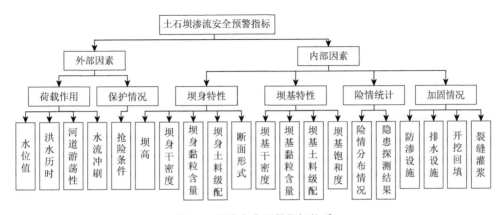

图6.8 渗流安全预警指标体系

6.3.2 裂缝渗流安全预警指标

在旱涝急转工况下，黏土防渗体受旱产生的干缩裂缝视为警源，其影响的是大坝渗流，当出现危及大坝安全的渗流问题时表明出现警情，警情可通过渗漏量、测压管水位、渗透坡降等一系列警兆信息来反映。但是，由于旱涝急转工况的特殊性，极端干旱与暴雨导致洪水水位上升之间的时间间隔很短，来不及对黏土防渗体上干缩裂缝进行全面整治，此时通过渗流监控指标反映出大坝险情时已经错过了抢救的最佳时期，因此考虑将整个预警系统向前推移，视干缩裂缝的发展程度为警兆，以此构建预警模型。

作为大坝防渗体中存在的明显缺陷，裂缝削弱了防渗体的防渗性能，对大坝渗流的影响巨大。相对于裂缝宽度，裂缝深度信息更受关注。处于铺盖以及斜墙中的裂缝，深度过大时会贯穿防渗体，即使不贯穿防渗体也会降低其防渗性能，因此对存在裂缝时的渗流安全进行分析时，须将裂缝信息作为渗流预警的重要指标。根据第 2 章内容，裂缝参数有很多，但对渗流有影响的参数主要为裂缝宽度、长度以及深度，裂缝长度、宽度对裂缝区域的渗漏量有直接影响。

1. 裂缝导致水力劈裂预警指标

根据第 4 章中对水力劈裂的分析，若出现水力劈裂，即

$$\sigma_3' > \sigma_t \quad (6.3.1)$$

有效最小主应力受到土体原有应力状态、外部水压以及土体渗透性影响，其中：

$$\begin{cases} \sigma_1 = K\gamma z \\ \sigma_3 = P + \gamma_w d + u_0 \end{cases} \quad (6.3.2)$$

式中，γ_w 为水的容重，kN/m^3；d 为裂缝深度，m；K 为静止土压力系数，与饱和度有关；γ 为土体容重，kN/m^3，与饱和度有关；对于裂缝底部，z 为裂缝深度，m；土体抗拉强度 σ_t 随饱和度的变化而变化；$P = \gamma_w h$，为与水头(h)相关的水压力，kN/m^2；u_0 为孔隙水压力。与饱和度相关参数可以表示为

$$K = f(S)、\gamma = g(S)、\sigma_t = k(S) \quad (6.3.3)$$

式中，S 为饱和度，根据 Richards 方程计算土体内的渗流过程确定，裂缝边界条件可表示为

$$h(t,z)\big|_{z=0} = \frac{P}{\rho g} - z \quad z \in (-d, 0) \quad (6.3.4)$$

式中，h 为水头，m。

式（6.3.2）中关系到水力劈裂且可直接测量的参数指标为 h、d，因此，将水头 h 与裂缝深度 d 作为水力劈裂的预警指标。

在渗流初期，土体含水率低，土体渗透性很小，当裂缝底部土体有效最小主应力与土体抗拉强度之和小于 0 时会产生水力劈裂。水位增长较快时，初期水压便会很大，相对于缓慢增长的水位更容易出现水力劈裂。在 4.2.3 节的分析过程中，进行了裂缝参数对水力劈裂的影响分析，在定水头作用下，调整裂缝深度信息值，当铺盖在某一裂缝深度时出现水力劈裂，那么该裂缝深度即为该水头作用下铺盖水力劈裂指标。

一般长时间干旱后在遭遇暴雨前裂缝深度值已稳定且达到最大，在裂缝深度值已确定的情况下，考虑不同水位值时的水力劈裂指标。在遭遇暴雨洪水，水位不断上升过程中，土体处于饱水过程，裂缝会出现愈合。一方面，受裂缝愈合影响，裂缝宽度会减小并一定程度上影响裂缝深度，另一方面，在裂缝愈合过程中，水位会不断上升，当水位上升至某一高度时，裂缝土体出现水力劈裂。因此，针对裂缝深度值已知的土体在确定水力劈裂指标时，需要考虑水位上升速度以及水位上升过程中裂缝愈合对裂缝深度的影响。当水位上升速度较慢，裂缝能得到充分愈合，那么在随后某一高水位时相应的裂缝深度就较小；而当水位上升速度较快，裂缝愈合程度低，那么在随后同一高水位时相应的裂缝深度就较大，出现水力劈裂的可能性就大。此外，水位上升速度的快慢也影响到土体内渗流场分布，水位上升速度影响土体饱和区范围，土体承受的有效应力大小存在差异，但由于饱和区沿着裂缝向土体内部扩散，不管水位上升速度快慢，裂缝底部均是饱和区，土体有效应力的影响在裂缝底部可以忽略。因此，对于初始裂缝深度确定的黏土防渗体，考虑水位上升过程中的裂缝演变，以水位上升速度作为水力劈裂指标。

2. 裂缝影响渗透坡降预警指标

导致土石坝发生渗透破坏的影响因素有很多，其中最为关键的指标就是坝体和坝基渗透坡降。当坝体和坝基某个部位渗透坡降大于相应部位土体允许渗透坡降时，将出现渗透破坏。根据国内外大量的工程渗透破坏实例可看出，渗流出口是渗流场中最薄弱的部位，也是渗流控制的重点。渗流出口包括渗流下游逸出部位、坝体和坝基内部强弱透水体接触面部位。在下游逸出部位，渗透破坏常常是由表面向土体深层发展，强弱透水体之间渗透破坏是从强弱透水体接触面逐渐向弱透水体内部发展。对于不同土层的接触面，如防渗体、过渡层、齿槽等与下垫强透水层的接触面，天然地基中强弱透水体的接触面等，其上允许坡降值往往比土体本身更小，使得较小的允许渗透坡降起控制作用。

对于坝前水平铺盖以及斜墙这类防渗体，其厚度通常较小，裂缝的出现使得防渗体的有效厚度减小。当水位保持不变时，由于裂缝向下发展，裂缝土体表面的水头增大，而水流穿过黏土防渗体后到达透水层时的水头相同。根据渗透坡降的定义：

$$J = \frac{dh}{dS} \tag{6.3.5}$$

式中，h 为水头，m；S 为流程，m。

以整体铺盖厚度作为流程分析，当深度为 d 的裂缝出现后，有效流程变为 $S-d$，水头变为 $h+d$，使得渗透坡降增大。由于裂缝缩短了渗径，裂缝底部至土层出口部位整个区域水头重新分布，单位节点处的变化量也必然发生变化，对于铺盖上存在干缩裂缝时平均渗透坡降可表示为

$$J = \frac{h+d}{S-d} \tag{6.3.6}$$

在采用 Richards 方程进行渗流计算分析时，在不同渗透性材料交界面处的渗透坡降可以通过 $\frac{\partial h}{\partial z}$ 或 $\frac{\partial h}{\partial x}$ 来确定。在水头确定的情况下，影响渗透坡降的变量只有裂缝深度，建立裂缝深度与渗透坡降之间的关系，当渗透坡降达到临界渗透坡降时，所对应的裂缝深度即为临界裂缝深度，将此时裂缝深度指标作为大坝是否出现渗透破坏的预警指标。

6.3.3 裂缝深度确定

6.3.2 节分析中对于受旱后大坝渗流安全提出了以裂缝深度作为预警指标，但由于裂缝扩展向着土体内部延伸，实际工程中裂缝深度测量需要对出现裂缝的土体进行开挖，不仅工程量巨大，而且会破坏无裂缝区域土体的完整性，而监控指标的拟定需要基于便于测量的原则，因此以裂缝深度作为预警指标不合适。对于已经出现的裂缝，其宽度信息可人工测量，或者通过图像识别技术量测，因此考虑通过裂缝宽度信息获取裂缝深度值，将裂缝深度指标变换为裂缝宽度指标。由于裂缝深度、宽度变化受到土体受旱程度的影响，建立裂缝宽度与深度联系需要明确土体的受旱程度。

1. 土体受旱程度确定

正常情况下坝前水平铺盖处于水下，土体为饱和状态，黏土坝坡在浸润线以下为饱和状态，浸润线以上部分由于水分蒸发含水率降低，随后底层土体中的水会上升补充。遭遇干旱后，库水位不断下降，坝坡及铺盖逐渐裸露于外，原先饱和的土体含水率不断降低，此时认为土体处于受旱第一阶段。

土体在受旱过程中，伴随着水分的蒸发，内部基质吸力会不断增大，根据

式（2.2.15）确定裂缝出现时的基质吸力大小。一般而言，当含水率降低至塑限含水率时，土体即将出现裂缝，根据土水特征曲线结合土体内的基质吸力，确定干缩裂缝出现时的含水率大小，实现以含水率指标反映土体是否开裂。具体确定方法如下。

设土体某一时刻的含水率为 θ，根据预先测量的土水特征曲线确定此时土体的基质吸力大小：

$$u_s = \frac{1}{a}\left(\frac{\theta - \theta_r}{\theta_s - \theta_r}\right)^{\frac{1}{1-n}} \quad (6.3.7)$$

式中，u_s 为基质吸力，kPa；θ_s、θ_r 分别为饱和含水量与残余含水量，%；a、n 为模型参数。

裂缝出现时刻的判别公式：

$$f(u_s) = \frac{1}{2}\frac{E}{1-2\mu}\frac{\lambda_s \ln(p_a + u_s)}{1+e_0} \quad (6.3.8)$$

若 $f(u_s)$ 大于土体抗拉强度 σ_t，则土体开裂，此时认为土体进入受旱第二阶段。

土体出现裂缝之后随着含水率进一步降低，裂缝深度及宽度不断发展，该过程中由于可以直接观察的是裂缝宽度，考虑通过宽度值反映裂缝深度值。由于进入受旱第二阶段后土体含水率依旧不断降低，蒸发过程为水分从土体表面流失，通过 Richards 方程可计算分析在水分蒸发过程中土体内部孔隙压力或基质吸力的变化。在确定了土体各部分基质吸力大小后，可根据基质吸力反映土体受旱程度。

2. 裂缝深度的确定

裂缝宽度大小与裂缝深度相关，但它们之间的关系体现在宽度发展极限值受裂缝深度影响，在裂缝发育过程中，深度对宽度并无影响，此时起决定性作用的是土体内的基质吸力，也可以理解为土体的受旱程度。土体的受旱程度与土体水分的蒸发量相关，蒸发量大小与外部环境以及表层土体的基质吸力大小有关，裂缝深度的不同对土体蒸发量的大小并没有太大影响，因此当土体参数确定以及外部环境基本不变时，土体在蒸发过程中内部基质吸力变化基本在各种裂缝深度情况下保持一致。可以在确定了某一裂缝深度时通过计算获取裂缝宽度达到最大值的整个变化过程。根据第 2 章计算分析过程，当裂缝深度确定时，蒸发过程中裂缝宽度与土体基质吸力的分布存在对应关系。将裂缝变化过程展现在坐标系中（图 6.9），横轴表示土体表面裂缝宽度，纵轴表示土体接近表面处的基质吸力（可转换成含水率），图中不同曲线代表不同的裂缝深度。

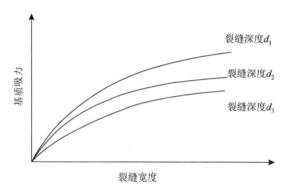

图 6.9 不同深度时裂缝宽度与基质吸力关系

当确定裂缝宽度后,量测土体含水量,计算相应的基质吸力,在如图 6.9 所示的坐标系中找出确定的一点,该点所处的曲线即裂缝深度变化曲线。若确定的一点处于两条曲线之间,则实际裂缝深度位于两条曲线代表的裂缝深度之间,此时若要确定裂缝深度的具体大小,需要加密曲线。依据该方法可以通过土体表面裂缝宽度以及基质吸力参数,获悉裂缝深度大小。该方法无须破坏土体结构,只需读取裂缝宽度信息以及对土体进行含水率量测即可获取深度信息。将裂缝深度与工程中的铺盖以及斜墙厚度做对比,可获悉受旱条件下干缩裂缝的发展是否贯穿裂缝与斜墙,实现通过宽度判断裂缝是否已贯穿防渗体结构。裂缝宽度指标的大小随土体水分蒸发情况、土体干密度大小的改变而改变,因此在确定宽度指标之前,需明确土体干密度、土体所处环境,以及预先获取土体的土水特征曲线。

6.4 综合处置措施

根据极端低水位工况下土石坝的安全分析,死水位下的坝坡稳定系数余度不足,接近规范允许值;而一旦遭遇旱涝急转工况,可能会引发黏土防渗体系的渗透破坏,也可能诱发坝坡的溜坡甚至坝坡滑动。随着水资源的匮乏,以及极端天气现象的增多,保障极端低水位土石坝的安全运行十分必要。

6.4.1 运行管理措施

1. 确定取水限制水位

为避免库水位过低对大坝坝坡稳定性以及水库坝坡黏土、坝前黏土防渗铺盖造成危害,在选取可能发生的水库最不利工况下,对上游坝坡进行稳定计算,复核极端低水位下坝坡稳定性。同时,要考虑到水位过低时可能造成的水库坝前防渗铺盖干裂等因素，防止黏土防渗体系大面积裸露，产生危害坝体安全性的裂缝，综合确定取水限制水位。

2. 严控水位变化幅度

死水位以下的土坝坝体长期浸泡，水库水位下降得越快，坝体内的浸润面位置越高，坝坡内产生的不稳定渗流力越大，对坝体稳定性的影响越大，滑坡的风险也相应增大。结合 5.2.3 节分析，在稳定渗流工况下，坝坡的抗滑稳定系数已接近规范允许值，若水位下降速度过快，容易导致坝坡失稳。若库水位因供水需要须继续下降时，应根据日供水量的需求有计划地降低水位，避免水位下降过快，对坝体安全产生影响。同时要考虑满足城区居民基本生活用水需求和工程安全因素。

如果遭遇旱涝急转的不利工况，坝坡黏土、坝前黏土铺盖的局部渗透坡降显著增大，接近并有可能大于允许值，易引发渗透破坏失事。因此，当旱涝转换时，还应当严格控制库水位上升的速度。

3. 加强安全监测

每天定时对大坝进行拉网式巡查，密切监测上游坝坡有无裂缝、滑坡、塌坑及其他异常情况，并做好文字、影像记录，发现问题立即汇报，并及时安排处理。对巡查中发现的坝坡块石松动和塌坑，立即安排修复。如果发现防渗铺盖外露，应立即采取工程措施。

4. 优化提升兴利调度方案

为了协调水库防洪与兴利的矛盾，应当进一步开发利用汛期洪水资源，缓解地区水资源紧缺的状况，在承担适当的可控制风险的前提下，合理抬高水库汛限水位是一种有效挖掘洪水资源潜力的措施和方法。

6.4.2 工程施工措施

本书的物理模型试验研究表明干旱导致坝体局部出现拉裂缝，一旦经历强降雨过程，上游坝坡处产生的裂缝会形成雨水入渗的优势流，迅速渗入坝体内部，而表层坡面因雨水浸泡，基质吸力迅速降低，和坝体内部裂缝未能深入到达的部位形成软硬不均的结构面，在黏土和雨水重力综合作用下，极易造成上游坝坡局部溜滑，形成滑坡，危及水库安全。坝前和坝坡上游黏土裂缝治理十分必要。结合工程实践，提出相应的治理措施。

1. 裂缝防治的工程措施

对于无护砌坝坡，当库水位下降时，坝坡黏土层裸露，可采用厚 200mm 的石沫覆盖，并洒水保湿，局部采用土工膜覆盖，石沫盖压。目的是保湿，防止土层干缩裂缝，导致坝体渗漏危险的发生。并可提前准备黏土随时备用。

当黏土坝坡、铺盖已经出现裂缝时，若裂缝仍处于初步发展的阶段即较小的裂缝时，采用洒水盖膜的方法保湿，避免裂缝进一步加大。当裂缝进一步发展超过 5mm 时，立即进行黏土无压灌浆，临时覆膜，上松铺 400mm 厚的黏土。若时间不允许时可采用较干的细土填缝，用水沤实，上松覆黏土。对于宽度、深度、长度走向明显危害工程安全的裂缝，必须采取开挖、回填、夯实、横墙隔断、封堵缝口的方法。

若局部本身存在塌坑，由于裸露又形成了较宽的裂缝时，开挖探查，采取换土回填夯实处置。

2. 裂缝治理的机械配合措施

对裂缝进行治理，需要配置土粒粉碎机、泥浆搅拌机、发电机、水泵、传送斗车，以联合高效作业。各机械的作用如下。

（1）土粒粉碎机，将黏土充分粉碎，以便更好地搅拌制浆。

（2）泥浆搅拌机，将粉碎后的黏土加水充分搅拌均匀，人工灌入缝隙较宽的裂缝内，以补强黏土层，填满裂缝。

（3）发电机，为工程抢护地段提供可靠的动力电源。

（4）水泵，对已铺设石沫的部位和黏土层裂缝部位每天进行抽水喷洒，以保证湿度，防止继续风干和开裂。

（5）传送斗车，根据工程位置和实际需要，可自行设计和加工一套电动卷扬机控制的料斗运输设备，解决坡陡、效率低等难题。

参 考 文 献

[1] 刘永强，叶伟，王凯. 填筑密实度对某均质土坝渗流及稳定性的影响分析[J]. 水电能源科学，2019，37（9）：67-70.

[2] 喻江，范向前，董茂干，等. 基于示踪-雷达融合诊断技术堤坝裂缝探测研究[J]. 工程技术研究，2019，4（20）：4-5.

[3] 胡江，徐麦菊，马福恒，等. 昭平台水库动用死库容可行性及应急对策研究报告[R]. 南京：南京水利科学院研究院，2014.

[4] 马福恒. 病险水库大坝风险分析与预警方法[D]. 南京：河海大学，2006.

第7章 工程应用

本书以昭平台水库为例，开展极端低水位水库运行综合决策的应用，同时，以白龟山水库为例，开展极端低水位对策研究应用。

7.1 昭平台水库极端低水位下运行综合决策

7.1.1 工程概况

昭平台水库位于淮河流域沙颍河水系沙河干流上，坝址位于河南省平顶山市鲁山县城以西 12km。水库控制流域面积 1430km²，是沙河干流上大（Ⅱ）型水利工程。该水库是以防洪、灌溉为主，兼顾养鱼、发电及供水等综合利用水利工程。水库以上为山丘区，是淮河流域的主要暴雨中心区之一，洪水量大、水流急。水库以下有平顶山、漯河、周口等重要城市，焦枝线、京广铁路、107 国道、京深高速公路等交通干线，以及河南省的主要粮棉产区，地理位置十分重要。

水库目前主要建筑物有主坝、副坝、输水洞、泄洪闸、非常溢洪道、电站等。主坝为黏土斜墙沙壳坝，坝长 2315m，最大坝高 35.5m，坝顶高程 181.80m，防浪墙顶高程 183.00m，顶宽 7.0m，净宽 6.4m。大坝上游坡 177m 高程以上坡比为 1：2.0，177～170m 高程为 1：2.5，170～157m 高程为 1：3.0，以下至坝脚为 1：3.5；下游坡 177m 高程以上坡比为 1：1.67，177～166m 高程为 1：2.0，166～155m 及其 155m 高程以下坡比为 1：2.5，高程 177m 以下在各变坡点设 2.0m 宽戗台一道。黏土斜墙上游坡比为 1：2.5，下游坡比为 1：2.0，顶部垂直厚度 2.0m，根部垂直厚度 7.0m，下部有 2～3m 深齿槽，槽底宽 3.0m，填料设计为中、重粉质壤土，斜墙上、下游面设中、粗砂过渡层，上、下游分别为 1.0m 和 4.0m。坝基防渗采用黏土铺盖，铺盖长按 5 倍水头设计，自台地段到河槽段为 138～158m，铺盖末端按 1/10 倍水头设计，厚 3.0m，前端厚 1.0m，铺盖填料为粉质壤土。坝壳填料设计为中砂、粗砂、砾砂和砂卵石，在桩号 0+820m 以南的理论浸润线以上干燥区施工时使用了代替料。

副坝（白土沟堵坝）为拱形砾质土均质坝，全长 923m，最大坝高 35.5m，副坝桩号 0+474.12～0+871.59m 段为弧形，半径 350m，圆心角 65°04′，弧两端为直线段。上游坡由顶向下坡比为 1：2、1：3.5、1：3.5 三级，其中 0+700～0+780m 段为四级，末级坡比为 1：5。下游坡由顶向下坡比为 1：1.8、1：2.5、1：2.5 三级，桩号 0+640～0+760m 为四级，坡比亦为 1：2.5。坝基防渗采用黏土铺盖，河槽段铺盖厚度按 1/6 倍水头设计为 5.5m，长度按 5 倍水头设计。

7.1.2 动用死库容的必要性

昭平台水库多年平均来水 $6.07\times10^8m^3$，但 2013 年全年来水仅 $1.45\times10^8m^3$，为多年平均的 23.9%。2014 年 1～8 月共来水 $3816\times10^4m^3$，为建库以来同期最少，水库遭遇了 2013 年和 2014 年连续干旱少雨的不利状况。2014 年 5 月 27 日，水库水位 162.04m，按最近测绘的库容曲线，蓄水量 $7520\times10^4m^3$，死库容以上水量 $3920\times10^4m^3$，后向市区应急供水 $2062\times10^4m^3$；截至 9 月 1 日，水库水位 159.60m，基本接近死水位 159.00m，相应库容 $4241\times10^4m^3$，死库容以上水量 $659\times10^4m^3$。同时，中长期预报近期无明显降雨过程。按当时日应急供水 $8.33\times10^4m^3$、日蒸发 $4\times10^4m^3$、渗漏 $4.43\times10^4m^3$ 计算，平均日消耗 $16.76\times10^4m^3$，死库容以上库容仅能维持供水 39d，至 10 月 9 日。为保证鲁山县居民生活用水，须动用昭平台水库死库容。但是，动用死库容涉及库水位控制、大坝安全等诸多问题，需开展应急决策研究。

7.1.3 库容曲线估算

根据《旱限水位（流量）确定办法》，水库旱限水位确定应以逐月或数月滑动计算的水库应供水量与死库容之和最大值所对应的水库水位作为依据。可见，旱限水位确定的标准较高，不能作为持续干旱低水位下水库应急供水的决策依据。

1958 年、1987 年测量的库容曲线如图 7.1 所示。可见，水库两条库容曲线的差值在 175m 高程以上趋于稳定，死库容淤积占总量的 61%。自 1987 年第二次库容淤积测量以来的 30 多年间，2001 年进行了淤积测量，但测量成果未批复。2002 年至今的淤积情况的测量数据缺少，为此，需粗略估算当前库容，具体方法：①参考 1988～2001 年水库死水位以下淤积量 $532.8\times10^4m^3$，估算 2002 年以来的死水位以下的累计淤积量；②确定水库相对淤积深度-相对淤积量的关系；③推算当前死水位下的水位-库容曲线。

忽略其他驱动因子如人类活动等和降雨量大小的影响，水库淤积量（土壤流失量）与主要自然驱动因子即汛期洪水量（侵蚀性降雨）呈较好的线性相关性。1988～2001 年汛期来水量约为 $48.73\times10^8m^3$，2002～2013 年汛期来水量约为 $39.21\times10^8m^3$。据此粗略估计得到 2002 年第三次测量以后水库死水位淤积量约为 $428\times10^4m^3$。

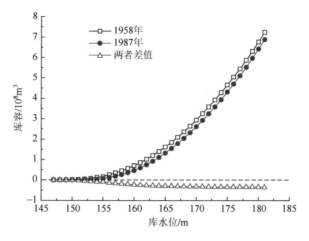

图 7.1 昭平台水库库容曲线

按式（7.1.1）对 1958 年、1987 年两次库容曲线测量的结果进行拟合：

$$Z = aV^b + C \tag{7.1.1}$$

式中，Z 为水库水位，m；C 为水库底高程，m；V 为水库库容，m^3；a、b 为拟合系数。

进一步转换式（7.1.1）可得

$$\ln(Z-C) - \ln a = b\ln V \tag{7.1.2}$$

绘制得到 $\ln(Z-C)$-$\ln(V/10^8)$ 曲线，如图 7.2 所示。据此，假定式（7.1.2）中拟合系数 a、b 不变，进而，可由 1990~2014 年的累计淤积量，估算得到 2014 年的相对库底-库容曲线，同样绘制于图 7.2 中。1987 年实测和 2014 年估算的死水位下库容曲线对比如图 7.3 所示。

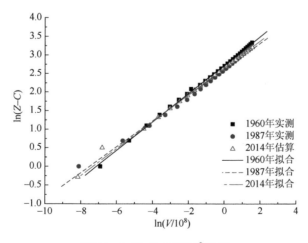

图 7.2 $\ln(Z-C)$-$\ln(V/10^8)$ 曲线

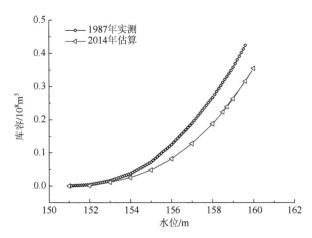

图 7.3 1987年实测和2014年估算的死水位下库容曲线对比图

根据 1987 年的测量结果，水位淤积高程约为 150.0m；159.6m 对应的库容约为 $4241\times10^4m^3$；死水位 159.0m 对应的库容约为 $3582\times10^4m^3$；159.6～159.0m 高程对应的库容约为 $659\times10^4m^3$；水位 158.7m、158.5m 对应的库容分别约为 $3305\times10^4m^3$、$3120\times10^4m^3$，159.0～158.7m、159.0～158.5m 对应的库容分别约为 $277\times10^4m^3$、$462\times10^4m^3$。根据本次估算结果，水库淤积高程约为 150.25m；159.6m 对应的库容约为 $3160\times10^4m^3$；死水位 159.0m 对应的库容约为 $2630\times10^4m^3$；159.6～159.0m 高程对应的库容约为 $530\times10^4m^3$；水位 158.7m、158.5m 对应的库容分别约为 $2390\times10^4m^3$、$2230\times10^4m^3$，159.0～158.7m、159.0～158.5m 对应的库容分别约为 $240\times10^4m^3$、$400\times10^4m^3$。

根据 7.1.2 节所述的日消耗量，结合估算得到的库容曲线，死水位以上的库容仅能供水 31d（即至 2014 年 10 月 1 日），比按 1987 年成果计算少 8d。考虑到短期（至 10 月初）流域内持续干旱、无明显降雨的极端工况，计算得到保持当前供水量、暂停全部工业用水下（日消耗量约为 $10.24\times10^4m^3$）两种方案下的水位下降的速度。若保持供水量不变，2014 年 10 月 25 日库水位下降至 158.50m，年底下降至 156.75m。若暂停全部工业用水，2014 年 10 月 18 日库水位下降至 159.00m。

由此可见，昭平台水库现有库容下可用水量较少，保持当前供水量，将导致库水位显著下降；而采取暂停工业供水的方案，可在一定程度上保障居民生活用水。为此，进一步结合工程安全监测实测资料，分析判断工程安全性。

7.1.4 监测资料分析

1. 监测项目

昭平台水库大坝监测包括巡视检查和仪器监测两部分，巡视检查分为定期检查及特殊情况（如高水位、大风浪）的检查；仪器监测主要包括环境量、大坝沉陷、土坝浸润线和坝基渗压、渗漏量等。

白土沟堵坝沉陷观测标点沿坝顶从桩号 0+000~0+850 共布置 10 排，间距 50~100m。每排 1~4 个，共 28 个标点。

渗流观测方面，1981 年设置了 5 个渗流观测断面，每个断面由 3 根测压管组成，分别置于坝顶和下游 172m、167m 高程平台或下游坝坡。其中 0+242、0+542 断面为坝体浸润线观测断面，0+240、0+540、0+740 三个断面为坝基渗透压力观测断面。观测管埋设情况见表 7.1 和表 7.2。

白土沟副坝于 1974 年设置量水堰进行渗漏量观测。

表 7.1　白土沟副坝坝体浸润线观测管埋设情况表

编号	安装位置	管底高程/m	管长/m	透水管长/m	沉淀管长/m
0+242-1	坝顶	162.71	17.46	3.0	0.5
0+242-2	下游 172m 高程平台	162.74	9.85	3.0	0.5
0+242-3	下游 167m 高程平台	162.97	4.44	3.0	0.5
0+542-1	坝顶	156.05	24.04	3.0	0.5
0+542-2	下游坝坡	157.22	12.31	3.0	0.5
0+542-3	下游坝坡	158.06	8.28	3.0	0.5

表 7.2　白土沟副坝坝基渗透压力观测管埋设情况表

编号	安装位置	管底高程/m	管长/m	透水管长/m	沉淀管长/m
0+240-1	坝顶	147.33	32.86	3.0	0.5
0+240-2	下游 172m 高程平台	152.81	19.56	3.0	0.5
0+240-3	下游 167m 高程平台	152.83	14.46	3.0	0.5
0+540-1	坝顶	147.08	33.02	3.0	0.5
0+540-2	下游坝坡	146.92	22.56	3.0	0.5
0+540-3	下游 167m 高程平台	145.77	20.83	3.0	0.5
0+740-1	坝顶	145.54	34.58	3.0	0.5
0+740-2	下游坝坡	146.79	22.68	3.0	0.5
0+740-3	下游坝坡	147.57	13.85	3.0	0.5

2. 环境量监测资料分析

2014 年库水位、降雨量过程线如图 7.4 所示。图 7.5 为 1988~2009 年的全年降雨量与 1988~2014 年 1~8 月累计降雨量对比图。

从图 7.4 可以看出，2014 年以来，除 4 月，因降雨较多，库水位有一定的上升外，其余月份库水位均直线下降；尤其是 6 月以来，库水位持续降低，至 2014 年 9 月 1 日，库水位下降至 159.60m。从图 7.5 可以看出，历史上，1~8 月的累计降雨量和全年降雨量呈较好的相关性，2014 年的 1~8 月的累计降雨量为 320.13mm，低于 1988 年以来的最低值 460.50mm。

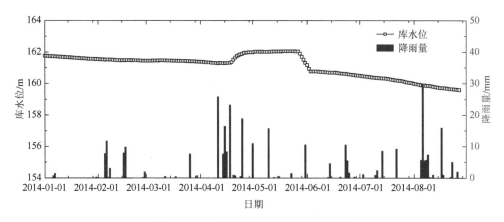

图 7.4　2014 年库水位和降雨量过程线

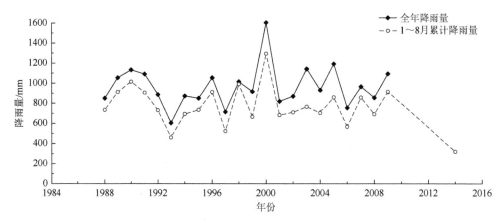

图 7.5　1988~2009 年的全年降雨量与 1988~2014 年 1~8 月累计降雨量对比图

3. 变形监测资料分析

变形监测资料分为坝体表面变形和裂缝监测与巡查。其中，变形监测一季度一次。从巡查资料看，大坝当前较为稳定。

4. 渗流监测资料分析

1）测压管监测资料分析

白土沟副坝在 0+240、0+242、0+540、0+542、0+740 断面布设了坝体坝基测压管。根据监测数据分别绘制浸润线测压管水位过程线和库水位与测压管水位相关关系图，0+540、0+740 断面分别见图 7.6 和图 7.7、图 7.8 和图 7.9。从图 7.6～图 7.9 可看出，低水位时，副坝测压管水位和库水位呈现较好的相关性，相关系数（R）一般都在 0.9 以上，这主要与副坝的防渗体系型式有关。

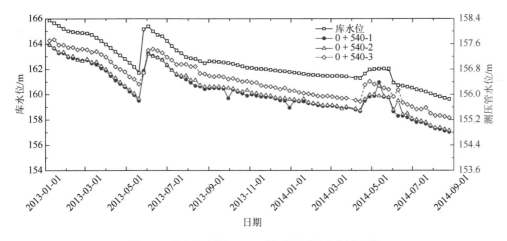

图 7.6 白土沟副坝 0+540 断面测压管水位过程线

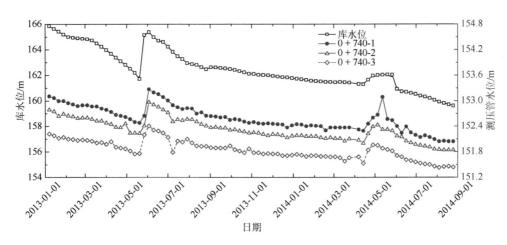

图 7.7 白土沟副坝 0+740 断面测压管水位过程线

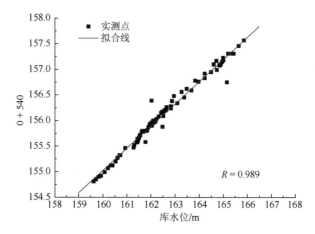

图 7.8　白土沟副坝 0+540 断面库水位与测压管水位相关关系图

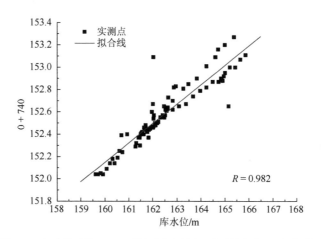

图 7.9　白土沟副坝 0+740 断面库水位与测压管水位相关关系图

2）渗漏量监测资料分析

副坝量水堰的观测资料及与库水位的相关性分别如图 7.10 和图 7.11 所示。从图 7.10 和图 7.11 中可以看出，由于 2014 年库水位维持在较低水位、较小幅度内波动，渗漏量测值与库水位变化趋势大体相同，总体看，渗漏量较小，最大为 5L/s（2014 年 4 月 7 日和 2014 年 3 月 10 日）；其余时段渗漏量一般在 3L/s 以下。由于渗漏量较小且相对波动较频繁，库水位和渗漏量相关性不显著。

3）结论

副坝各断面测压管测值主要受库水位变化影响；由于防渗体系型式的影响，副坝测压管测值偏大；测压管测值和库水位的统计相关性较显著且其滞后性较小；副坝渗漏量与库水位渗漏量相关性较小。

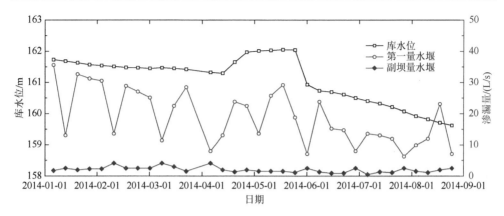

图 7.10 大坝渗漏量过程线

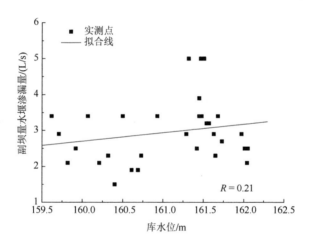

图 7.11 副坝量水堰渗漏量和库水位相关关系图

5. 监测资料分析成果讨论

结合实测资料，重点定性分析了 2014 年以来的环境量和渗流监测资料，得到如下结论：副坝测压管水位变化和库水位变化相关性显著；测压管变化趋势与库水位变化趋势一致，滞后性不明显；同时，在同一库水位下，副坝测压管内水头较高；低水位下的渗漏量较小，波动较频繁。

7.1.5 渗流安全复核

1. 防渗体系基本情况

昭平台水库白土沟地质条件复杂，断层、破碎带纵横交错切割，岩层风化严重,为避开这些不良的地质条件,坝线选择了靠上游的位置,即现在拱向上游的坝线,以避免渗漏等问题。坝基防渗采用水平黏土铺盖,河槽段铺盖厚度按 $h/6$ 设计,为 5.5m,长度按 $5h$ 设计。台地段因有粉质壤土覆盖,利用天然铺盖。在 0+540 以东坝高较低,水头较小,土层超过 5m 未做人工铺盖。0+450 以西与斜墙连接处土层不足 6m 时,补筑人工铺盖至 6m 厚,在前段不足 2m 时补筑 2m。长度均按 $5h$ 设计。0+950 以西,台地铺盖至 152.00m 高程、铺盖前段填土至 151.50m,长度约 160m。坝身排水采用贴坡式,自 0+611.28 以西、下游坝坡 160.00m 高程戗台以下,即为贴坡式的堆石排水体。贴坡式排水反滤层的铺设高度,在两边台地段高出地面 2.0m,河槽段高出地面 4.0m,厚度 20cm。台地段坝基覆盖层为粉质壤土层。黏土采用拦河坝所用土料,物理力学指标同拦河坝。

2. 计算方法、断面和参数

本次副坝渗流有限元分析计算分别选取 0+500、0+700 断面作为台地段、河槽段典型计算断面,计算断面形式主要根据原工程地质勘探地层分布、大坝纵剖面图及典型断面横剖面图等,经综合分析确定。台地段、河槽段典型断面相应的材料分区及离散的有限元网格见图 7.12 和图 7.13。

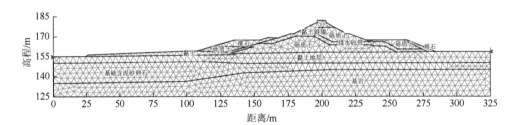

图 7.12 副坝台地段典型断面有限元网格

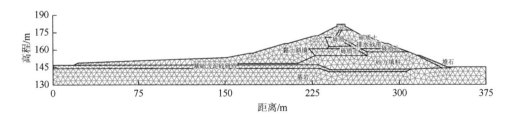

图 7.13 副坝河槽段典型断面有限元网格

副坝渗透系数的参演分析,台地段断面选择 0+540 及 0+542 断面 2012 年 9 月 24 日的监测资料,相应的库水位为 167.12mm;河槽段断面选择 0+740 断面 2012 年 9 月 24 日的监测资料,相应的库水位为 167.12m。计算断面各区渗透系数初始值根据地勘资料、试验数据及一般工程经验确定测压管实测水位与反演计算结果见表 7.3，反演调整后的渗透系数见表 7.4。

表 7.3　副坝计算断面测压管实测水位与反演计算结果　　（单位：m）

断面	项目	测压管水位					
台地段	测点名	0+540-1	0+542-1	0+540-2	0+542-2	0+540-3	0+542-3
	实测值	158.21	160.05	158.20	160.39	158.32	160.02
	反演计算值	161.28		160.29		159.24	
河槽段	测点名	0+740-1		0+740-2		0+740-3	
	实测值	153.59		153.25		152.63	
	反演计算值	154.96		153.42		152.62	

表 7.4　副坝典型断面各分区材料反演的渗透系数　　（单位：m/D）

断面	材料号	渗透系数分区	渗透系数初始值		渗透系数反演值	
			k_x	k_y	k_x	k_y
台地段	1	堆石	5.00×10^2	5.00×10^2	5.00×10^2	5.00×10^2
	2	黏土斜墙	1.88×10^{-4}	2.12×10^{-4}	1.88×10^{-4}	2.12×10^{-4}
	3	砾质土	2.60×10^{-3}	2.91×10^{-3}	2.60×10^{-3}	2.91×10^{-3}
	4	排水砂带	70	70	70	70
	5	黏土地层	0.86	0.90	0.86	0.90
	6	基础含泥砂卵石	6.50	6.50	6.50	6.50
	7	基岩	8.00×10^{-3}	8.33×10^{-3}	8.00×10^{-3}	8.33×10^{-3}
河槽段	1	黏土斜墙	1.88×10^{-4}	2.12×10^{-4}	1.88×10^{-4}	2.12×10^{-4}
	2	砾质土	2.60×10^{-3}	2.91×10^{-3}	2.60×10^{-3}	2.91×10^{-3}
	3	砂方填料	30	30	30	30
	4	排水砂带	70	70	70	70
	5	堆石	5.00×10^2	5.00×10^2	5.00×10^2	5.00×10^2
	6	基础含泥砂卵石	5.00	5.23	5.00	5.23
	7	基岩	2.60×10^{-5}	2.60×10^{-5}	2.60×10^{-5}	2.60×10^{-5}

3. 计算工况选取和成果

根据昭平台水库当前的实际情况和应急决策需要，选定以下 5 种计算工况分析渗流性态，具体如下。

1）工况 1：2014 年以来的瞬态渗流

选定的时间节点和相应的库水位如图 7.14 所示。

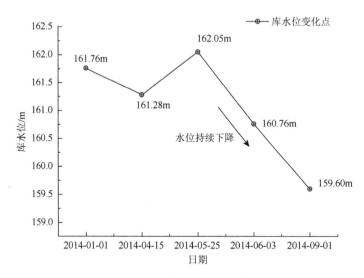

图 7.14　2014 年库水位变化过程示意图

假定年初库水位（161.76m）维持了一段时间并形成了稳态渗流，以此作为分析的起点；计算至 2014 年 9 月 1 日，根据监测资料，9 月 1 日库水位为 159.60m。2014 年以来，库水位变化过程经历了以下几个阶段。

库水位稳定阶段：161.76m，假定维持 100d。

春季水位下降阶段：161.76m→161.28m，2014 年 1 月 1 日～4 月 15 日，共 95d；

夏初时的水位上升阶段：161.28m→162.05m，2014 年 4 月 15 日～5 月 25 日，共 40d；

持续干旱水位下降阶段：162.05m→159.60m，2014 年 5 月 26 日～8 月 31 日，共 94d。

同时，结合实际情况，下游水位取排水沟高程。

2）工况 2：当前水位下的稳态渗流

死水位 159.60m+相应下游水位（下游排水沟高程）。

3）工况 3：死水位下的稳态渗流

死水位 159.00m+相应下游水位（下游排水沟高程）。

4）工况 4：持续干旱动用死库容下的瞬态渗流

库水位由死水位 159.00m 降至 158.30m+相应下游水位（下游排水沟高程），结合当前供水和水分蒸发量，假定历时共 92d。

5）工况 5：动用死库容后旱涝急转下的瞬态渗流

极端工况即持续干旱后突然遭遇强降雨，库水位由 158.50m 迅速上涨到兴利水位 169.00m，假定历时共 7d。

根据表 7.4 中所列反演得到的渗透系数，采用图 7.12 和图 7.13 的有限元模型，计算得到了以上 5 种工况下副坝台地段、河槽段典型断面的浸润线的位置及其形态，典型的计算结果如图 7.15～图 7.20 所示。对比实测测压管数据和非饱和渗流计算数据，两者吻合较好，计算结果可信。计算得到的斜墙、铺盖和坝基等部位的渗流要素列于表 7.5。

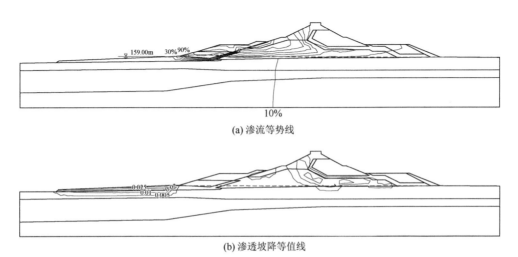

图 7.15　副坝台地段典型断面死水位下的稳定渗流场分布图

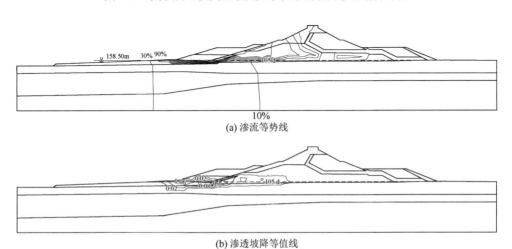

图 7.16　副坝台地段典型断面动用死库容下的瞬态渗流场分布图

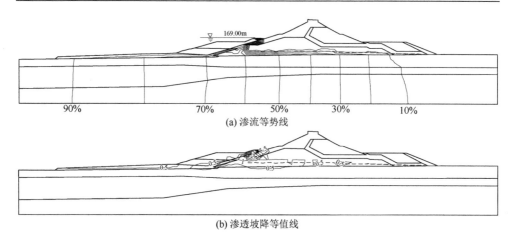

图 7.17 副坝台地段典型断面动用死库容后旱涝急转下的瞬态渗流场分布图

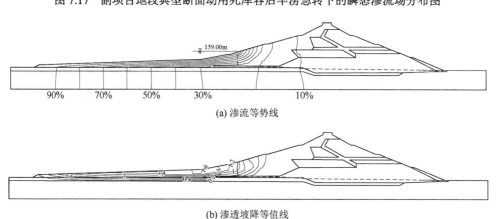

图 7.18 副坝河槽段典型断面死水位下的稳定渗流场分布图

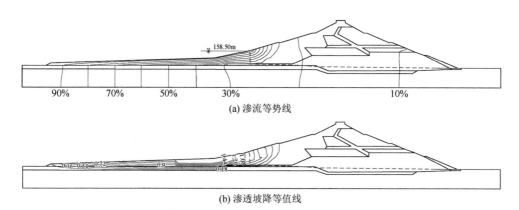

图 7.19 副坝河槽段典型断面动用死库容下的瞬态渗流场分布图

第7章 工程应用

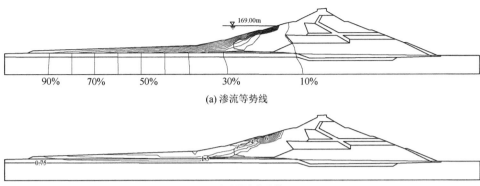

(a) 渗流等势线

(b) 渗透坡降等值线

图 7.20 副坝河槽段典型断面动用死库容后旱涝急转下的瞬态渗流场分布图

表 7.5 副坝各计算工况下关键部位渗流要素表

计算断面	计算工况和说明	渗透坡降	发生部位	允许渗透坡降
台地段	工况 1 2014 年动态	0.94	坝体	7.0
		0.78	铺盖	
		0.01	坝基	0.2（壤土）
	工况 2 159.60m	0.03	坝体	7.0
		0.08	铺盖	
		0.01	坝基	0.2（壤土）
	工况 3 死水位	0.02	坝体	7.0
		0.03	铺盖	
		0.01	坝基	0.2（壤土）
	工况 4 动用死库容	0.08	坝体	7.0
		0.09	铺盖	
		0.01	坝基	0.2（壤土）
	工况 5 旱涝急转	6.98	坝体	7.0
		0.81	铺盖	
		0.04	坝基	0.2（壤土）
河槽段	工况 1 2014 年动态	1.13	坝体	7.0
		1.70	铺盖	
		0.02	坝基	0.1（无黏性土）
	工况 2 159.60m	1.14	坝体	7.0
		1.63	铺盖	
		0.08	坝基	0.1（无黏性土）

续表

计算断面	计算工况和说明	渗透坡降	发生部位	允许渗透坡降
河槽段	工况 3 死水位	1.12	坝体	7.0
		1.69	铺盖	
		0.02	坝基	0.1（无黏性土）
	工况 4 动用死库容	1.05	坝体	7.0
		1.51	铺盖	
		0.07	坝基	0.1（无黏性土）
	工况 5 旱涝急转	6.85	坝体	7.0
		3.13	铺盖	
		0.14	坝基	0.1（无黏性土）

4. 渗流安全复核成果分析

从监测资料分析和本节计算分析中可以看出，坝体浸润线和库水位相关。坝体内的水位升降速度要滞后于库水位的变化；同时，坝体黏土两侧的透水性较好，导致坝体黏土内的浸润线存在弯折，渗透坡降较大，产生对斜墙不利的渗流力。但是，由于坝体防渗结构不同，各坝段坝高不一，坝体各部位渗透要素对库水位降低、升高的反应略有差异。

当严格按照《昭平台水库应急供水调度方案》（2014 年 9 月 1 日）执行水库调度，水位下降速度得到很好的控制，河槽段、台地段在水位持续下降阶段，铺盖和坝基各部位的渗透坡降均小于允许水力坡降，满足规范要求。渗透坡降较小，坝体浸润线变化平稳，渗流场较为稳定。但是，若久旱后遭遇强降雨，库水位急剧上升，斜墙和坝基各部位的渗透坡降将急剧增大，坝体黏土内的渗透坡降增大尤为明显，河槽段、台地段坝体水位浸润线变化区域的水力坡降有可能接近允许值，坝体渗透失事风险较大。

综上，如果遭遇旱涝急转工况，应控制水位上升的速度，防止渗透破坏失事。

7.1.6 结构安全分析

坝坡稳定分析见 5.2.3 节。分析表明，水库当前安全状态尚好，持续干旱下水库大坝上、下游坝坡安全系数均大于规范允许值。但对于副坝，当水位接近死水位或更低时，计算得到的上游坝坡整体安全系数值接近于规范允许值，安全余度不高。总体来看，当库水位为死水位和动用死库容时，是坝体运行的较不利工况。

水位持续下降阶段，坝体内的渗流力使坝坡整体安全系数略低于稳定渗流时相同水位下的安全系数。

此外，如果遭遇旱涝急转的不利工况，副坝河槽段和台地段的坝体黏土渗透坡降显著增大，接近并有可能大于允许值，易引发渗透破坏失事。

7.1.7 综合决策

昭平台水库主坝为黏土斜墙砂壳坝，坝基防渗为黏土铺盖；副坝为黏土均质坝，水平黏土铺盖防渗。主坝坝基河床左部 0+120～1+020 为河槽及漫滩段，右部 1+120～2+080 为一、二级台地段，1+020～1+120 为河槽与台地段的交接过渡段。从表 7.6 可以看出，主坝台地段典型断面（1+980）坝脚铺盖高程为 155.2m、2+070 断面铺盖高程为 158.0m；副坝台地段典型断面（0+300）的铺盖末端高程达 158.7m。

表 7.6　白土沟副坝、主坝水平铺盖基本情况　　　　（单位：m）

结构	断面	坝脚铺盖高程	铺盖末端高程	铺盖长度	备注
白土沟副坝	0+300	159.7	158.7	74.5	白土沟副坝横断面竣工图（1969年9月）
	0+400	159.4	157.0	73.0	
	0+500	158.5	156.2	86.0	
	0+600	156.3	154.2	97.0	
	0+700	153.4			
	0+800	156.3			
	0+900	155.7			
主坝	0+150	150.0			拦河坝横断面竣工图
	0+180	150.6	148.8	127.0	
	1+890	154.2	153.6	120.0	
	1+980	155.2	154.6	117.0	
	2+070	158.0	157.8	115.0	
	2+100	161.4			

结合死库容估算结果，当前水位 159.60m 对应的可用库容约为 $3160\times10^4\text{m}^3$，部分副坝台地段铺盖出露水面；死水位 159.00m 对应的库容约为 $2630\times10^4\text{m}^3$，副坝台地段大面积坝基铺盖裸露。按照当前的供水方案，10月1日、10月25日、年底库水位分别降至 159.00m、158.50m、156.75m。若暂停所有工业供水，年底

库水位降至 158.08m，此时，副坝也会有大面积的无护砌坝坡、水平铺盖裸露；主坝台地段，水平铺盖也将裸露。

库水位持续下降导致黏土铺盖和大坝上游无护砌坝坡裸露，持续干旱易导致坝面产生大范围的裂缝，形成渗漏通道，使铺盖失效，影响坝基渗流安全，危及大坝安全。故为了保证工程安全，短期（10月中旬）内库水位不宜低于死水位159.00m；中期（年底）内仍无明显降雨，库水位不宜低于158.50m，以确保主坝水平铺盖不发生大面积裸露；长期（2015年汛前）仍干旱，库水位不宜低于158.00m，以确保主坝水平铺盖不发生大面积裂缝，破坏坝基防渗体系，形成渗漏通道，诱发渗透破坏失事。

综合上述分析，做出以下对策。

（1）为解决鲁山县等地区的居民生活用水问题，水库管理单位应根据短期降雨和来水情况，及时动态地调整供水计划。考虑极端情形，兼顾大坝结构安全和居民生活用水保障两个方面，按照生活用水优先的原则，当前尽可能缩减工业供水；当水位降至死水位159.00m时，暂停全部工业用水，同时考虑调水和另辟水源等；若流域内有明显降雨，库容得到改观，可动态调整，适当提供工业供水，保障工农业生产正常开展，维持社会稳定。

（2）考虑到水库的防渗体系型式，短期（10月中旬）、中期（年底）和长期（2015年汛前）内水位不宜低于死水位159.00m、158.50m和158.00m；考虑死水位以下可用库容的实际情况，对于中长期仍没有有效降雨的极端情况，宜采取调水措施或另辟水源，以解决生活用水和库容较小的供需矛盾，确保大坝防渗体系的完整性和工程安全。

7.2 白龟山水库极端低水位下应对措施

7.2.1 工程概况

白龟山水库位于淮河流域沙颍河水系沙河干流上，坝址位于河南省平顶山市西南郊庙后村，它与上游51km的昭平台水库形成梯级水库，控制流域面积为2740km^2，水库总库容为9.22×10^{8}m^3。白龟山水库于1958年12月兴建，1966年竣工。水库地理位置十分重要，其下游有平顶山、漯河、周口等重要城市及京广、焦枝、平舞三条铁路及107国道、京沪高速公路，京广铁路以东为豫皖大平原，沙河南堤保护豫皖两省800×10^{4}亩[①]耕地、600×10^{4}人口。

白龟山水库主要建筑物包括拦河坝、顺河坝、北副坝、泄洪闸、北干渠渠首

---

① 1亩≈666.67m^2。

闸及南干渠渠首闸等，水库属大（2）型水利工程，工程等别为Ⅱ等。水库拦河坝、顺河坝、泄洪闸、南干渠渠首闸、北干渠渠首闸等为其主要建筑物，定为 2 级建筑物。白龟山水库是一座以防洪、供水为主，兼顾灌溉、养鱼等综合利用的年调节半平原水库。规划工业生活供水量为 $1.06\times10^8\mathrm{m}^3$，供水保证率 95%，设计灌溉面积 50×10^4 亩，灌溉保证率 50%～75%。白龟山水库自建成以来，防洪和兴利效益十分显著。

大坝上游设有黏土铺盖，根据历次地质勘查资料及设计资料查证，大坝上游黏土铺盖是连续的，并无高差突变，黏土铺盖顺河向长度为 85～100m，大坝黏土铺盖顶高程为 93.5～94.5m，主坝 0+800～1+200 段黏土铺盖顶高程达到了 95.5m，经过多年运行，根据淤积测量图，黏土铺盖上面有 1.0m 左右的淤积厚度。大坝上游黏土铺盖曾在 1964 年发现裂缝，主要有三种类型裂缝：第一类裂缝出现在 0+491～0+500 和 0+544～0+584 段上游坝坡，缝长分别为 83m 和 145m，与坝轴线斜交，缝宽一般为 0.5～3mm，最宽 8mm，缝深 3.1～3.7m，缝壁光滑，主缝两侧有支缝，支缝间土体呈薄片状，两缝所在位置为施工前寨沟与路沟，两沟清基不彻底，回填容重又低，分析为不均匀沉陷引起的裂缝，做挖除裂缝（1mm 以上的）回填原土处理；第二类裂缝出现在水中倒土坝段 0+684～0+812 和 1+218～1+270 上游坝坡，走向大致与坝轴线平行，缝宽 20～150mm，最宽 260mm，缝口错距 20～500mm，缝长分别为 128m 和 52m，该处堆有 5m 宽的块石码方和废石碴，分析为坡上超载，加上水位骤降所引起的坝体局部蠕动，做卸载和适当放缓坡率处理；第三类裂缝出现在 0+806～1+270 坝前天然铺盖上，主缝长 308m，走向大致与坝轴线平行，缝宽一般为 10～80mm，最宽 50cm，最大缝深为 4.2m，将黏土铺盖层裂穿，后经专业技术人员到现场勘察研究，推测原因可能是干缩，采取裂缝的上部 1.0m 做封条（挖除回填夯实），下部灌注泥浆处理。经多次分析认为，铺盖裂缝的发生主要与土体本身的物理力学性质及受力条件有关，其中地基变形最为不利，而铺盖本身不均匀或有裂缝等因素也会导致开裂，但一般不致使铺盖裂穿，即使局部裂穿，对坝基渗流场的影响主要取决于裂缝是否淤填，受裂缝宽度的影响较小。

河南省平顶山市2014年遭遇的干旱是在多年干旱叠加基础上发生的。2010 年以来，全市汛期降雨量持续偏少，且偏少值呈逐年扩大趋势，2013 年与往年平均降雨量相比偏少 42%。由于持续干旱少雨，地表水严重短缺，致使河道径流锐减，水库蓄水严重不足。2013 年，白龟山水库全年来水量仅 $1.74\times10^8\mathrm{m}^3$，为多年（1969～2013 年）平均年来水量的 26%，汛末库水位 100.31m，较正常蓄水位（103.00m）低 2.69m，蓄水量仅 $1.55\times10^8\mathrm{m}^3$，实际可供水量 $8900\times10^4\mathrm{m}^3$。2014 年 5 月 31 日 8:00，库水位 97.53m，库容 $6695\times10^4\mathrm{m}^3$，距死水位 97.50m 仅 0.03m，可供水量仅为 $95\times10^4\mathrm{m}^3$。按照平顶山市区日均耗水需求总量，水库仅能供水 2d

左右。5月27日~6月3日凌晨紧急从上游昭平台水库调水 $2000\times10^4m^3$ 入白龟山水库，实际入库约 $1200\times10^4m^3$，6月10日水库水位曾达到了97.97m，之后由于流域内一直没有有效降雨，水位持续下降，6月25日，河南省水利厅批复了白龟山水库应急供水方案，同意当水库水位下降至死水位97.5m时动用死库容应急供水，应急供水水位不得低于97.2m，总动用死库容 $686\times10^4m^3$。至7月9日库水位已降至97.63m，距离死水位仅0.13m，由于上游昭平台水库水位也接近死水位，无法再调水，平顶山市政府第七次常务会议研究决定：根据河南省水利厅的批复，动用白龟山水库死库容为平顶山市区应急供水。7月18日白龟山水库正式动用死库容应急供水。上级部门要求各部门抓紧完成白龟山水库继续动用死库容的研究论证工作，做好继续动用死库容的各项准备工作。

为确保水库安全运行，白龟山水库继续动用死库容，须对水库继续动用死库容应急方案决策，提出水库大坝安全运行措施。

7.2.2 运行管理措施

1. 确定取水限制水位

对上游坝坡进行稳定计算，复核库水位在非骤降工况下，水位下降至96.50m时，大坝上游坝坡是稳定的。同时，考虑到水位过低可能造成水库坝前防渗铺盖干裂等因素，综合考虑，确定第1次应急供水的取水限制水位为97.20m，即低于死水位0.30m，此时水库相应的库容是 $5938\times10^4m^3$，可取水 $686\times10^4m^3$，城区日供水可延续供水12d左右。第2次应急供水的取水限制水位为96.90m，即继续取水0.30m，此时水库相应的库容是 $5297\times10^4m^3$，可取水 $641\times10^4m^3$，通过采取节约用水措施，城区日供水可延续供水19d左右。第3次应急供水的取水限制水位为96.50m，即再次取水0.40m，此时水库相应的库容是 $4508\times10^4m^3$，可取水 $789\times10^4m^3$。8月18日22:00，南水北调中线工程的丹江水开始注入白龟山水库进行补水，水库水位持续缓慢上升，超过死水位。

2. 严控水位下降幅度

当水位达到97.50m，需要继续下降时，根据平顶山市日供水量的需求有计划地降低水位，避免水位下降过快，对坝体安全产生影响。考虑满足城区居民基本生活用水需求和工程安全因素，水位下降幅度控制在0.015m/d左右，平均不超过0.02m/d。

3. 安全监测

由于水库已经持续数月运行在较低水位，死水位以下土坝坝体长期浸泡，为了进一步了解坝体内水位与库水位下降关系对比,分析了拦河坝 LC1000X56 号测压管的观测资料,详见图 7.21。根据 LC1000X56 号测压管资料分析（表 7.7）,2014 年 4 月 16 日～2014 年 5 月 14 日,库水位由 98.18m 下降至 97.84m,下降了 0.34m；测压管水位由 89.60m 下降至 89.56m,下降了 0.04m,根据测压管资料分析可知,坝体内水位下降速度小于库水位下降速度,因此当库水位下降时,坝体内土壤中孔隙水来不及随同库水位的降落而排出坝体之外,当库水位降落后,坝体仍维持较高的浸润面,这种情况不仅使坝体土料的容重发生变化,而且会产生对坝坡稳定不利的不稳定流,这种不稳定流所产生的渗流力,将使土粒之间的有效应力减小,从而降低土的抗剪强度,进而危及坝坡的稳定性,有可能诱发滑坡；水库水位降落的速度越快,坝体内的浸润面位置越高,坝坡内所产生的不稳定渗流力越大,对坝体稳定性的影响越大,滑坡的风险相应增大。

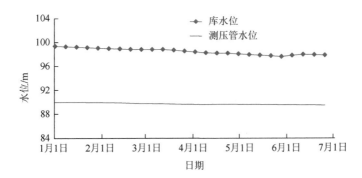

图 7.21　2014 年拦河坝 LC1000X56 号测压管水位和库水位过程线

表 7.7　2014 年拦河坝 LC1000X56 号测压管水位、库水位统计表　　（单位：m）

日期	库水位	测压管水位	日期	库水位	测压管水位
1月1日	99.36	89.95	3月12日	98.79	89.70
1月8日	99.28	89.96	3月19日	98.68	89.65
1月15日	99.20	89.96	3月26日	98.52	89.60
1月22日	99.12	89.94	4月2日	98.37	89.59
1月29日	99.03	89.92	4月9日	98.25	89.58
2月5日	98.96	89.90	4月16日	98.18	89.60
2月12日	98.90	89.87	4月23日	98.17	89.61
2月19日	98.83	89.80	4月30日	98.05	89.59
2月26日	98.80	89.74	5月7日	97.93	89.58
3月5日	98.79	89.73	5月14日	97.84	89.56

续表

日期	库水位	测压管水位	日期	库水位	测压管水位
5月21日	97.72	89.55	6月11日	97.96	89.50
5月28日	97.60	89.53	6月18日	97.91	89.49
6月4日	97.80	89.52	6月25日	97.84	89.44

当库水位继续下降时，为了确保工程安全，需要对坝坡稳定性进行复核，并根据复核结果和对黏土铺盖情况的分析，进一步确定库水位下降的极限水位。

4. 优化提升兴利调度方案

进一步开发利用汛期洪水资源，缓解地区水资源紧缺的状况，在承担适当的可控制风险的前提下，合理抬高水库汛限水位是一种有效挖掘洪水资源潜力的措施和方法。2013年6月21日，白龟山水库汛限水位为101.00m，而水库实际控制水位为101.44m，为风险超限蓄水，这0.44m的水对应的蓄水量为$2326\times10^4\text{m}^3$，延长了平顶山城区近2个月的供水时间。

7.2.3 工程施工措施

出现裂缝时期，水库每天拉网式排查大坝上游黏土铺盖情况。从7月17日16:30开始，拦河坝上游出现坝坡裸露和顺河坝上游坡出现裂缝情况（图7.22和图7.23），白龟山水库管理局组织人员对拦河坝上游坝坡裸露情况及顺河坝上游裂缝情况进行了摸查。7月27日10:00，坝前水位97.28m，实测拦河坝1+150～1+450上游坝坡无护砌坝面裸露面积为1116m²，抛石面积约1554m²；顺河坝4+500～7+500坝段上游坝坡100.0m高程以下至库水位97.28m之间出现大面积裂缝（图7.24），最大裂缝宽度达到45mm，最大长度达到3.0m。从检查情况看，拦河坝上游坝坡裸露面积随水位下降将继续增加，顺河坝上游坝坡裂缝数量、宽度均随时间在增多和增大。

针对出现的裂缝，水库人员采取了相应的防治措施。顺河坝4+000以西坝段上游无护砌坝坡采用洒水保湿措施[1]。用6台抽水机在水库不分昼夜抽水保湿并用塑料布进行覆盖，减少土壤水分蒸发，防止太阳暴晒，减缓裂缝的发展速度。对发展较慢、较宽、较深的干缩裂缝采用灌浆并用塑料布覆盖的方法进行处置（图7.25）。同时运用干的黏土粉碎后填土。对100.00～102.00m高程干砌石护坡下沿的干缩裂缝，采用上铺20～40cm厚黏土覆盖保护，减缓裂缝的发展速度和减少裂缝的面积，并且每间隔30m，堆放3～5m³的黏土随时备用，共用土方量25 000m³。

图 7.22　2014 年 7 月 17 日拦河坝坝坡裸露

图 7.23　2014 年 7 月 17 日裂缝

图 7.24　2014 年 7 月 27 日裂缝

(a) 石沫盖压

(b) 塑料布保湿

图 7.25　防治措施实施情况

我们采取防治措施的是纵横裂缝，如果仅仅是表面裂缝，可不处理。对较宽、较深的纵裂缝应及时处置消除隐患。横向裂缝无论是否贯穿坝身，坝基均应随时处置。宽而窄的龟纹纵裂缝，一般可不进行处置。宽而深的龟纹纵裂缝可采用黏土、泥浆重力灌溉或用较干的粉碎细黏土浇水洇实。对于宽度、深度、长度、走向明显危害工程安全的裂缝必须采取开挖、回填、夯实、横墙隔断、封堵缝口的方法，及时抢救，防止旱涝急转库水位快速上升出现隐患对大坝安全造成危害。

白龟山水库经过昭平台水库、燕山水库、澎河水库调水和南水北调引丹江水以及后来的有效降雨，库水位上涨，达到死水位 97.50m 以上，再加上有效的防治，水库裂缝经过处置，确保了大坝的安全运行。

7.2.4 渗流安全预警指标

1. 裂缝深度确定

以铺盖土体为例，根据式（2.2.18），首先计算土体最大裂缝深度，计算相关参数见表 7.8，计算最大裂缝深度为 6.2m（图 7.26）。

表 7.8 土体计算参数

参数	数值
干密度/(g/cm^3)	1.32
渗透系数/(m/s)	1.78×10^{-7}
孔隙比	0.61
黏聚力/kPa	13
内摩擦角/(°)	21.9
弹性模量/MPa	5
泊松比	0.35
a	0.0165
n	3.46

注：a 和 n 为 V-G 模型拟合参数。

土体自出现裂缝开始，裂缝深度与宽度随着土体内部基质吸力的增大在不断变大，但裂缝最大深度为 6.2m，由于土体内部基质吸力不会无限增大，当含水率达到残余含水率后土体不会继续收缩。通过前述计算裂缝宽度的方法，分析宽度为 8m 区域内单条裂缝可能的最大宽度为 10.6cm[由于自然状态下基质吸力难以增长为很大，因此裂缝宽度设为 4.5m，如图 7.27（a）所示]，但由于裂缝越密集，产生收缩的土体宽度越小，因此根据现场勘查结果，选取单条裂缝完整区域的宽度为 2m（现场确定主裂缝周边无其他大裂缝的范围），计算裂缝最大宽度为 6.1cm[图 7.27（b）]。根据现场勘查结果，实际裂缝最大宽度约为 4.5cm，小于计算最大裂缝宽度值，主要原因在于现场土体受旱程度小于计算值，且裂缝深入土体内部并非竖直向下，实际产生收缩的土体宽度小于计算采用宽度。

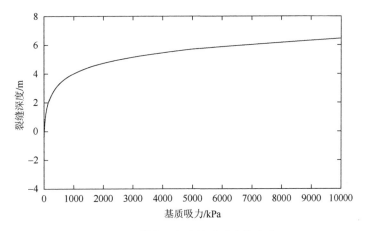

图 7.26　裂缝深度随基质吸力的变化

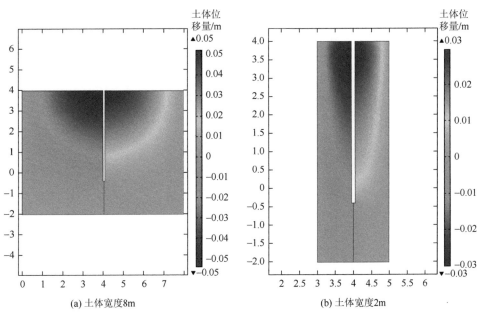

图 7.27　裂缝宽度计算

横轴代表水平距离（m）；纵轴代表高程（m）

由于裂缝深度发展主要受裂缝最底端土层内部基质吸力的控制，当基质吸力达到开裂值时，裂缝深度继续扩大，因此对于不同裂缝深度，裂缝最底端基质吸力大小不相同。本书在计算裂缝宽度时，首先确定了裂缝发育深度，由于不同裂缝深度情况下土体受旱程度存在差异，裂缝区域基质吸力变化是不同的，因此裂缝宽度变化也不相同。由于裂缝宽度较小，土体裂缝面的水分蒸发量远小于土体表面，因此可以考虑以无裂缝蒸发过程中的基质吸力分布代表裂缝存在时的基质吸力分布。计算中设定地下水位为土体最底层，绘制出基质吸力沿高程分布曲线图（图 7.28），可以计算模拟出不同裂缝深度时裂缝宽度的变化过程，绘制不同裂缝深度时裂缝边缘顶部土体一点的位移，分析裂缝宽度与表层土体基质吸力变化关系，如图 7.29 所示。

在通过裂缝宽度确定裂缝深度的过程中，首先获取的是裂缝宽度信息，根据裂缝宽度值 b_1 在图 7.29 中找到对应裂缝宽度的表层土体基质吸力 u_{s1}，随后在图 7.28 中找出表层土体基质吸力为 u_{s1} 的变化曲线，确定裂缝宽度为 b_1 时的土体基质吸力沿高程分布。由于图 7.28 反映的是各高程的基质吸力，而裂缝深度为顶高程值减去裂缝底高程值，因此将图 7.28 变换为如图 7.30 所示的形式。将裂缝深度与基质吸力对应关系与图 7.30 相结合即可得出对应裂缝宽度 b_1 的裂缝深度值，如图 7.31 所示。选取裂缝宽度为 4.5cm，相应的表层土体基质吸力为 7800kPa，推求裂缝深度为 4.4m，并非为最大裂缝深度 6.2m。

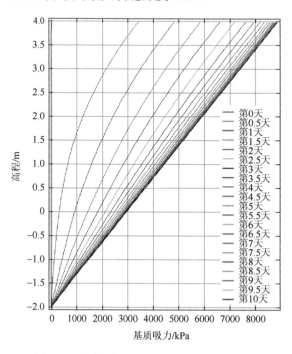

图 7.28　土体受旱过程基质吸力沿高程变化

第 7 章 工程应用

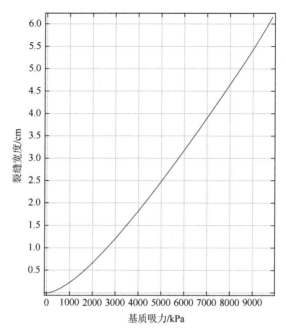

图 7.29 裂缝宽度与表层土体基质吸力的关系

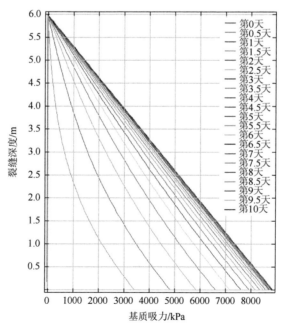

图 7.30 基质吸力沿裂缝深度变化

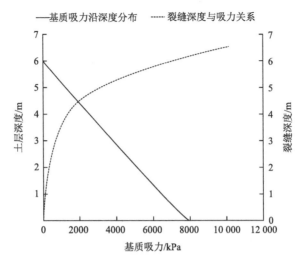

图 7.31 裂缝深度确定

2. 水力劈裂计算

根据第 4 章内容分析，土体出现裂缝后在水压作用下会发生水力劈裂，但白龟山大坝出现裂缝之后及时进行了洒水盖膜、石沫盖压以及开挖回填等工程措施进行修复以防止裂缝进一步发展，因此本次计算以裂缝未处理为前提，分析存在裂缝时大坝出现水力劈裂的情况。由于分析过程主要针对土体表面的裂缝，因此模型设置为单一材料均质坝。为方便模型计算，裂缝的设置选取铺盖及坝坡上的几条主要裂缝，最大裂缝深度为 4.4m，考虑土体含水率增大后裂缝愈合的情况，单条裂缝深度较大时裂缝中底部会愈合，因此设置裂缝深度为 3.8m，如图 7.32 所示。所模拟的工况为旱涝急转工况，水位上升速度与第 4 章中一致，首先进行初始应力分布计算，计算结果如图 7.33 所示。从图 7.33 中可以看出，应力自土体表面向内部逐渐增大，铺盖层裂缝部位应力分布与无裂缝部位差异较小，而坝坡裂缝底部应力大于同一土层深度处的应力。

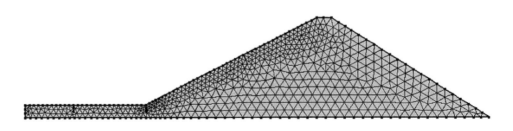

图 7.32 模型计算简图

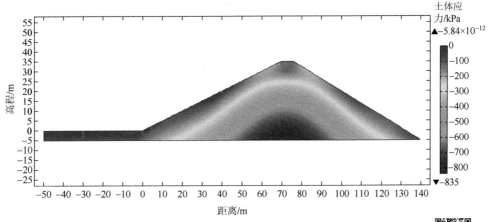

图 7.33 土体自重应力分布

计算水位上升过程中土体应力变化，结果如图 7.34 所示。从图 7.34 中可以看出，在水压作用下，坝体内压应力大于自重压应力，且最大压应力区偏向水压一侧。对于铺盖裂缝部位土体，在水压增大过程中出现拉应力，其中铺盖与斜墙连接处的拉应力更大，最大拉应力达到 262kPa。对于坝坡裂缝部位土体，在渗流过程中虽然土体压应力小于周边土体，但基本没有出现拉应力，结合第 4 章内容可知，坝坡裂缝在渗流过程中基本闭合，因此也不会出现水力劈裂现象。选取铺盖与斜墙连接部位裂缝底部一定高度土层进行分析，土体应力随高程分布如图 7.35 所示。土体应力在裂缝最底端拉应力最大，但拉应力区只存在于很小的范围内，且土体压应力在一定高程内随土层厚度的增大而增大，但深度大于 2m 后压应力

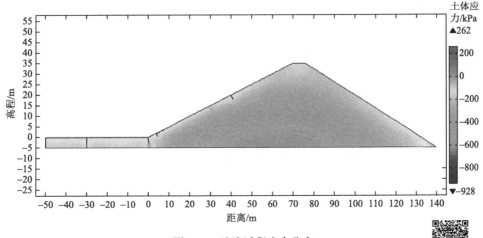

图 7.34 渗流过程应力分布

逐渐减小，最终在裂缝底端附近转变为拉应力，促使裂缝不断扩展。由于计算中水位是逐渐增长的，水位增长至第 3 天时裂缝底部开始出现拉应力。

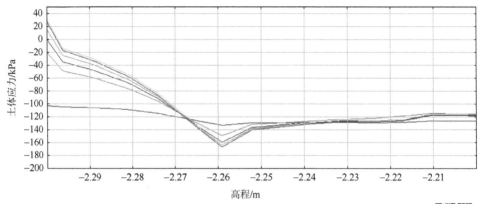

图 7.35　裂缝一侧土体应力随高程分布

3. 渗透坡降计算

通过有限元数值方法计算大坝各处渗透坡降，根据渗流有限元分析结果，判断出最大渗透坡降对应于各裂缝深度信息的单调性，改变影响参数信息进行敏感性分析。

1）渗透坡降

在进行渗透坡降分析时，首先需要确定大坝可能发生渗透破坏的部位，除了大坝下游逸出点，不同坝体材料的接触面处也需要关注。对于白龟山水库大坝，可能的渗透破坏部位为铺盖底部与砂卵石层接触面、大坝黏土体与排水砂带接触面，如图 7.36 所示。渗透坡降计算采用有限元软件 GeoStudio 进行计算，计算水位为校核水位，经计算，无裂缝存在时铺盖层最大渗透坡降为 0.105，坝体最大渗透坡降为 0.608，裂缝存在时铺盖层裂缝深度为 4.4m 时最大渗透坡降为 0.815，裂缝深度为 2m 时渗透坡降为 0.621（图 7.37），坝体最大渗透坡降为 0.610。裂缝深度 4.4m 为现场测量最大裂缝宽度推算出的，但铺盖层厚度未考虑土体淤积，即表明考虑的铺盖厚度小于实际厚度，该处计算出的渗透坡降大于设计试验值（0.6~0.7），其余各处渗透坡降均小于设计试验结果。调整铺盖裂缝深度，当深度达到 2.8m 时，渗透坡降达到设计试验上限值 0.7。由于铺盖层厚度较小，裂缝的出现缩短了渗径，使得铺盖与底部透水层间的渗透坡降增大，而坝体较厚，裂缝对其影响较小，使得渗透坡降无显著变化。

计算过程中发现，当裂缝深度大于 2.8m 时，铺盖裂缝部位会出现渗透破坏，其余大坝各部位在裂缝出现前后均不会出现渗透破坏，但裂缝深度较小时考虑对裂缝影响渗透坡降进行敏感性分析。

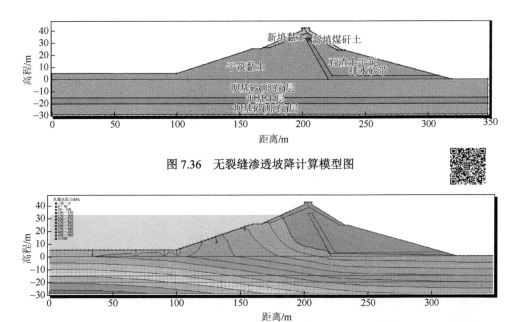

图 7.36 无裂缝渗透坡降计算模型图

图 7.37 有裂缝渗流计算结果

2）敏感性分析

敏感性分析是系统分析方法的一种，它以一定的数学模型为基础。对于一固定系统，可设其影响变量的集合为 $(x_1,x_2,\cdots,x_n)$，系统特征用变量 Z 表示；影响变量的基准值集合为 $(x_1',x_2',\cdots,x_n')$，与之对应的系统特征变量取值为 z' [2,3]。分析变量 x_k 对系统特征的影响时，可令其余变量取基准值且固定不变，x_k 在其可能的范围内变动，进而可得变量 x_k 对系统特征的影响曲线：

$$Z = g(x_1',x_2',\cdots,x_n') = \phi_k(x_k) \quad k=1,2,\cdots,n \tag{7.2.1}$$

式中，x_k 为影响因素值，如裂缝深度值、水位值等；Z 为系统特征变量，如渗透坡降。

由此可得变量的敏感度函数：

$$s_k(x_k) = \left[\frac{\Delta Z}{Z}\right]\bigg/\left[\frac{\Delta x_k}{x_k}\right] = |\phi_k'(x_k)|\frac{x_k}{Z} \tag{7.2.2}$$

取 $x_k = x_k'$，即得变量 x_k 的敏感因子 s_k'：

$$s'_k = s_k(x'_k) = \left|\phi'_k(x'_k)\right|\frac{x'_k}{Z'} \qquad (7.2.3)$$

基于渗流计算分析结果，令接触面附近单元最大渗透坡降为系统特征值，其影响变量则为计算模型中的裂缝参数，裂缝宽度对渗透坡降无明显影响，因此只分析裂缝深度值 $(d_1, d_2, \cdots, d_n)$。例如，对于第 i 部分的裂缝深度套用式（7.2.3），可得其敏感性因子 s'_i 为

$$s'_k = s_k(d'_i x_k) = \left|\phi'_k(d'_i x_k)\right|\frac{d'_i x_k}{J'} \qquad (7.2.4)$$

式中，d'_i 为第 i 部分裂缝深度值（可取现场测量的均值）；J' 为各部分最大渗透坡降值；$\phi'_k(d'_i x_k)$ 为最大渗透坡降表达式，先对裂缝深度值 d'_i 取偏导后，再取 $d_i = d'_i$ 时的计算结果。在进行微分计算时可采用差分法进行近似处理：

$$\phi'_k(d'_i x_k) \approx \frac{\phi(k_{i上限值} - k_{i下限值})}{k_{i上限值} - k_{i下限值}} \qquad (7.2.5)$$

采用单因素敏感性分析方法，分别研究铺盖与坝坡裂缝深度和库水位对不同渗透性土体接触面附近最大渗透坡降的敏感性，调整裂缝深度以及库水位值，进行有限元分析，根据渗流有限元分析结果，判断出最大渗透坡降值对应于裂缝深度值的单调性，敏感性分析结果见表 7.9。

表 7.9　部分接触面附近单元最大渗透坡降值敏感性分析成果表

最大渗透坡降位置	因素	单调性	敏感性因子	敏感性评价
铺盖-坝底透水层	铺盖裂缝深度	单调递增	5.814	非常敏感
	库水位	单调递增	3.281	非常敏感
坝体黏土层-坝体透水层	坝坡裂缝深度	单调递增	0.027	不敏感
	库水位	单调递增	3.054	非常敏感

3）接触面临界渗透坡降

正常情况下坝体各部位最大渗透坡降受水位直接影响，在本次分析中也与土体裂缝深度密切相关。对于铺盖层，裂缝深度与水位对渗透坡降的影响均很大，而坝体渗透坡降主要受水位影响。根据前述有限元渗流计算内容，当裂缝深度达到 2.8m 时，铺盖与底部透水层接触面渗透坡降将达到试验上限值，因此将裂缝深度 2.8m 作为大坝渗透破坏的临界深度，此时根据裂缝宽度确定裂缝深度的方法，计算出临界渗透坡降对应的裂缝宽度为 3.5cm，即当铺盖裂缝宽度大于 3.5cm 时，在校核水位工况下铺盖层与坝底透水层接触面会发生渗透破坏。

参 考 文 献

[1] 胡江,魏恒志,李子阳,等. 极端低水位对土石坝的致灾作用及对策研究[R]. 南京:南京水利科学院研究院,2016.

[2] 刘彩花. 汾河水库土石坝渗流特性多模型预警研究[D]. 太原:太原理工大学,2015.

[3] 丛威青,李铁锋,潘懋,等. 基于非饱和渗流理论的区域降雨型地质灾害动力学预警方法研究[J]. 北京大学学报(自然科学版),2008,44(2):212-216.

第8章 极端干旱下黏土斜墙坝安全运行经验与总结

全球气候变化导致极端事件频发,给大坝的安全运行和管理带来了新的挑战。极端干旱中水库水位不断降低,原先被水掩盖的黏土防渗体,如坝前水平铺盖、黏土斜墙、黏土坝坡等将裸露于外,在失水过程中,该类黏土防渗体中将不断涌现干缩裂缝。当黏土防渗体中大范围干缩裂缝形成后,遇到暴雨,库水位快速抬升,裂缝将成为优先入渗通道,以前常规渗流过程转变为裂缝渗流。本书深入系统地研究了黏土体干缩裂缝受旱扩展模式以及裂缝出现后的防渗体渗流变化情况,探究了极端干旱对黏土斜墙坝的致灾作用,分析了土石坝在干旱中的抗旱性能与恢复力,并提出了相应的应对措施。

8.1 极端干旱中黏土体裂缝发育机理

本书分别从微观角度分析土颗粒失水过程、从宏观角度考虑土体收缩过程,在前人研究的基础上对黏土干缩裂缝的扩展模式进行研究,得到以下主要成果。

(1) 在土体正常收缩阶段,将土体孔隙看作毛细管,土体体积的改变等于孔隙失水量;在残余收缩阶段,基于土体收缩过程中出现的收缩应力,提出了黏土干缩裂缝深度、宽度计算模型,建立起裂缝发育参数与土体参数之间的相关关系。采用随机分布理论,以正态分布描述裂缝参数信息,通过蒙特卡罗法模拟了裂缝在平面内的分布,建立起裂缝扩展的准三维模型。

(2) 通过土样试验模拟受旱过程中干缩裂缝的扩展,采用数字图像识别技术获取裂缝扩展过程中各参数变化,分析裂缝参数变化与土体参数的关系,发现土体的含水率控制着裂缝的发育速度,但最终发育程度受干密度控制。

(3) 根据提出的裂缝深度、宽度计算模型进行裂缝扩展计算模拟,结果显示裂缝最大深度、宽度与土体干密度呈负相关关系。受边界条件影响,试验中裂缝宽度小于裂缝计算宽度。

8.2 极端干旱后黏土斜墙坝渗流性态变化

裂缝的出现改变了水流入渗的方式,本书分渗流初期、中期及后期三个阶段研究了干缩裂缝的出现对土体渗流的影响,并通过数值计算与模型试验分析渗流过程中裂缝变化以及裂缝出现前后的渗流差异，取得的主要研究成果如下。

(1) 以是否出现裂缝划分渗流过程，讨论了裂缝出现之前的降雨入渗以及积水入渗。在裂缝出现之后由于水流入渗方式的改变，在不同渗流初期，推求出稳定流动情况下与有效截面宽度以及水压变化相关的流量计算公式，明晰了对于裂缝宽度变化情况下的水流入渗过程。受旱后数值计算结果显示非饱和渗流时坝体较难形成稳定渗流场，有降雨的渗流相对于无降雨的渗流进行得更快，而随着入渗时间的延长，最终形成的渗流场与饱和渗流场类似。裂缝的发展给水提供了良好的入渗通道，裂缝附近较易形成饱和区并从此处向防渗体内部扩散，浸润线接近过渡层，威胁大坝渗流安全。在渗流进行至足够时间后，通过数值计算中特定部位的孔隙水压力值与试验结果的比较，验证了渗流模型试验与渗流数值计算结果的一致性。

(2) 通过大比尺模型试验分析斜墙坝防渗体在旱涝急转下的渗流变化过程。试验发现，对于受旱后裂缝发育程度低的黏土防渗体，防渗性能良好，其渗透系数要小于饱和渗透系数，而对于裂缝较发育区域，由于其良好的透水性，该区域渗透性远大于土体饱和时的渗透性，水位上升时裂缝周围孔隙水压力值增长较快，数值较大；降雨及水位上涨时，裂缝会自行愈合，但愈合只是表面的，土体完整性无法再回到产生裂缝之前的状态，此时坝坡土压力值相对试验初期要小许多，裂缝的产生永久增大了土体的孔隙率，改变了土体渗透性，永久削弱了防渗体的防渗性能。

(3) 通过离心模型试验分析斜墙坝防渗体在旱涝急转下的渗流变化过程。试验发现，对于受旱后裂缝发育程度低的黏土防渗体防渗性能良好，其渗透系数要小于饱和渗透系数，而对于裂缝较发育区域，由于其良好的透水性，该区域渗透性远大于土体饱和时的渗透性。渗流过程中斜坡土体易闭合，但铺盖层表面依旧存在裂缝。渗流前期裂缝的出现能快速增大铺盖层中的孔隙水压力，但此时防渗体依旧具有防渗性能，限制了砂层内孔隙水压力的增长，但存在裂缝时斜墙浸润线不断抬高。裂缝部位易发生水力劈裂现象，使得铺盖层被贯穿，完全丧失防渗性能。

8.3 极端干旱中黏土斜墙坝安全运行对策

基于极端干旱对黏土斜墙致灾机理的分析，本书对干旱中的黏土斜墙坝的脆弱性及恢复进行了计算与分析，针对干缩裂缝提出了相应的治理措施，并对极端低水位运行的水库提出应急决策措施，得到以下主要成果。

(1) 对黏土体脆弱性分析结果显示，经受过一次干旱后，无论是否产生裂缝，在饱水过程中土体孔隙体积均出现增大，且第二次的干旱降雨过程会使孔隙体积进一步增大，因此，坝坡土体在受旱后不适宜再承受第二次干旱。大坝脆弱性分析结果表明，在水位持续下降阶段，坝体黏土斜墙内的水位下降速度小于库水位下降速度，坝体内黏土孔隙水来不及变化，导致产生不稳定流，不稳定流形成的渗流力，降低了土体的有效应力，使水位持续下降阶段的安全系数略小于稳定渗流时相同水位下的安全系数。水力劈裂计算显示，在水位不断上升过程中，裂缝底部土体有效最小主应力由压应力逐渐转变为拉应力，且拉应力区范围与裂缝的发展方向有关。单独考虑裂缝深度变化对水力劈裂影响不大，但干密度越小、裂缝深度越大的土体，越容易发生水力劈裂。高水压作用下，水平土体中的裂缝宽度会增大，且宽度增大量大于裂缝自然愈合量，而斜坡土体裂缝呈现愈合趋势。

（2）对大坝恢复力了进行计算分析，研究极端干旱中土石坝的抗旱性。基于非饱和土湿度弹塑性模型进行干缩裂缝愈合数值模拟计算,研究裂缝的自愈合性态，并根据愈合结果进行土石坝渗流计算分析，结果显示裂缝的自然愈合对提高防渗体的防渗性能作用并不显著，需要有针对性地进行抗旱预防与整治，包括采取确定取水限制水位，严控水位下降幅度，加强安全监测，优化提升兴利调度方案等非工程措施，以及土工膜覆盖、石沫盖压、洒水保湿的坝前黏土铺盖保护措施，已形成裂缝的采取换土回填夯实或泥浆充填处置措施等。以 2014 年白龟山极端低水位运行为例，基于上述研究成果，提出了相应的措施，确保了大坝安全运行。

（3）基于土体水分蒸发过程中基质吸力沿高程分布以及裂缝扩展过程中宽度和深度变化与基质吸力的关系，提出了通过裂缝宽度反演裂缝深度计算模型。通过计算发现，白龟山水库铺盖最大裂缝宽度为 4.5cm 时对应的裂缝深度为 4.4m，并非土体可能出现的最大裂缝深度 6.2m。通过水力劈裂计算分析发现，在水位增长过程中最大拉应力区出现在铺盖与斜墙交接处的裂缝底部，且沿裂缝深度方向，土体内的压应力先是逐渐增大，随后不断减小，最终转变为拉应力。在水位不断增长的过程中，铺盖处会出现水力劈裂，坝坡裂缝部位并不会发生水力劈裂。

附录 裂缝分布模拟程序

获取程序代码

```csharp
using System;
using System.Collections.Generic;
using System.ComponentModel;
using System.Data;
using System.Drawing;
using System.Globalization;
using System.IO;
using System.Linq;
using System.Text;
using System.Threading.Tasks;
using System.Windows.Forms;
using LeaRun.Util;
using LeaRun.Util.Extension;
using MathWorks.MATLAB.NET.Arrays;
using myNormrnd;
using WebKit.Interop;

namespace YFN
{
    public partial class Form1 : Form
    {
        //初始化网格参数
        public AreaInfoClass AreaInfo = new AreaInfoClass();
        //区域信息
        public List<AreaInfoClass> AreaInfoList = new List<AreaInfoClass>();
        //网格内的随机数(X,Y,长度)
        public List<DataClass> DataList = new List<DataClass>();
        //XY 坐标系
```

```csharp
        public List<double> xList = new List<double>();
        public List<double> yList = new List<double>();

        public double InitArea = 0;
        public double Areas = 0;
        public double Sv = 0;


        private myNormrndClass myNormrndClass = new myNormrndClass();
        public Form1()
        {
            InitializeComponent();
            webBrowser1.AllowWebBrowserDrop = false;
            //防止 WebBrowser 控件在用户右击它时显示其快捷菜单.
            webBrowser1.IsWebBrowserContextMenuEnabled = false;

            //以防止 WebBrowser 控件响应快捷键。
            webBrowser1.WebBrowserShortcutsEnabled = false;

            //以防止 WebBrowser 控件显示脚本代码问题的错误信息。
            webBrowser1.ScriptErrorsSuppressed = true;
            webBrowser1.Navigate(Path.Combine(Application.StartupPath, "charts.html"));


        }


        private void btn_Click(object sender, EventArgs e)
        {
            //清空相关数据集
            xList.Clear();
            yList.Clear();
            DataList.Clear();
```

附录 裂缝分布模拟程序

```
AreaInfoList.Clear();
//初始化XY
AreaInfo.XMin = 0;
AreaInfo.YMin = 0;
var b = btxt.Text.ToDoubleOrNull();//宽度
var miu = miutxt.Text.ToDoubleOrNull();//期望值
var sigma = sigmatxt.Text.ToDoubleOrNull();//标准差
var minSv = minSvtxt.Text.ToDoubleOrNull();//比例范围
var maxSv = maxSvtxt.Text.ToDoubleOrNull();//比例范围
var maxx = maxXtxt.Text.ToDoubleOrNull();//坐标系X
var maxy = maxYtxt.Text.ToDoubleOrNull();//坐标系Y
if (b != null && miu != null && sigma != null && minSv != null && maxSv != null && maxx != null && maxx != null)
{
    AreaInfo.XMax = maxx.ToDouble();
    AreaInfo.YMax = maxy.ToDouble();
    //初始化面积等
    InitArea = maxx.ToDouble() * maxy.ToDouble();
    Execute(b.ToDouble(), miu.ToDouble(), sigma.ToDouble(), minSv.ToDouble(), maxSv.ToDouble());

    //展示
    countTxt.Text = DataList.Count.ToString();
    fsTxt.Text = DataList.Where(t => t.Len <= 0).ToList().Count().ToString();

    dataGridView2.DataSource = DataList.ToDataTable();

    //成果值
    List<DataClass> resData = new List<DataClass>();
    foreach (var item in DataList)
    {
        resData.Add(new DataClass()
        {
            AxisX = item.AxisX,
```

```
            AxisY = item.AxisY,
            Len = item.Len
        });
    }
    //生产深度
    var depthmiu = depthMiu.Text.ToDoubleOrNull();//期望值
    var depthsigma = depthSigma.Text.ToDoubleOrNull();//标准差
    if (depthmiu != null && depthsigma != null)
    {
        var depthData = RandomNormalRes(depthmiu.ToDouble(),
depthsigma.ToDouble(), DataList.Count, 1);
        depthData = depthData.OrderBy(t => t).ToList();
        DataList = DataList.OrderBy(t => t.Len).ToList();
        for (var i = 0; i < resData.Count; i++)
        {
            var len = DataList[i].Len;
            resData[i].Len = len;
            resData[i].Depth = depthData[i];
        }
    }
    //生产角度
    var anglemiu = angleMiu.Text.ToDoubleOrNull();//期望值
    var anglesigma = angleSigma.Text.ToDoubleOrNull();//标准差
    if (anglemiu != null && anglesigma != null)
    {
        var angleData = RandomNormalRes(anglemiu.ToDouble(),
anglesigma.ToDouble(), DataList.Count, 1);
        for (var i = 0; i < resData.Count; i++)
        {
            resData[i].Angle = angleData[i];
        }
    }

    dataGridView1.DataSource = resData.ToDataTable();
```

```
            object[] objects = new object[1];
            objects[0] = resData.ToJson();
            webBrowser1.Document.InvokeScript("chart", objects);
        }
        else
        {
            MessageBox.Show("输入参数有误！");
        }
    }



    /// <summary>
    /// 执行方法，面积范围确定
    /// </summary>
    /// <param name="b">宽度</param>
    /// <param name="miu">期望值</param>
    /// <param name="sigma">标准差</param>
    /// <param name="minSv">范围比例</param>
    /// <param name="maxSv">范围比例</param>
    public void Execute(double b,double miu,double sigma,double minSv,double maxSv)
    {
        Sv = 0;
        Areas = 0;
        while (!(Sv > minSv && Sv < maxSv))
        {
            GetMaxAreaAxis();
            //正态分布
            RandomNormal(miu, sigma, DataList.Count, 1);
            if (DataList.Where(t => t.Len <= 0).ToList().Count > 0 || DataList.Where(t => t.Len >= 10).ToList().Count > 0)
            {
                RandomNormal(miu, sigma, DataList.Count, 1);
            }
            else
```

```csharp
        {
            Areas += DataList.Sum(t=>t.Len).ToDouble() * b;
            Sv = Areas / InitArea;
        }

        if (DataList.Count > 500)
        {
            break;
        }
    }
}


/// <summary>
/// 获取最大区域
/// </summary>
public void GetMaxAreaAxis()
{
    var x = GetRandomNum(AreaInfo.XMin, AreaInfo.XMax);
    var y = GetRandomNum(AreaInfo.YMin, AreaInfo.YMax);
    xList.Clear();
    yList.Clear();
    xList.Add(AreaInfo.XMin);
    xList.Add(AreaInfo.XMax);
    yList.Add(AreaInfo.YMin);
    yList.Add(AreaInfo.YMax);
    xList.Add(x);
    yList.Add(y);
    //坐标添加到结果集中
    DataList.Add(new DataClass() { AxisX = x, AxisY = y });
    //X,Y坐标集
    xList = xList.OrderBy(t => t).ToList();
    yList = yList.OrderBy(t => t).ToList();
    //面积计算并添加到面积内中
    for (var xi = 0; xi < xList.Count - 1; xi++)
```

```
            {
                for (var yj = 0; yj < yList.Count - 1; yj++)
                {
                    var area = (xList[xi + 1] - xList[xi]) * (yList[yj + 1] - yList[yj]);

                    AreaInfoList.Add(new AreaInfoClass()
                    {
                        XMin = xList[xi],
                        XMax = xList[xi + 1],
                        YMin = yList[yj],
                        YMax = yList[yj + 1],
                        Area = area
                    });
                }
            }

            AreaInfo = AreaInfoList.OrderByDescending(t => t.Area).FirstOrDefault();
        }

        /// <summary>
        /// 根据范围获取随机小数
        /// </summary>
        /// <param name="min"></param>
        /// <param name="max"></param>
        /// <returns></returns>
        public double GetRandomNum(double min, double max)
        {
            byte[] buffer = Guid.NewGuid().ToByteArray();//生成字节数组
            int iRoot = BitConverter.ToInt32(buffer, 0);//利用BitConvert方法把字节数组转换为整数
            Random r = new Random(iRoot);
            var n = r.NextDouble();
            return Math.Round((n * (max - min) + min), 2, MidpointRounding.
```

```
AwayFromZero);
        }

        /// <summary>
        /// 
        /// </summary>
        /// <param name="miu">均值</param>
        /// <param name="sigma">标准差</param>
        /// <param name="m">行</param>
        /// <param name="n">列</param>
        /// <returns></returns>
        public void RandomNormal(double miu, double sigma,int m,int n)
        {
            var mrrData = myNormrndClass.myNormrnd(miu, sigma, m, n);
            var data = (double[,])mrrData.ToArray();
            for (int i = 0; i < data.GetLength(0); i++)
            {
                DataList[i].Len = Math.Round(data[i, 0], 2,
MidpointRounding.AwayFromZero);
            }
        }

        /// <summary>
        /// 
        /// </summary>
        /// <param name="miu">均值</param>
        /// <param name="sigma">标准差</param>
        /// <param name="m">行</param>
        /// <param name="n">列</param>
        /// <returns></returns>
        public List<double> RandomNormalRes(double miu, double sigma, int m, int n)
        {
            var mrrData = myNormrndClass.myNormrnd(miu, sigma, m, n);
            var data = (double[,])mrrData.ToArray();
```

```csharp
        List<double> resDataList = new List<double>();
        for (int i = 0; i < data.GetLength(0); i++)
        {
            resDataList.Add(Math.Round(data[i, 0], 2,
MidpointRounding.AwayFromZero));
        }
        return resDataList;
    }

    public class AreaInfoClass
    {
        public double XMin { get; set; }
        public double XMax { get; set; }
        public double YMin { get; set; }
        public double YMax { get; set; }
        public double Area { get; set; }


    }



    public class DataClass
    {
        public double AxisX { get; set; }

        public double AxisY { get; set; }

        public double Len { get; set; }

        public double Depth { get; set; }

        public double Angle { get; set; }
    }
```

```
    public class ResData
    {
        public double AxisX { get; set; }

        public double AxisY { get; set; }

        public double Len { get; set; }

        public double Depth { get; set; }

        public double Angle { get; set; }
    }
}

<!DOCTYPE html>

<html lang="en" xmlns="http://www.w3.org/1999/xhtml">
<head>
    <meta charset="utf-8" />
    <title></title>
    <script src="jquery/jquery-1.11.0.min.js"></script>
    <script src="echarts/echarts.min.js"></script>
    <script type="text/javascript">

        function chart(postData) {
            var myChart = echarts.init(document.getElementById('main'));

            var data = [];
            var jsonData = eval(postData);
            for (var i = 0; i < jsonData.length; i++) {
                var x = jsonData[i].AxisX;
                var y = jsonData[i].AxisY;
                var len = jsonData[i].Len;
```

```
            var depth = jsonData[i].Depth;
            var angle = jsonData[i].Angle;
            data.push([x, y, len, depth, angle]);
        }
        var option = {
            tooltip: {
                position: 'top'
            },
            grid: {
                height: '60%',
                y: '10%'
            },
            xAxis: {
                min: 0,
                max: 10,
                scale: true
            },
            yAxis: {
                min: 0,
                max: 10,
                scale: true
            },
            visualMap: {
                min: 0,
                max: 10,
                calculable: true,
                orient: 'horizontal',
                left: 'center',
                bottom: '15%'
            },
            series: [{
                name: '深度',
                type: 'custom',
                label: {
                    normal: {
```

```
                show: true
            }
        },
        itemStyle: {
            emphasis: {
                shadowBlur: 10,
                shadowColor: 'rgba(0, 0, 0, 0.5)'
            }
        },
        encode: {
            x: 0,
            y: 1,
            tooltip: 3
        },
        data: data,
        renderItem: function (params, api) {
            var x = api.value(0),
                y = api.value(1);
            var dx = Math.cos(api.value(4)) * api.value(2) / 2;
            var dy = Math.sin(api.value(4)) * api.value(2) / 2;
            var start = api.coord([x - dx, y - dy]);
            var end = api.coord([x + dx, y + dy]);
            return {
                type: 'line',
                shape: {
                    x1: start[0],
                    y1: start[1],
                    x2: end[0],
                    y2: end[1],
                    width: params.coordSys.width,
                    height: params.coordSys.height
                },
                style: {
                    lineWidth: 5,
                    stroke: api.visual('color')
```

```
                    }
                };
            }
        }]
    };
    myChart.setOption(option);
}
    </script>
</head>
<body>
    <div id="main" style="width: KUANDUpx; height: SHENDUpx;">
    </div>
</body>
</html>
```